狼书 卷3

Node.js 高级技术

狼叔◎著

電子工業出版社
Publishing House of Electronics Industry
北京•BEIJING

内 容 简 介

Node.js 开发简单，性能极好，一经发布便成了明星级项目。随着大前端领域的蓬勃发展，跨平台开发、API 构建、Web 应用开发等场景愈加常见，Node.js 也成为大前端开发的必备"神器"。

本书聚焦于 Node.js 高级技术。第 1 章介绍如何编写 npm 模块，其中涉及对许多常用模块的解析。第 2 章介绍如何编写企业级 Web 开发框架，主要剖析了开发框架的流程。第 3 章介绍如何构建具有 Node.js 特色的服务，着重讲解了页面即服务的概念。第 4 章介绍服务器部署与性能调优的相关知识。第 5 章介绍 TDD 和 BDD 理念，以及如何编写测试用例，同时分享了笔者关于开源和自学的看法。

基于 Node.js 不断进阶，实现高级应用开发是符合技术趋势的，也是全栈工程师必须掌握的技能。因此，各位大前端领域及后端领域的测试、运维、软件开发从业者都适合阅读本书。

图书在版编目（CIP）数据

狼书（卷 3）：Node.js 高级技术 / 狼叔著. —北京：电子工业出版社，2022.12
ISBN 978-7-121-35387-1

Ⅰ. ①狼…　Ⅱ. ①狼…　Ⅲ. ①JAVA 语言－程序设计　Ⅳ. ①TP312.8

中国版本图书馆 CIP 数据核字（2018）第 252825 号

责任编辑：张春雨
印　　刷：三河市良远印务有限公司
装　　订：三河市良远印务有限公司
出版发行：电子工业出版社
　　　　　北京市海淀区万寿路 173 信箱　　邮编：100036
开　　本：787×980　1/16　印张：21.25　字数：476 千字
版　　次：2022 年 12 月第 1 版
印　　次：2023 年 3 月第 2 次印刷
定　　价：108.00 元

凡所购买电子工业出版社图书有缺损问题，请向购买书店调换。若书店售缺，请与本社发行部联系，联系及邮购电话：（010）88254888，88258888。

质量投诉请发邮件至 zlts@phei.com.cn，盗版侵权举报请发邮件至 dbqq@phei.com.cn。

本书咨询联系方式：（010）51260888-819，faq@phei.com.cn。

推荐序 1

提起国内的 Node.js 布道师，我脑海中出现的第一个名字就是狼叔（i5ting）。

狼叔从 2015 年开始活跃于 CNode 社区，累计发表文章 200 余篇，主题丰富多样——Node.js 底层原理、npm 目录结构改进、前后端分离实践、全栈工程师之路等。这几年间，狼叔同时运营着自己的微信公众号“Node 全栈”，笔耕不辍，源源不断地将最新鲜、最“硬核”的资讯分享给国内的开发者们。不得不说，他的这种乐于分享的精神，实属难得。

我与狼叔也是在 2015 年相识的。2015 年是 Node.js 的普及度呈爆发式增长的一年，但那一年的 Node.js 还远远谈不上被广泛使用。当时我在阿里巴巴数据平台任职，我们所做的部分项目的 JavaScript 压缩工具和测试覆盖率工具还是用 Java 实现的，这在现在看来可以说是非常匪夷所思的，JavaScript 工作流中的工具竟然还有用 Java 而不是用 Node.js 实现的！

时过境迁，转眼多年过去，JavaScript 在大前端领域遍地开花，Node.js 也已经被广泛应用于 Web 开发的方方面面，成了 Web 开发流程中不可或缺的部分。大家不再怀疑 Node.js 能不能用，而是开始思考该如何用 Node.js 实现我们想要的功能。

技术的好与坏，不仅仅在于技术本身具有什么优势。布道如果做得不好，酒香也怕巷子深。技术的进步与受众群体的反馈是相互促进的。Node.js 在国内逐渐生根发芽的这几年，狼叔无疑是推广该技术的中坚力量。

经过多年的积累和沉淀，狼叔带着他的新书与大家见面了。这本书内容循序渐进、概念清晰明了、技术描述有点有面，是一本理论架构完整且实战案例典型的好书！相信各位读者能够从中获益！

最后，衷心祝愿 Node.js 发展得越来越好，也祝愿狼叔的布道事业蒸蒸日上！

CNode 社区管理员，alsotang

推荐序 2

在狼叔邀请我为他的新书写推荐的时候，我的内心是忐忑的，因为我对 Node.js 并不熟悉，不是这方面的专家。但对于狼叔我是了解的，同为技术社区推动者和文字爱好者，我深知在国内要写一本严肃的技术图书是一件多么吃力不讨好的事情。正因如此，狼叔的这本书就更值得推荐给正在学习 Node.js 的工程师们。

2009 年，Node.js 刚刚诞生，那时我就接触到了它。后来，Node.js 的迭代和进步之快完全超出了我的预期，它变得越来越好用，逐渐成为全栈工程师的首选。这样的结果离不开强大、活跃的 Node.js 社区和无私的 Node.js 贡献者们的付出，而狼叔就是国内 Node.js 贡献者的代表。

有了 Node.js，前端工程师也可以编写后端程序，并成为手机应用的跨平台开发主力。客户端、前端和服务器端已呈现出大统一趋势。在我自己熟悉的 Web 服务器开发领域，可以说 Nginx 内置的 njs 就是冲着替代 OpenResty 这一目标迅速发展的。

在这种技术趋势下，学习 JavaScript 和 Node.js 无疑是一个性价比很高的选择。这样一来，我们便可以打通从移动应用、Web 应用到服务器端接口的整条链路。而学习一门技术最好的方式，就是选择一本好书。

写一本好书对作者的要求很高——技术功底扎实只是基础，更要有丰富的项目经验、深厚的文字功底和洞察读者心理的能力。平日里像“诗人”一样的狼叔绝对是为数不多的具备上述能力的“牛人”，所以我相信他写的书也一定是一本好书。希望大家能通过这本好书提升自己的技术水平。

学习从来不是一件容易的事，但却是一件快乐的事，共勉。

支流科技创始人& CEO、Apache PPMC，温铭

推荐序 3

1995 年，Brendan Eich 花了 10 天时间开发出了一门脚本语言，该语言可用于弥补 Java Applets 的不足，随后 Marc Andreessen 将这门语言命名为 Mocha。Mocha 的最初定位是，服务于测试脚本编写人员、业余编程爱好者、设计师。

同年 5 月，Mocha 被集成到了 Netscape 浏览器中，不久后其被更名为 LiveScript。同年年底，Netscape 公司和 Sun 公司达成协议并获得了 Java 商标的使用权，于是 LiveScript 正式被更名为 JavaScript。

有人觉得，正是因为更名为 JavaScript 才使这门语言成了浏览器执行的唯一语言。但时至今日，JavaScript 已经不仅仅局限于实现网页特效了，而真正发展成了一门全功能的编程语言。

2009 年，Joyent 公司的一名软件工程师 Ryan Dahl 开发了 Node.js，这是一个基于 Chrome V8 引擎的 JavaScript 运行时环境。Node.js 使得 JavaScript 拥有了操作文件系统、I/O、网络，甚至数据库的能力。虽然 Node.js 不是第一个将 JavaScript 带离浏览器的工具，但它无疑是最成功的一个。

如今，Node.js 社区已经成了最活跃的编程社区之一，其 npm 的包数量也已经超越了 Java 的 Maven、Ruby 的 Gem、PHP 的 Composer。

狼叔是国内最早一批的 Node.js 使用者，也是 Node.js 社区最活跃的布道者之一。多年前狼叔来天津创业，我有缘与他结识。在那之前我就已经拜读过狼叔的文章，而当时狼叔就曾与我谈起要写一本关于 Node.js 的书。说来也巧，Node.js 于 2009 年发布，而《金刚狼》系列电影也于 2009 年开始上映。《金刚狼》系列电影一共 3 部，而狼叔的《狼书》系列图书也有 3 卷，希望《狼书》系列图书能如《金刚狼》系列电影一样受到欢迎。

目前 Node.js 发展十分迅速，但很大一部分使用者是前端开发人员。和 Java、Python、Ruby 等后端语言对比，尤其在图书出版方面，Node.js 还需要持续深入，而《狼书》系列图书的面世正好弥补了这一方面的不足——第 1 卷系统全面地介绍 Node.js 基础，第 2 卷着重介绍 Node.js Web 应用开发技能，第 3 卷则侧重于 Node.js 的高级应用。如果你想深入学习 Node.js 的核心原理并掌握使用 Node.js 开发大型系统的要诀，那么这套书非常值得你精读。

Flarum 中文社区创始人，迷渡（justjavac）

推荐序 4

俗话说，十年磨一剑，慢工出细活。狼叔撰写的《狼书》系列图书很好地诠释了这两句话。

众所周知，狼叔是 Node.js 布道者、“Node 全栈”微信公众号的作者，他活跃于 CNode 社区，组织了不少线下 Node.js 沙龙，同时常作为讲师在各种技术交流会上进行分享，为 Node.js 在国内的推广做出了很大的贡献。我觉得这是一种情怀，也是一种责任。当你爱上一件事，你就会全情投入。

Node.js 的出现在很大程度上满足了前端工程师想要探索更广阔的编程世界的愿望，为前端工程师提供了更好的了解后端工作的机会，对于前后端协同而言具有巨大价值。十几年时间，Node.js 几经波折，但这并不妨碍它快速发展，如今它已经成为最流行的技术之一。

近些年，不少大型互联网公司都开始基于 Node.js 构建应用。我和狼叔在去哪儿网相识，平时和他对话或闲聊，最后总能聊到 Node.js 上，我能深切地感受到他对 Node.js 的热爱。那时候的狼叔正在努力为去哪儿网建设更完善的 Node.js 基础设施，他的努力为去哪儿网注入了新鲜活力，加快了 Node.js 在机票购买业务中的落地。

《狼书》系列图书正是狼叔 Node.js 情怀的最终寄托。这本第 3 卷聚焦于 Node.js 高级技术，几经雕琢终于面世，很好地承载了狼叔对 Node.js 的热爱，将开发 npm 模块、编写企业级 Web 开发框架、服务器部署、测试、开源等热门话题娓娓道来，就像一杯陈酒，越品越有味道。我相信每一位拿到此书的读者都会有不同的收获，无论你是初入前端领域的“小白”，还是深耕多年的“老手”。

美团研究员，杜瑶

推荐语

Node.js 是为数不多的中国程序员不是跟从者而是开创者的技术领域。中国程序员在 Node.js 的布道方面贡献了很多，从推广 Node.js 社区到组织各种会议，当然也包括出版图书。对所有优秀的程序员来说，写书都是一件辛苦的事，所以愿意在这方面投入精力的程序员基本上都是有情怀的。狼叔花了多年时间写成了这本书，其中既包含 Node.js 进阶知识，也包含宝贵的工程实践，为所有从业者提供了参考，期待狼叔能够一直写下去。

极客时间《重学前端》专栏作者，程邵非（winter）

多年前曾和狼叔聊过一个颇为枯燥的技术问题，当时他把那个问题解释得非常精彩，让我印象颇深。所以得知狼叔在写书时，我充满了期待。一方面，我相信狼叔一定能把严肃的技术问题讲得通俗易懂；另一方面，要想将 Node.js 生态讲得透彻，狼叔是优秀人选。

ioredis 作者、《Redis 入门指南》作者，李子骅（luin）

《狼书》系列图书不是简单的 Node.js 使用手册，而是纵观 Node.js 发展历史、带你领略 Node.js 底层风采，并且能对你的 Node.js 知识体系进行查漏补缺的好书。在如今各式各样的 Node.js 图书中，这样的好书真的非常难得。

《Node.js：来一打 C++扩展》作者，死月

狼叔是国内比较知名的 Node.js 技术布道者，为 Node.js 在中国的发展做出了巨大的贡献。本书中既有对 Node.js 高阶开发技巧的详细介绍，也有对狼叔多年宝贵经验的深度总结，非常值得大家阅读、学习，建议各位持卷品读。

ThinkJS 框架作者，李成银

本书从多个使用场景深度探究了 Node.js 高阶技术。在 Node.js 发展迅猛、各种新生框架如雨后春笋般涌现之时，我们十分需要这样一本书。书中凝聚了狼叔在 Node.js 领域深耕多年的经验。通读全书后，相信读者一定能体会到 Node.js 高阶开发的精髓。

TypeScript 布道者、Midway 框架作者，陈仲寅（张挺）

继《狼书》系列第 1 卷和第 2 卷之后，《狼书（卷 3）：Node.js 高级技术》终于和大家见面了。这本书凝聚了狼叔多年以来的技术心血，也填补了目前市面上没有一套大而全的“Node.js 红宝书”的缺憾，值得每一位 Node.js 开发者阅读。

《Node.js 调试指南》作者，赵坤（nswbmw）

这本书涵盖了 Node.js 高阶开发技巧，读者可以通过这本书了解如何开发 npm 模块，如何编写企业级 Web 框架，如何进行服务器部署和性能调优等相关内容，并将 Node.js 的精髓融会贯通。在这本书中，狼叔将带你进入更宽广的 Node.js 世界，照亮你的 Node.js 学习道路！

GMTC（全球大前端技术大会）前主编，孟夕

这本书是狼叔花了多年时间打造的，书中融入了他丰富的开发经验和实践技巧，可以指导你深入研究 Node.js，探索其中的奥秘，助你成为 JavaScript 全栈工程师。无论你是刚开启前端之旅的“小白”，还是有经验的高级工程师，都能从本书中获得经验和启发。

《前端架构：从入门到微前端》作者，黄峰达（Phodal）

《狼书（卷 3）：Node.js 高级技术》来了，让我们通过这本书跟狼叔一起“进化”吧！我们能从这本书中获得完善的 Node.js 高阶应用开发技巧，让自己真正“刚”起来！

Trek.js 作者，fundon

狼叔亲历了 Node.js 在国内的兴起、发展和成熟，他将眼中的 Node.js 核心知识完整融入本书。本书深入浅出地介绍了 Node.js 高级应用开发技巧，非常适合各个阶段的前后端工程师阅读、学习，从而构建出更了不起的 Node.js 应用。

新浪移动前端技术专家、Daruk 框架作者，付强（小爝）

作为同时在两地推动 NodeParty 线下聚会的同仁和网友，我时常被狼叔对社区投入的热情所感染。狼叔的技术能力和技术视野是毋庸置疑的。现在看到狼叔在教育领域又有进步，我不禁感慨，希望大家不负狼叔多年的付出，从书中吸取精华内容，快速成长，成为社区建设的中坚力量，一起推动 Node.js 的未来发展！

NodeParty 开源基金会发起人、大搜车无线团队负责人，芋头

2015 年 10 月，我便知道狼叔在筹备一本关于 Node.js 的书，不禁满心期待。虽然等待了多年，但看到《狼书》系列相继面世，我依然惊喜。《狼书》中汇集了许多 Node.js 发展历程中的精彩故事，还涵盖了很多 Node.js 的核心技术观点，相信对于读者而言定是一场知识盛宴！

前端早早聊大会创始人，Scott

Node.js 是我最喜欢的技术之一，因为它给 JavaScript 带来了无限可能。本书着重讲解了 Node.js 高级技术，能够带领你了解更全面、更了不起的 Node.js 进阶知识。如果你想提升自己的 JavaScript 编程能力，就从《狼书》系列开始吧！

iView 作者，梁灏

狼叔是国内知名的 Node.js 技术布道者和推广先驱，他将 Node.js 技术的精华提取出来并完全融入本书。这本书深入浅出，不仅解释了 Node.js 的高阶技术细节，而且教会你学习的方法，同时结合作者多年的实践心得和宝贵经验，可以让读者少走弯路，是一本真正的开发者之书。

思否开发者社区 CTO，祁宁

我曾与狼叔探讨过关于“业界对 Node.js 存在争议”的问题，当时狼叔展现出的那种破除前后端开发分工隔阂的大局观，以及以业务需求为导向去解决实际问题的思维方式，让我十分佩服。这本书是狼叔的心血结晶，相信大家都能从中获得技术提升，扩展自己的视野。

谷歌开发者社区天津核心组织者，朱峰

学习 Node.js 技术，入门容易精通难。要想有所突破，需要花费大量的精力钻研，要经过大量实战的锤炼。在这个过程中，如果能有师傅言传身教，则会事半功倍。《狼书》正是能帮你快速得道的“师傅”，本书汇集了作者多年的经验，系统总结了 Node.js 项目中各种问题的高级解决技巧，是一本性价比很高的书。

《现代 JavaScript 库开发：原理、技术与实战》作者，颜海镜

坦白说我还没有看到本书全貌，但单看目录，我就已翘首盼成书。这本书显然更注重实践，重视 Node.js 技术的综合运用。我认为相比那些可以从社区中获取的纯理论知识，本书内容更加实用，实在难能可贵。期待你与我一起学习、品读。

《前端架构师：基础建设与架构设计思想》作者，侯策

自序

《狼书》系列从 2015 年 10 月开始撰写。

在那之前，我还在天津创业，顶着 CTO 的头衔干着各种最基础的编码工作。由于公司在天津的位置很偏僻，所以公司招人成了一个大问题。更要命的是，创始人没有工资可拿，现在想想只能说是情怀在支撑我吧。

公司招人不便，那就只能想办法把人才从北上广拉到天津，于是我就动了扩大技术影响力的心思——我开始在 CNode 社区上发帖，后面慢慢尝试做“Node 全栈”微信公众号，效果还不错。我还记得 CNode 社区管理员、知名 Node.js 开发者 alsotang 曾评论过我的一篇文章，说我是 Node.js 布道者。当时我臭美了很久，之后便自然而然地走上了 Node.js 布道之路。

2015 年，我结婚了，财权上交，发觉生活窘迫，又不好意思向老婆要钱，于是便开始在网上教授 VSCode，之后我又和极客邦旗下的 StuQ 合作讲课，获得收入的同时又可以进一步扩大技术影响力。而技术影响力扩大的体现就是，我被出版社的编辑发现了。由于早有布道的心思，自然希望能够出一本书，于是我便开始了写书之旅。

可是写书从来都不是一件容易的事。阅历浅，写不来；无恒心，写不来。从我萌生写书的想法至今，Node.js 稳定、高效地发布了多个版本，国内外的 Node.js 使用率也渐渐达到了一个前所未有的高度。这些年里，很多朋友催书，以至于我经常在演讲中“自黑”：“我的书从 Node.js 4.0 版本写到 Node.js 8.0 版本，然而还没有写完。”出版社约稿时，Node.js 才刚刚发布 4.0 版本；2019 年年初《狼书（卷 1）：更了不起的 Node.js》撰写完成时，Node.js 发布了 11.10 版本；到 2022 年 10 月，Node.js 版本已经来到 18.10。

最终，本书确定以 Node.js 8.0 为核心版本。虽然后面 Node.js 的更新版本里又增加了新功能，但整体来看，Node.js 的 API 设计得非常好，几乎都是向后兼容的，所以即使是 18.10 版本在使用上和 8.0 版本的差别也不大。

2019 年 7 月，《狼书（卷 1）：更了不起的 Node.js》和大家见面了。2019 年 12 月，《狼书（卷 2）：Node.js Web 应用开发》出版。原以为，《狼书（卷 3）：Node.js 高级技术》也会在不久之后与大家见面，却未曾想 2020 年有很多突如其来的变化，影响了这本书的出版计划。经过我的深思熟虑，觉得不如趁此机会将书中原本的陈旧内容推翻，再加上一些新的感悟。于是，我又开始重新创作，删删改改，迭代了一轮又一轮……很抱歉，时隔三年，《狼书（卷 3）》才与各位读者见面。

人生之美好就是在苦难之后能够获得成果。写书的过程是痛苦的，但也让我对“成就别人才能成就自己”这句话有了更深刻的认识。最开始写书是为了布道，希望更多人能从中受益，没想到最先受益的是自己。通过长时间的积累，我完善了自己的知识体系，受益匪浅。通过与 CNode 社区、出版社的编辑及 Node.js 爱好者们交流，我有了更好的学习机会。通过写书、演讲、组织社区活动，我有了更丰富的人生经历。

以前见到图书的前言中总有致谢话语，还以为只是出版“套路”。然而今时今日，历经多年的写作，我确确实实要感谢很多人。

感谢我的家人，写书会牺牲很多陪伴家人的时间，感谢他们的理解和支持。最难过的是周一到周五，只能看老婆通过微信发来的宝宝的视频，一遍一遍地看，一遍一遍地想哭。

感谢所有推荐本书及为本书进行技术审校的专家们，若没有他们的帮助，这本书恐怕无法以最佳状态与各位读者见面。他们的宝贵建议使得本书的内容不至于空洞，也让我受益良多。

感谢博文视点的张春雨编辑和孙奇俏编辑，他们一次次地叮嘱我、鼓励我，面对面指导我如何规范写作，这种耐心和包容是极其难得的。在本书的审校初期，我是崩溃的——感觉自己数学不好，常常上面说 3 项下面列 4 项；语文也不好，连基本的语句都表达不清，很符合那句玩笑话“你的语文是体育老师教的吧”。我能够想象编辑们在修改书稿之时是多么“痛苦”，因此再次感谢两位编辑，感谢他们的辛苦付出，因为有他们，本书才能够顺利出版。

回想这几年的写作过程，其实几次都想放弃，想将 Node.js 系统地讲明白，真的不是一件容易的事。可是话都说出去了，不想让一直以来支持我的读者失望，更不能自己“打脸”，所以，这本书最终还是跟大家见面了，《狼书》系列也终于完整地呈现在大家面前了！感谢各位粉丝在各个技术群里“花式”催书，感谢他们对我的鞭策。

再次感谢所有的小伙伴们。

致所有未见面的读者，但愿狼叔的“碎碎念”能够带你们打开 Node.js 世界的大门，领略大前端领域璀璨的星光。

狼叔

2022 年 10 月

前言

起初，《狼书》是一本书，而不是系列图书。我想将自己对 Node.js 知识体系的理解进行总结，融入书中。然而，Node.js 领域涉及的知识非常广泛，以至于写着写着就写了 1000 页。于是，我和编辑商定，将《狼书》拆分成了 3 本书。其中，卷 1 重点讲 Node.js 应用场景和入门，卷 2 重点讲以下一代框架 Koa 为核心的 Web 开发，卷 3 重点讲与实操相关的 Node.js 高级技术。

在 Node.js 世界里，高级技术并不是很多人理解的线上问题解决方案。本书中定义的高级技术，是让更多 Node.js 新人更容易上手的技术，是由新手变成经验丰富的高级工程师这一过程中需要掌握的技术。本书聚焦于实用高级技术，让大家可以边阅读边动手实践。所谓“授人以鱼不如授人以渔”，这也是我撰写本书的目的。

本书内容

本书以 Node.js 高级技术为核心，主要讲解如何开发 npm 模块、如何编写企业级 Web 开发框架、如何构建具有 Node.js 特色的服务，还介绍了与服务器部署、性能调优、测试、开源等相关的内容。

本书共分 5 章，每章的内容简介如下。

第 1 章　自己动手写 npm 模块

本章将介绍编码中常用的基本技能，如 Ack、Autojump 等常用命令，如何编写 Node.js 模块，各种 npm 使用技巧等。本章精选 3 个实例，详细讲解模块编写方法及脚手架写法，同时推荐了多个实用模块，如 debug、mkdirp、shelljs 等。

第 2 章　自己动手编写企业级 Web 开发框架

本章将介绍在实际项目中更为常用的企业级 Web 开发框架的脚手架写法。首先介绍 Node.js

领域常用的特色 Web 开发框架，让读者对 Web 框架有一个大致了解，然后介绍自己动手实现企业级 Web 框架的流程和注意事项，涉及脚手架开发、目录设计、模板开发、静态 API 模拟等。

第 3 章 构建具有 Node.js 特色的服务

本章将介绍基于 Node.js 构建的服务，包括微服务、BFF、SFF、SSR 等，细致介绍服务器端常用架构，并完整讲解 Node.js 服务的构建流程和注意事项。其中，使用 Node.js 开发 RPC 服务和 API 服务是比较有特色的内容，页面即服务概念是各位读者需要重点掌握的。

第 4 章 服务器部署与性能调优

本章将介绍如何在云环境中完成 Node.js 服务器部署并实现各种性能调优方法。性能调优是一个宏大的话题，涉及的知识点非常广泛。本章介绍性能调优基础知识、立体分析和深度调优，更对 0x、Easy-Monitor、Clinic、AliNode 等常用工具的用法和性能进行了对比。

第 5 章 测试、开源与自学

本章将介绍测试入门、测试进阶和开源带来的机会。测试可以最小化问题，聚焦解决难点，这和通过开源进行自主学习有一定的相似性。因此，笔者将测试、开源、自学结合在一起，希望读者阅读本章内容后能有新的感悟，成长为更好的开发者。

本书中的各章内容基本是相互独立的，因此各位读者可以挑选自己感兴趣的章节阅读。这本书是《狼书》系列图书的第 3 卷，第 1 卷主要介绍 Node.js 基础知识，第 2 卷主要介绍 Node.js Web 应用开发。三卷搭配阅读，效果更好。

目标读者

本书的目标读者有以下三类。

- 正在学习 JavaScript 开发，对 JavaScript 语言有基本的了解和熟悉度，且希望能够了解 JavaScript 发展情况的人。
- 正从事 JavaScript 开发相关工作，熟悉 JavaScript 的基本开发要领，在日常工作中经常接触 Node.js，想要深入了解 Web 应用、BFF、API 代理等内容，以进一步提升自我的 Web 工程师（此处不区分前端与后端）。
- 具有极客精神，想要深入研究 JavaScript 语言及 Node.js 的全栈工程师。

阅读准备

要想运行本书中的示例，需要安装以下系统及软件。

- 操作系统：推荐 Linux，以及 macOS 10.9 或以上版本，使用 Windows 操作系统可能会在运行示例时报错。
- 浏览器：Google Chrome、Safari、Firefox、Internet Explorer 11、Windows Edge。
- 运行环境：Node.js 8.x 至 Node.js 18.x 均可。

联系作者

由衷地感谢你购买此书，希望你会喜欢它，也希望它能够为你带来你希望获得的知识。虽然作者已经非常细心地检查了书中的所有内容，但仍有可能存在疏漏。若你在阅读过程中发现错误，在此先表示歉意。同时欢迎你对本书的内容和相关源码发表意见和评论。你可以通过邮箱 i5ting@126.com 与作者取得联系，作者会一一解答你的疑惑。

作者的更多联系方式如下，大家可通过任意方式进行联系。

- 个人主页：http://i5ting.com
- GitHub：https://github.com/i5ting
- Twitter：https://twitter.com/i5ting

最后送给各位读者一句话，也是狼叔常说的——少抱怨，多思考，未来更美好！

读者服务

目　录

第 1 章 自己动手写 npm 模块

对于 Node.js 学习者来说，以下 4 点尤其重要。

- 命令行工具：对于 Linux 或 macOS 用户来说，使用命令行工具是极其高效的开发方式，掌握到一定程度时，命令行工具可谓必备知识点。
- 分布式离线版本控制：Git 是目前使用最多的版本控制工具。目前，GitHub 和私有 GitLab 都是非常好的托管平台。
- 开发 Web 应用：这是使用 Node.js 最多的场景。
- 掌握 npm 用法：npm 是目前最大的开源包管理器，也是通用的包管理器，其不仅可以对 Node.js 进行包管理，还可以管理 JavaScript、React、Mobile、Angular、Browsers、jQuery、Cordova、Bower、Gulp、Grunt、Growserify、Docpad、Nodebots、Tessel 中超过 180 万个包，足以满足绝大部分的开发需求。

以上是每个 Node.js 开发者必知必会的内容，那么如何才能将这 4 点有机融合，进一步提高自己的能力呢？本章我们将为各位解答。

1.1 基础技能

推荐在 Linux 或 macOS 系统下进行 Node.js 开发，这也意味着大家应该多使用命令行交互方式。对于新手来说，这里将基础技能精简为 1 个要点（环境变量）、5 个常用命令行工具（Zsh、Vim、Ack、Autojump、Git）、1 个本地查询文档工具软件。掌握这些基础技能后，大家便可以信心满满地应对各种开发场景。

1.1.1 环境变量

工作中经常遇到“某些命令安装完不生效，但重新打开就生效”的场景，其实这与环境变量相关。

环境变量相当于给系统或用户应用程序设置的参数，每个环境变量都有各自的具体作用。比如 PATH，它的作用是告诉系统：当运行一个完整路径未知的程序时，除了在当前目录下寻找此程序，还应该到哪些目录下去寻找。

PATH 环境变量的配置方法如下。

```
export PATH=/usr/local/go/bin:$PATH
```

环境变量的生效范围有两个，即在当前上下文中生效和永久生效。如果希望环境变量永久生效，配置完成后需要执行 source 命令，或者重新打开终端。重新打开终端时也会重新加载启动脚本，相当于在终端执行了 source 命令。source 命令具体如下。

```
$ source ~/.zshrc
```

1.1.2 Zsh

软件一般分为系统软件和应用软件，在系统软件和应用软件之间其实还有 shell 程序，shell 程序几乎是开发人员在工作中最常使用的。

那什么是 shell 程序呢？简单来说，shell 程序就是一个可以在 shell 中直接运行的程序文件。执行 shell 程序的效果和在 shell 工具中直接输入命令并执行差不多，只不过是将命令按照一定的法则写到了一个程序文件中，然后通过直接执行程序文件来执行里面的命令。

shell 工具分很多种，比如 Bourne shell（sh）、Bash、C shell（csh）、Korn shell（ksh）、Zsh 等。对于开发者来说，最好用的是 Oh-My-Zsh，它拥有强大的命令补全和自动纠错能力，可以说是一种开发神器。

以 macOS 系统为例，安装 Zsh 的命令如下。

```
$ brew install zsh
```

将 Zsh 设置为默认的 shell 工具，命令如下。

```
$ [sudo] chsh -s /bin/zsh
```

安装 Oh-My-Zsh 的命令如下。

```
$ curl -L https://github.com/robbyrussell/oh-my-zsh/raw/master/tools/install.sh | sh
```

然后将环境变量配置在~/.zshrc 里即可，注意，要通过 source 命令让环境变量立即生效。

1.1.3　Vim

Vi 编辑器是 Linux 和 UNIX 系统中最基本的文本编辑器，工作在字符模式下。由于不需要图形界面，Vi 的效率很高。尽管在 Linux 下也有很多图形界面编辑器可用，但 Vi 在系统和服务器管理中的功能是其他图形编辑器无法比拟的。

Vim（Vi IMproved）是一个类似于 Vi 的、功能强大且高度可定制的知名文本编辑器，在 Vi 的基础上改进和增加了很多功能。Vim 配置比较麻烦，需要安装常用的插件和各种快捷键等，这里推荐使用 Vim 集成套件 Janus。安装 Janus 套件可以使用如下命令。

```
$ curl -Lo- https://bit.ly/janus-bootstrap | bash
```

安装成功后，就可以通过 vi 命令打开任意文件或目录了，如图 1-1 所示。

图 1-1

Janus 套件功能强大，以下是最常用的 Janus 内置插件。

- Ack.vim：Ack 命令的 Vim 插件，用于高效搜索。
- CtrlP：用于文件搜索。
- NERDTree：树形菜单插件。
- SuperTab：使 Tab 快捷键具有更快捷的上下文提示功能。

Janus 这样的集成套件可以开箱即用，并且适用于大多数场景。

1.1.4　Ack

Ack 是一个专为程序员开发的、与 Grep 类似的命令行工具。其作者并不喜欢 grep foo $(find . -name '*.pm' | grep -v .svn)这样的写法，于是用 Perl 脚本编写了这个工具。Ack 很智能，只搜索它“认识”的文件，其优势具体如下。

- 速度非常快，只搜索有意义的内容。
- 搜索更友好，忽略那些不是源码的内容。
- 为源码搜索而设计。
- 非常轻便，移植性好。
- 免费且开源。

要想处理 Node.js 源码中的问题，Ack 是极其必要的工具，比如，它可以精准搜索目录下所有文件中包含某个字符的所有匹配记录，代码如下。

```
$ ack node::Start
doc/changelogs/CHANGELOG_ARCHIVE.md
1371:* add NODE_EXTERN to node::Start (Joel Brandt)

src/node.cc
4395:

src/node_main.cc
70:  return node::Start(argc, argv);
104:  return node::Start(argc, argv);
```

在 Linux 系统中安装 Ack 的方法如下。

```
$ apt-get install ack-grep
```

在 macOS 系统中安装 Ack 的方法如下。

```
$ brew install ack
```

在真正的 Node.js 项目中，Ack 能帮助我们实现大量代码搜索和出错快速定位等功能，是非常棒的命令行工具，结合其他 shell 工具使用时功能更强大。

1.1.5　Autojump

在众多命令行工具中，笔者最喜欢 Autojump。尤其是在项目数量非常多且要经常切换的情况下，使用 Autojump 可以显著提升效率。

在 Linux 系统中，安装 Autojump 的方法如下。

```
$ apt-get install autojump
```

在 macOS 系统中，安装 Autojump 的方法如下。

```
$ brew install autojump
```

由于我们使用的是 Oh-My-Zsh 插件，所以需要修改~/.zshrc 里的插件配置，方法如下。

```
plugins=(git autojump)
```

然后通过 source 命令使环境变量生效，如下。

```
$ source ~/.zshrc
```

至此，我们已经完成了 Autojump 的安装。安装后切换到任意目录，此时就可以使用 j 指令直达某个目录了，示例如下。

```
$ cd ~/workspace/github/nodejs-newbie
$ cd ~
$ j nodejs-n
  /Users/sang/workspace/github/nodejs-newbie
```

1.1.6　Git 和 GitHub

学习 Git 的目的在于更加熟练地掌握命令行工具，深刻理解其底层原理。即使你喜欢使用可视化工具，笔者还是建议好好学学 Git 的命令行工具。

至于 GitHub，在开源文化如火如荼的今天，它已经成了优秀程序员的大本营，是每位开发者都应该熟悉的平台。

对于操作命令行工具，几乎没有什么诀窍，也没有捷径，熟能生巧而已。刚开始你可能不太习惯，但只要坚持操作，一定能慢慢体会到它的无穷好处。

1.1.7 查询文档

文档是开发中非常重要的部分，快速查询文档能够极大地提高开发效率，在 macOS 中很早就有 Dash 这样的基于 Docset 的本地文档查询神器，支持的文档类型相当丰富，使用也很便利。

Dash 是付费软件，另一个相对粗糙的替代品是 Zeal。Zeal 支持跨平台开发，可免费使用，并且能兼容所有 Dash 文档。有很多文档在 Dash 里默认是不存在的，需要从网络上下载。

网上有很多关于“要不要使用智能 IDE 代码提示功能”的讨论，笔者觉得，使用“利器”确实能提高开发效率，但基本的查看文档的能力还是要具备的。如果连查看文档的能力都不具备，那 IDE 也未必能用得得心应手。

1.2 编写 Node.js 模块

编写稍复杂的程序时，一般会先将代码模块化。

在 Node.js 中，一般会将代码合理拆分到不同的 JavaScript 文件中，每一个文件就是一个模块，而文件路径就是模块名。在编写模块代码时要遵循 CommonJS 规范（新版 Node.js 已经支持 ES Module 规范，但不建议两种规范混用）。同时，还要结合 npm 简单发布流程，让开发者体会到快速开发和快速发布功能的强大之处。因为有如此强大的功能，npm 生态始终繁荣。

通过 npm 安装的 Node.js 模块主要分为以下两种。

- 普通模块：提供 API 调用。
- 二进制模块：命令行工具，供 CLI 调用。

1.2.1 初始化模块

要想创建一个 Node.js 模块，需要想清楚它的名称、定位、功能。

首先，确认模块名称。如果在 npm 中没有找到对应的包，说明可以使用这个名称。

```
$ npm info xxxxxx
```

接下来要初始化模块。在 GitHub 上建立仓库，然后通过 git clone 命令将代码克隆到本地。

```
$ git clone xxx
$ npm init -y
```

package.json 文件为模块的描述文件，非常重要。一般会通过执行 npm init 命令来创建 package.json 文件。它会读取 Git 配置信息，所以最好先建立 Git 项目，这样改动会比较少。执行 npm init -y，生成的默认 package.json 文件内容如下。

```
{
  "name": "a",
  "version": "1.0.0",
  "description": "",
  "main": "index.js",
  "scripts": {
    "test": "echo \"Error: no test specified\" && exit 1"
  },
  "keywords": [],
  "author": "",
  "license": "ISC"
}
```

关于以上文件的内容要点，说明如下。

- main 是入口文件，即对外提供调用功能的 API 入口。
- scripts 是 npm 脚本在 package.json 文件中的配置内容。只要在 package.json 文件所在的目录下，执行 npm test 命令就会调用这里的 test 配置。
- keywords 是在 npm 中搜索时的关键字，要想进行推广必须精细处理。
- author 是作者信息。
- license 是开源协议。

1.2.2　普通模块

创建一个简单的函数，代码如下。这样一来，我们就拥有了一个简单的可发布模块。

```
module.exports = function (name) {
   console.log('hello ' + name)
}
```

当然，如果想完善内容，还需要在模块中添加测试、文档等，这里只是为了让大家简单体验，开发真正的开源项目时切不可这样随意。

在通过 npm 发布模块之前，需要注册 npmjs 账户。这里需要说明的是，npm 中有 registry 概念，也就是说，npmjs.com 是官方源，但 registry 之间是不互通账户的。由于分发操作以 npmjs 作为主镜像，所以发布模块都是在 npmjs 上进行的，很少有在其他源上直接发布的。

```
$ npm login   // 只需要登录一次
$ nrm use npm // 确保是官方源
$ npm publish // 将当前项目发布到官方源
```

每次都要注意 registry 的问题还是比较麻烦的。为了解决这个问题，著名的 Node.js 开发者 Sindre Sorhus 编写了 np 模块，安装命令如下。

```
$ npm install --global np
$ np
```

输入 np 命令后，可以根据选型来完成发布动作，这一点还是非常方便的，如图 1-2 所示。

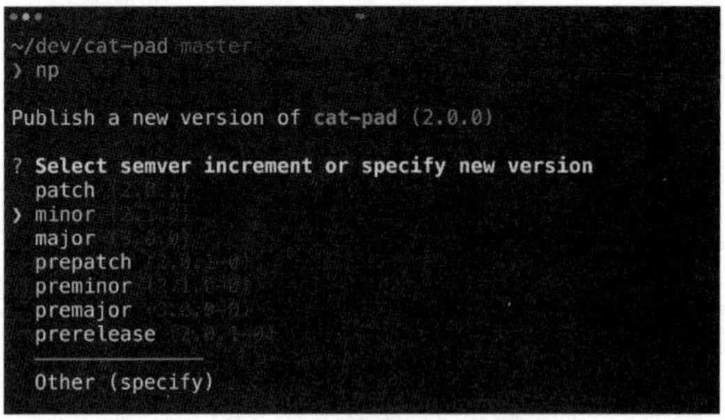

```
~/dev/cat-pad master
❯ np

Publish a new version of cat-pad (2.0.0)

? Select semver increment or specify new version
  patch
❯ minor
  major
  prepatch
  preminor
  premajor
  prerelease
  ──────────
  Other (specify)
```

图 1-2

np 模块的常见用法如下。

```
$ np --help

  Usage
    $ np <version>

    Version can be:
      patch | minor | major | prepatch | preminor | premajor | prerelease | 1.2.3

  Options
    --any-branch  Allow publishing from any branch
    --no-cleanup  Skips cleanup of node_modules
    --yolo        Skips cleanup and testing
    --no-publish  Skips publishing
    --tag         Publish under a given dist-tag
```

```
  --no-yarn     Don't use Yarn
  --contents    Subdirectory to publish

Examples
  $ np
  $ np patch
  $ np 1.0.2
  $ np 1.0.2-beta.3 --tag=beta
  $ np 1.0.2-beta.3 --tag=beta --contents=dist
```

通过以上示例，我们不仅可以了解 np 的用法，还可以类比学习 patch、minor、major 的用法，由一个点延伸到另一个点，这对学习来说是极有帮助的。

1.2.3　二进制模块

工作中会接到各种项目开发需求，开发前需要先规划项目目录，然后一个个创建文件，搭建 Sass 编译环境，下载 jQuery、React 等类库，做完这些准备工作要花费不少时间。

那么问题来了，每做一个项目都要完成这些准备工作，难道要不断重复这个过程吗？当然不需要！使用 np 就能节省很多时间。

前端工程化的思想便是在解决上述问题的过程中产生的。根据具体的业务特点，将前端开发流程、技术、工具、经验等规范化和标准化，可以最大限度地提高前端开发工程师的开发效率，降低技术选型难度和前后端联合调试的沟通成本。

使用命令工具是开发者的必备技能，也是前端工程化落地的必要组成部分。Node.js 二进制模块中常用的 CLI 命令工具分类如下。

- 命令行工具。
- 脚手架：express-generator、koa-generator。
- 与构建相关的工具：Webpack、Gulp、Grunt。
- shell 相关工具。
- kp：用于根据端口“杀死”进程。
- mongo-here：启动 MongoDB 的简化命令工具。
- 本地服务器：je 模块。

以上是笔者常用的 CLI 命令工具，无论哪一种都值得学一学，学会这些工具的使用方法对提高开发效率有很大帮助。

创建文件

下面我们具体看一下如何编写 Node.js 命令行模块，代码如下。

```
// 创建目录
$ mkdir bin  // 存放可执行文件目录

// 创建文件
$ touch bin/cli.js
$ touch index.js
```

在 bin/cli.js 中键入如下代码。

```
#!/usr/bin/env node

console.log('hello node module')
```

一般情况下，index.js 会作为普通模块对外提供 API，bin/cli.js 中提供的实现命令行功能的文件也会直接使用 index.js 里的 API。这样做的好处是，逻辑代码都在 index.js 里，模块既可以是普通模块，也可以是二进制模块，这是 Node.js 中非常常见的做法。

修改 package.json 文件

如果想把模块设定成二进制模块，需要在 package.json 文件里键入如下内容。

```
"bin": {
  "hello": "bin/cli.js"
}
```

此处是关键，通过 bin 字段可以确定当前模块是不是二进制模块。bin 字段是用来配置 CLI 命令名称和具体执行逻辑的脚本文件，比如上面的 hello 就是模块需要提供的 CLI 命令名称，它对应的 Node.js 脚本文件是 bin/cli.js。

在 package.json 文件中配置好 bin 字段后，就可以在本地进行测试了，方法如下。

```
// 通过 npm link 将 hello 命令放入本地环境变量
$ npm link

// 执行 hello 命令
$ hello
hello node module
```

比如我们想执行 hello -h（等同于 hello -help）该怎么办呢？主要办法是解析 process.argv 文件，它会返回由命令行脚本的各个参数组成的数组，具体代码如下。

```
#!/usr/bin/env node

var argv = process.argv;
argv.shift();

var file_path = __dirname;
var current_path = process.cwd();

for(var i in argv){
  var _argv = argv[i];
  if(_argv == '-h'  || _argv == '--help'){
    console.log('this is help info')
  }
}
```

此时，执行 hello -h 命令会打印出帮助信息，结果如下。

```
$ node cli.js -h
this is help info
```

npm 脚本

为了开发便利，一般我们会修改 npm 脚本，缩短执行命令的长度。另外，脚本也可以提供一些命令行工具所不具备的能力。还是以上面的代码为例，我们可以对 scripts 字段进行重写，代码如下。

```
"scripts": {
  "start": "npm publish .", // 发布
  "test": " node bin/cli -t js -n q " // 手动测试
},
```

以上代码中定义了两个命令，具体如下。

- npm start：将当前 npm 发布到 npmjs.org 上。
- npm test：测试代码，应避免重复输入。

无论从语义还是便利性上，重写常见命令都是不错的选择。

更多

手动解析 process.argv 还是有些麻烦的，这里推荐几个 args 库，可以更简单地对 process.argv

进行处理。

- Clipanion：基于 TypeScript 类和装饰器风格，用起来更简单。
- Commander.js：目前使用最多的库。
- Yargs：小巧、功能强大、简单，是官方推荐的库。

下面给出基于 Yargs 库解析 process.argv 的代码。

```
#!/usr/bin/env node
require('yargs') // eslint-disable-line
  .command('serve [port]', 'start the server', (yargs) => {
    yargs
      .positional('port', {
        describe: 'port to bind on',
        default: 5000
      })
  }, (argv) => {
    if (argv.verbose) console.info(`start server on :${argv.port}`)
    serve(argv.port)
  })
  .option('verbose', {
    alias: 'v',
    default: false
      })

  .argv
```

在终端中执行上面的代码，结合 help 选项就可以查看当前应用的帮助文档，内容如下。

```
$ node cli.js --help
cli.js [命令]

命令：
  cli.js serve [port]  start the server

选项：
  --help          显示帮助信息                                    [布尔]
  --version       显示版本号                                      [布尔]
  --verbose, -v
```

笔者和很多朋友一样，非常介意模块的依赖和整体安装包的体积，一般推荐使用比较小巧的模块，实在没有合适的就自己编写。

DRY（Don't Repeat Yourself）是软件开发过程中非常有名的原则，字面意思是“不要重复自己”，实际是告诉开发者不要重复造轮子，强调在编程时不要重复写相同的代码。代码应当只写一次，需要重复使用时直接在其他地方引用即可。

因此，当别人写的代码或模块可用时，可以优先使用，没有可以满足需求的模块时再考虑自己开发。如此一来可以提高代码重用率，缩减代码量，同时也有助于提高代码的可读性和可维护性。

1.3　npm 技巧

大部分时间，我们只会用到 npm 的 install、init、publish 等功能，但其中还有很多非常好用的技巧是我们不了解的，这里简单整理了几个实用技巧，让我们一起来学习。

1.3.1　npm run

在 package.json 文件里，默认情况下 npm 脚本只支持 npm start 和 npm test 命令，大部分场景是无法应对的。比如要做测试代码覆盖率统计时，一般会用到 cov 命令，默认的 npm 脚本中是没有的，需要自己在 package.json 文件里手动配置，然后通过 npm run-script 命令来运行。在 scripts 字段里定义 cov 执行逻辑的代码如下。

```
"scripts": {
  "start": "egg-scripts start --daemon --title=egg-server-cnode",
  "stop": "egg-scripts stop --title=egg-server-cnode",
  "restart": "npm run stop && npm run start",
  "docker": "egg-scripts start --title=egg-server-cnode",
  "dev": "egg-bin dev",
  "debug": "egg-bin debug",
  "test": "npm run lint -- --fix && npm run test-local",
  "test-local": "egg-bin test",
  "cov": "egg-bin cov",
  "lint": "eslint .",
  "ci": "npm run lint && npm run cov",
  "autod": "autod",
  "assets": "loader app/view app/"
},
```

通过 cov 命令统计测试代码覆盖率的方法如下。

```
$ npm run cov
```

1.3.2　配置

在开发过程中，有很多内容是需要配置的，一般笔者喜欢使用 node-config 或 yaml.js 这两个模块。package.json 是每个 Node.js 应用中都有的文件，因此完全可以在 package.json 文件里添加配置。

以 package.json 文件中的 config 字段为例，如果在 CLI 中使用环境变量，则 config 中的配置项将被环境变量对应的值覆盖。

假设 package.json 文件的内容如下。

```
{
   "name": "foo",
   "config": {"port": "8080"},
   "scripts": {}
}
```

在实际代码中，可以直接使用 process.env.npm_package_config_port 来获得 port 配置，方法如下。

```
http.createServer(...).listen(process.env.npm_package_config_port)
```

另外，还可以通过命令行直接修改 package.json 文件里的内容，如下。

```
$ npm config set foo:port 80
```

使用命令行方式进行配置有过度设计的嫌疑。其实，可以根据 Node.js 查找路径规则，找到最近的 package.json 文件，读取配置。比如 pkg-dir 模块中就实现了这个功能，示例代码如下。

```
'use strict';
const path = require('path');
const findUp = require('find-up');

module.exports = cwd => findUp('package.json', {cwd}).then(fp => fp ? path.dirname(fp)
 : null);

module.exports.sync = cwd => {
   const fp = findUp.sync('package.json', {cwd});
   return fp ? path.dirname(fp) : null;
};
```

举个例子，比如我们想要查找以下路径。

```
/
└── Users
    └── i5ting
        └── foo
            ├── package.json
            └── bar
```

```
        ├── baz
        └── example.js
```

如果通过下面的代码进行查找，执行的结果是'/Users/i5ting/foo'，即最近的 package.json 文件的位置。

```
// example.js
const pkgDir = require('pkg-dir')

(async () => {
   const rootDir = await pkgDir(__dirname);

   console.log(rootDir);
   //=> '/Users/i5ting/foo'
})()
```

1.3.3　钩子

有的时候，我们会面临在提交代码之前进行测试的需求，在这种情况下，可以使用下面的方法实现。

```
$ npm test && git push
```

但是这样做太麻烦了，有没有更简单的方法呢？答案是，可以通过钩子（Hook）来实现。我们可以在 package.json 文件所在的某个生命周期事件中运行 npm 脚本，此机制通常被称为钩子。在 node_modules/.hooks/{eventname}中放置一个可执行文件，所有根目录下的 package.json 文件在运行到该生命周期节点时都会被执行。

这个方法很实用，但用起来很不方便，因此可以使用 husky 工具更好地解决这一问题，命令如下。

```
$ npm install husky@next --save-dev
```

husky 新版本的配置是独立的，不再依赖 scripts，具体如下。

```
// package.json
{
  "husky": {
    "hooks": {
      "pre-commit": "npm test",
      "pre-push": "npm test",
      "...": "..."
    }
  }
```

```
}
```

此时，若提交 Git，会触发 pre-commmit 钩子，自动执行 npm test 命令。如果测试不通过，则无法提交代码，这对于保证代码质量非常有帮助。

1.3.4 npm link

每次编写二进制模块都要发布到 npmjs.com 源上，然后安装，测试模块代码是否正确……这样做太麻烦了。如果想进行本地测试，可以使用 npm link 来实现。

在终端执行 npm link 命令之后，会有提示，具体如下。

```
$ npm link
/Users/i5ting/.nvm/v0.10.38/bin/nmm -> /Users/i5ting/.nvm/v0.10.38/lib/node_modules/n
mm/index.js
  /Users/i5ting/.nvm/v0.10.38/lib/node_modules/nmm -> /Users/i5ting/workspace/moa/nmm
```

那么，如何确认该文件是不是软链接呢？方法如下。

```
$ ls -alt /Users/sang/.nvm/v0.10.38/bin/nmm
lrwxr-xr-x  1 i5ting  staff  32 Jul  7 15:38 /Users/i5ting/.nvm/v0.10.38/bin/nmm -> ../
lib/node_modules/nmm/index.js
```

链接文件的时候，都会以 filename -> link filename 方式显示。很明显，上面的执行结果就是这样的，实际文件位于/Users/i5ting/workspace/moa/nmm 路径下。

1.3.5 自定义安装

我们通过 npm install 命令实现的最常见的功能是，把 Node.js 模块里的文件下载并安装到 node_modules 下面，这很容易理解，那么如果想要自定义安装该怎么办呢？

以安装 pre-commit 模块为例，先通过 npm install 命令安装 pre-commit 模块，然后同时执行安装脚本向.git/hooks 目录下写入 pre-commit 文件，这个文件是一个 shell 脚本，封装了具体的实现逻辑。

为了理解实现原理，我们可以看一下 pre-commit 模块的源码，在 package.json 中的 scripts 字段里找到自定义 install 命令，代码如下。

```
"install": "node install.js",
```

在执行 npm install pre-commit 命令时会下载 pre-commit 模块源码，同时执行 install.js 脚本

里的内容。也就是说，在 install.js 脚本里可以实现写入 pre-commit 文件的操作。扩展一下，此处可以实现很多操作，如执行 Node.js 脚本、编译 C 语言扩展程序等，甚至为其他语言提供包管理机制。

1.3.6 模块瘦身

一般编写模块并发布的时候，都是通过 npm init 命令进行初始化的，然后添加大量文件和代码，比如你可能要添加测试，也可能要添加示例，甚至要存放很多 Markdown 文档。如果将所有内容都下载到本地，想想就是一件恐怖的事。因此，对 npm 模块进行瘦身是有必要的。

正确的做法是只在模块里嵌入必要的内容。npm 的瘦身解决方案是创建.npmignore 程序，命令如下。

```
touch .npmignore
```

然后在代码中添加想要过滤的文件，这样用户下载时就不会下载这些文件了。另外，在 package.json 里可以实现一样的功能，代码如下。

```
"files": [
  "lib"
]
```

1.3.7 postinstall

如果读者还记得 Mongoose 中的钩子（Hook），一定会知道 pre 和 post 的意思。一般来说，pre 是“之前”的意思，post 是“之后”的意思，因此 npm 提供的 postinstall 从字面上来看，即在安装之后执行回调操作。

我们先来看一下 npm 提供了哪些回调操作，具体如下。

- prepublish：在模块发布之前运行。
- postpublish：在模块发布之后运行。
- preinstall：在模块安装之前运行。
- postinstall：在模块安装之后运行。

类似的模块生命周期都有对应的回调钩子实现。下面我们来看一下如何利用 npm 的回调操作实现一些具体的功能。

大家都知道，Express 是 Node.js 社区下载量最大的 Web 框架，其中的核心是中间件，它遵循小而美的设计哲学，因此非常精简。从 express-generator 的角度来看，这个框架只能做些“小打小闹”的事情，如果要设计一个复杂的大规模系统，就免不了要考虑代码结构、模块拆分、组件构成等问题。模块可以被当作业务插件，对于一个框架来说，如果用户要在代码中引用模块，直接调用即可。

比如在一个 boilerplate 项目里，如果要安装插件，需要在终端安装 webstorm-disable-index 模块，命令如下。

```
$ npm install --save webstorm-disable-index
```

在 webstorm-disable-index 模块的 postinstall 里要执行一段 Node.js 代码，当前目录已经是终端目录（即 process.cwd()），所以可以在当前目录下完成文档生成等操作，代码如下。

```
"scripts": {
  "postinstall": "node bin/webstorm-disable-index.js"
}
```

安装完成之后，我们需要对项目里的文件或配置进行插件登记，类似这样的功能是可以放到 postinstall 里完成的。完成以上操作后，剩下的就是编写 Node.js 代码了。

1.3.8　路径

编写命令行相关模块代码时几乎离不开对路径的处理：首先要获取当前文件和目录所在位置，还要获取当前终端执行路径，另外要获取当前系统用户主目录。

当前文件和目录所在位置

__dirname 表示当前文件的所在位置，在一个模块中，它属于“全局”变量。dirname 表示行代码所在的路径。《狼书（卷 1）》中讲过 Node.js 模板定义，涉及__dirname 的用法，示例如下。

```
(function (exports, require, module, __filename, __dirname) {
...
}
```

上面代码中的参数是在模块加载之前注入的全局变量，可以在代码中随意使用。也就是说，我们可以在任意地方使用__dirname 和__filename。

```
console.log(__filename);
console.log(__dirname);
```

之所以要讲__dirname 和__filename，主要是因为，要想获取安装后的文件目录，这是最好的方式。在 express-generator 源码中，通过 path.join(__dirname, '..', 'templates') 来确定项目模板目录的所在位置，是一个非常典型的做法。

当前终端执行路径

获取当前终端执行路径时，可以使用 process.cwd()方法，代码如下。

```
const current_path = process.cwd();
```

这个 Node.js 内置的 API 和 Linux 里的 pwd 命令是一样的，非常常用。

当前系统用户主目录

获取当前系统用户主目录的方法很简单，主要是通过环境变量进行判断，代码如下。

```
function home (){
  return process.env.HOME || process.env.HOMEPATH || process.env.USERPROFILE;
}
```

除了上述方法，还可以使用 os-homedir 这样的 Node.js 模块，该模块可以兼容所有操作系统。os-homedir 模块的核心是针对不同操作系统给出不同的实现代码，示例如下。

```
'use strict';
var os = require('os');

function homedir() {
    var env = process.env;
    var home = env.HOME;
    var user = env.LOGNAME || env.USER || env.LNAME || env.USERNAME;

    if (process.platform === 'win32') {
        return env.USERPROFILE || env.HOMEDRIVE + env.HOMEPATH || home || null;
    }

    if (process.platform === 'darwin') {
        return home || (user ? '/Users/' + user : null);
    }

    if (process.platform === 'linux') {
        return home || (process.getuid() === 0 ? '/root' : (user ? '/home/' + user : null));
    }

    return home || null;
}
```

```
module.exports = typeof os.homedir === 'function' ? os.homedir : homedir;
```

使用系统用户主目录的好处是，我们不需要在意缓存存储的相对位置，因为只要系统用户不变，缓存的目录位置就是固定的。这一点在多个项目共用缓存时是非常便利的。笔者曾经编写过 MongoDB 的启动脚本，实现全局启动时用的就是系统用户主目录。

1.3.9 模块依赖图

通过可视化方式查看 Node.js 模块的依赖图是一种不错的方式，基本上一目了然，例如，Koa 的依赖图如图 1-3 所示。

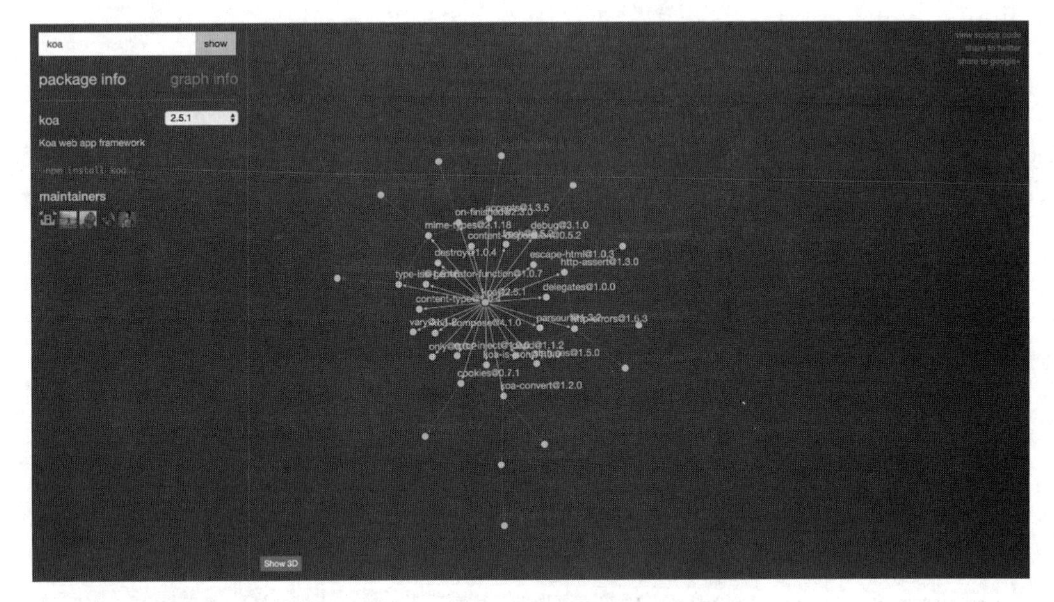

图 1-3

当然，也可以使用命令行工具来查看模块依赖图，王龑编写了一个名为 npm2dot 的工具，使用起来非常便捷，安装命令如下。

```
$ brew install graphviz
$ npm install npm2dot -g
```

其思路是通过解析模块依赖生成 DOT 语言可用的元数据，进而使用 Graphviz 来生成对应的图表。Graphviz 是一个用于绘制依赖图和流程图的工具包，也是实现数据可视化的必备利器。

执行以下代码即可查看 Koa 的依赖图，生成结果如图 1-4 所示。

```
$ npm init -y
$ npm i koa -S
$ npm ls --json | npm2dot | dot -Tpng -o debug.png -Grankdir=LR
```

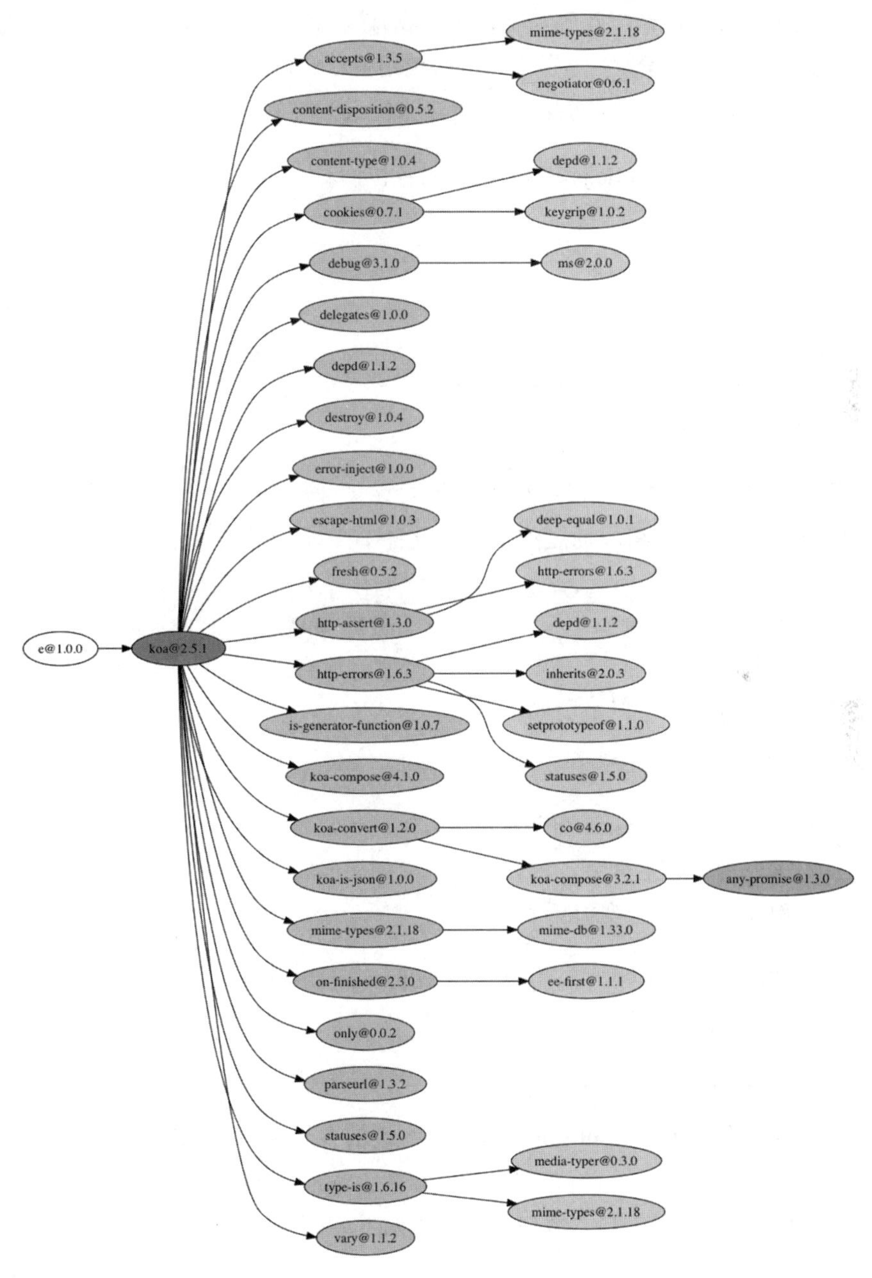

图 1-4

1.4　实例讲解

对于开发人员而言，可谓“代码在手，天下我有”。尤其对于 Node.js，其模块是完全开放的，不看源码会错过很多知识点。通过查看一些使用量比较多的 Node.js 模块源码，能从别人的代码里学到新的知识，这应该是开源给开发者带来的最大好处。

本节以笔者编写的 3 个 Node.js 模块为例，向各位读者介绍模块的具体实现思路和其中需要注意的问题。

1.4.1　kp

对于 Web 开发者来说，需要经常启动 Web 服务器，但令人头疼的是，时常会遇到端口冲突的问题，一般报错如下。

```
Port 3000 is already in use
```

在 macOS 系统中，我们可以通过如下方法查看 TCP 端口的占用情况。

```
$ lsof -i:3000
COMMAND   PID USER   FD   TYPE                        DEVICE SIZE/OFF NODE NAME
node    33302 sang   19u  IPv6 0xe5055bb5fcbede51      0t0  TCP *:hbci (LISTEN)
```

如果要终止这个进程，可以采用如下方法。

```
$ lsof -i:3000 | xargs killall
```

或者干脆定义一个 Linux alias 别名也是可以的。但这样做会产生另一个问题：如果本机的某个端口被占用了，则会产生冲突。这种情况下，如果能将 shell 脚本封装成 Node.js 二进制模块，在模块内调用 shell 命令会变得更简单。

基于以上想法，kp 模块诞生了，其含义是 kill process by port，即根据端口号来终止对应的进程。那么，如何安装 kp 模块呢？命令如下。

```
$ [sudo]npm install -g kp
```

在以上命令中，$代表 UNIX 和 Linux 操作系统里的普通用户，[sudo]是可选的，如果 Node.js 是通过 nvm 安装的，则不需要 sudo 超级管理员权限。npm install -g kp 是二进制模块的安装方式，设置 kp 模块的参数时只需传入端口号，具体如下。

```
$ kp 3000
```

先来看一下 kp 模块中的 package.json 文件的定义，代码如下。

```
{
  "name": "kp",
  "version": "1.1.2",
  "description": "kp is a tool for kill process by server port. only used for mac &&
linux",
  "main": "index.js",
  "scripts": {
    "start": "npm publish .",
    "test": "DEBUG=kp node test.js"
  },
  "bin": {
    "kp": "kp.js"
  },
  ...
}
```

kp 模块提供了两种用法，如下。

- main：模块入口，对外提供 API 调用的文件 index.js。
- bin：配置 kp 命令对应的 kp.js 文件。

index.js

index.js 负责提供 API，是整个模块中最核心的文件，其内容具体如下。

```
var debug = require('debug')('kp');

function exec_kp (server_port, pre) {
  if (arguments.length == 1) {
    pre = "";
  }

  var child_process = require('child_process');
  var script = pre + ' lsof -i:' + server_port +'|xargs killall';

  debug(script);

  child_process.exec(script,
    function (error, stdout, stderr) {
      if (error !== null) {
        console.log('Failed to kill process on port ' + server_port + ':' + error);
      } else {
        console.log('Killed process on port ' + server_port);
      }
```

```
  });
}

module.exports = exec_kp;
```

以上代码中的 debug 模块可用于将代码中的调试信息打印到终端，核心部分如下。

```
var script = pre + ' lsof -i:' + server_port +'|xargs killall';
child_process.exec(script, function (error, stdout, stderr) {
    ...
})
```

Node.js 是以单线程的模式运行的，但它使用事件驱动来处理并发，这样有助于我们在多核 CPU 的系统上创建多个子进程，从而提高性能。每个子进程中都含有 3 个流对象：child.stdin、child.stdout 和 child.stderr。它们可能会共享父进程的 stdio 流，也可以作为独立的流对象被导流。

Node.js 提供了 child_process 模块可用于创建子进程，方法有 3 种，具体如下。

- exec - child_process.exec：使用子进程执行命令，缓存子进程的输出，并将子进程的输出以回调函数参数的形式一次性返回。
- spawn - child_process.spawn：使用指定的命令行参数创建新的子进程。当希望子进程向 Node.js 父进程返回大量数据时，比如进行图像处理、读取二进制数据等，最好使用 spawn 方法。
- fork - child_process.fork：spawn 方法的特殊形式，fork 用于在子进程中运行模块，例如，fork("\./son.js")相当于 spawn("node", ["./son.js"])。与 spawn 方法不同的是，fork 方法会在父进程与子进程之间建立一个通信管道，用于进程间通信。

其实，ps-tree 模块搭配 child.kill 也能终止进程，不过 shell 命令里有 kill 和 killall 方法，能使代码更精简。

命令行实现

为了更好地进行代码复用，源码中的 kp.js 会调用 index.js 里的 API，这样可以使 index.js 里的 API 效用最大化。即 kp.js 是命令行实现代码，index.js 提供核心 API，具体代码如下。

```
#!/usr/bin/env node

var server_port = 3000;
var pre = '';
```

```
// 参数处理

var kp = require("./index");

kp(server_port, pre);
```

以上代码通过调用 index.js 的 API 来实现具体的功能，唯一的差别在于，这是命令行功能，需要处理参数并组装参数，在调用 index.js 里的 API 时使用。

编写文档

没有文档的开源项目都不能算是好的项目。写文档是程序员的基本功，也是必须要掌握的。曾有人说，当两个水平相当的人同时应征同一个岗位时，HR 会优先录用文档写得好的人，因为大家普遍认为擅长写文档的人思路更清晰。

在 GitHub 上创建项目时，默认会创建一个 REAMDE.md 文件，它是默认的基于 Markdown 语法的项目说明文件，会在 GitHub 项目主页上以 HTML 格式显示。

之所以采用 Markdown 编写文档，是因为它轻量、简单、易学，具体说来，Markdown 的优点如下。

- 纯文本，简单且兼容性高，可以通过任何编辑器来编写。
- 语法简单，容易学会，容易阅读。
- 让人专注写作内容而不是排版格式。

在写作时，不应过分关注文档格式的问题。Markdown 通过将内容和样式分离，大大提高了写作效率。当内容完成后，可以通过 CSS 样式来灵活调整文档格式，形成一篇漂亮的文章。通过特定工具可以很方便地将 Markdown 文档编译成 HTML 或 PDF 等格式文件，让 Markdown 有更广阔的应用空间。文档示例如下。

```
# kp

kp is a tool for kill process by server port. only use for mac && linux


## Install

    [sudo]npm install -g kp

## Usage
```

```
default server port is 3000

> kp

or kill by some port

> kp 3002

or with sudo

> kp 3002 -s or kp 3002 --sudo

## Code

kill by some port

  #!/usr/bin/env node

  var kp = require("kp");
  kp(3980);


or

kill by some port with sudo


  #!/usr/bin/env node

  var kp = require("kp");
  kp(3980, 'sudo');


## Contributing

1. Fork it
2. Create your feature branch (`git checkout -b my-new-feature`)
3. Commit your changes (`git commit -am 'Add some feature'`)
4. Push to the branch (`git push origin my-new-feature`)
5. Create new Pull Request

## 版本历史

- v1.1.0 实现可编程调用
- v1.0.0 初始化版本 CLI，实现 kp 导出

## 欢迎 fork 和反馈
```

```
- write by `i5ting` i5ting@126.com

如有建议或意见，请在 issue 提问或发送邮件

## License

this repo is released under the [MIT
License](http://www.opensource.org/licenses/MIT).
```

kp 模块的文档比较简单，适合学习，具备了开源项目文档的基本结构。

文档应尽量简单明了，如果太复杂，可以用 Wiki 或者 GitPages 单独建站。另外，Markdown 虽然简单，但要想完全做到书写规范也不是一件容易的事，需要多多学习。

通过将 Node.js 和 shell 命令组合，能够达到 1+1>2 的效果。笔者非常喜欢 Perl 和 Ruby，在 npm 里使用这两种脚本语言编写模块是极为有趣的，这其实也是 npm 的强大之处——支持多种语言。只要操作系统执行环境允许，就可以使用我们所熟悉的语言进行编程。

1.4.2 je

移动端开发变得异常火爆之后，最直接的变化就是 API 独立。前端、PC 端、移动端共用一套 API，而 API 绝大部分以 JSON 格式为主，因此一个好用的 JSON 编辑器是非常重要的。

JSONEditor 是一款非常好用的、使用 JavaScript 编写的 JSON 编辑器，它具备查看、编辑、格式化、校验等功能，非常强大。

一个好的开发者，要尽量减少对网络的依赖，因为使用本地工具一定比访问网络速度更快，而且能避免长尾效应，在开发时集中注意力。对于 Node.js 来说，这一点是非常容易保障的，因为 npm 模块都是安装在本地的，使用 Node.js 非常容易编写命令行模块，Node.js 自身对 Web Server 的支持也极好。

下面，我们来看看如何通过 je 模块实现本地 JSONEditor。

package.json

je 模块定义在 package.json 文件中，代码如下。

```
{
  "name": "je",
  "version": "1.0.2",
```

```
  "description": "",
  "main": "index.js",
  "scripts": {
    "start":"npm publish .",
    "test": "echo \"Error: no test specified\" && exit 1"
  },
  "bin": {
    "je": "index.js"
  },
  "author": "",
  "license": "ISC",
  "dependencies": {
    "express": "^4.11.2",
    "open": "0.0.5"
  }
}
```

以上代码是二进制模块代码，注意 bin 属性中配置了 je 命令，它依赖于 Express 这个著名的 Web 框架，以及另一个用于在浏览器中打开 URL 的工具模块 open。

index.js

package.json 文件里的 je 命令是通过 index.js 文件执行的，index.js 文件是整个模块的核心文件，代码如下。

```
#!/usr/bin/env node

var express  = require('express')
var path     = require('path')
var open     = require("open")

var app      = express()

// 指定静态资源目录
app.use(express.static(path.join(__dirname, 'vendor/3.3.0_0/')))

// 启动服务器
app.listen(3024)

open("http://127.0.0.1:3024")
```

以上代码首先指定通过 Node.js 来执行当前脚本。之后启动服务器，端口是 3024。同时指定静态资源目录为 vendor/3.3.0_0/，也就是说，此目录下的所有 HTML、JavaScript 和 CSS 文件都可以被直接访问。最后启动服务器并在浏览器里打开访问地址。

目录说明

为了能够更直观地了解 je 模块的信息，我们通过 tree 命令来查看目录结构，具体如下。

```
$ tree . -L 4
.
├── LICENSE
├── README.md
├── ScreenShot.png
├── index.js
├── node_modules
├── package.json
└── vendor
    └── 3.3.0_0
        ├── HISTORY.md
        ├── _metadata
        │   ├── computed_hashes.json
        │   └── verified_contents.json
        ├── app.min.css
        ├── app.min.js
        ├── chromeapp.js
        ├── datapolicy.txt
        ├── doc
        │   ├── doc.css
        │   ├── img
        │   └── index.html
        ├── favicon.ico
        ├── icon_128.png
        ├── icon_16.png
        ├── img
        │   ├── header_background.png
        │   ├── jsoneditor-icons.png
        │   └── logo.png
        ├── index.html
        ├── manifest.json
        └── worker-json.js

67 directories, 265 files
```

je 项目代码很少，核心部分是 vendor/3.3.0_0 目录下的文件，即 JSONEditor 的静态预览代码。这个目录是静态资源托管目录，与 koa-generator 生成的 public 目录相同，整个模块的核心就是托管了 JSONEditor 静态文件预览功能。je 模块只是通过 express 命令启动了一个服务，并将其包装成了一个 Node.js 二进制模块。

安装测试

通过 npm link 命令可实现 je 模块的本地安装，如下。

```
$ npm link
/Users/i5ting/.nvm/versions/node/v7.2.1/bin/je -> /Users/i5ting/.nvm/versions/node/v7.2.1/lib/node_modules/je/index.js
/Users/i5ting/.nvm/versions/node/v7.2.1/lib/node_modules/je -> /Users/i5ting/workspace/github/je
```

安装完成就可以进行测试了，在终端执行 je 命令即可。它会通过 open 模块自动在默认的浏览器里打开本地 URL，效果如图 1-5 所示。

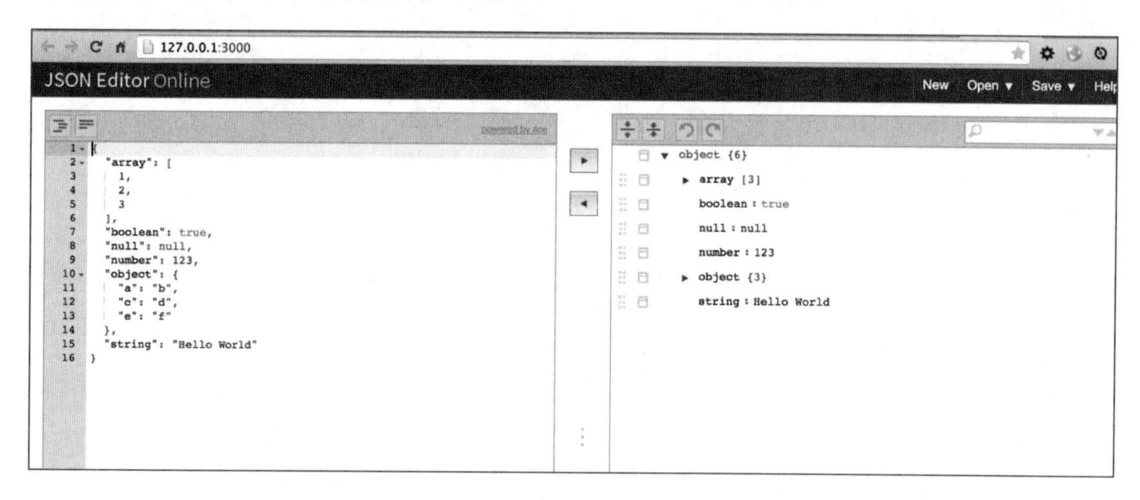

图 1-5

编写这种本地 Web 服务模块非常简单方便，能够有效地提高开发效率。笔者非常喜欢使用离线 Web 工具，个人认为这是一个非常具有发展空间的领域，虽然如今网络已经十分发达，但程序员不应该完全依赖网络。

1.4.3　lazyclone

大部分 Node.js 项目通过 Git 克隆之后，要切换到新目录下，并通过 npm 安装依赖模块，重复次数多了会很麻烦。而 Node.js 里的子线程是无法切换的，shell 命令在当前子线程里执行时，只要线程不变，它就不会变。使用 lazyclone 模块等同于在终端同时完成 3 步操作：git clone xx、cd xx、npm i。

在 index.js 入口文件里，将 exec.sh 脚本写入 path 下面并更名为 clone，这样就能找到 clone

命令，进而达成在终端中直接调用命令的目的。

lazyclone 的用法如下。

```
$ npm i -g lazyclone
$ clone git@github.com:visionmedia/debug.git
```

其核心代码在 exec.sh 脚本里，最终的 clone 命令的具体实现如下。

```
#! /bin/bash

# 获取 CLI 的第一个参数，解析出 git repo 命令
url=$1;
reponame=$(echo $url | awk -F/ '{print $NF}' | sed -e 's/.git$//');

echo $url
echo $reponame

# 通过 git 命令将仓库克隆到指定目录
git clone $url $reponame

# 切换目录
cd $reponame

# 如果存在 package.json 文件，就执行 npm i 命令
if [ -f "./package.json" ]; then
  npm i
fi

# 创建一个新的 shell 脚本
exec $SHELL
```

1.5　编写脚手架

脚手架是前端领域非常常见的工具，可以覆盖多个应用场景。Node.js 社区中有很多脚手架模块，这里举两个经典的例子。

- yeoman：专业定制脚手架的工具，具有完善的开发流程和生态体系，内置诊断工具和大量现成可用的脚手架，缺点是学习曲线陡峭。
- vue-cli：一个非常典型的脚手架，只要指定某个 Git 仓库为模板就可以完成脚手架工具的开发，开发者只需要关注模板，这很符合 Vue.js 的风格。

从学习的角度来讲，编写脚手架是很好的练习场景；从工作的角度来看，编写脚手架是提

高团队工作效率的手段。无论从哪个角度来看，都是有百利而无一害的。脚手架本身不具备语言绑定属性，我们可以开发 Java 脚手架，也可以开发 C/C++脚手架，不必拘泥于 Web 领域。Node.js 简单、高效、生态良好，为开发其他领域的脚手架带来了很大的助力。

1.5.1 初始化模块

首先确认模块名称，命令如下。

```
$ npm info xxx
```

如果没有找到同名模块，说明可以使用这个名称，然后在 GitHub 中建立仓库，将上面的模块克隆到本地，代码如下。

```
$ git clone xxx
$ npm init -y
```

通过执行 npm init 生成 package.json 文件，此文件为模块的描述文件，非常重要。

1.5.2 CLI 二进制模块

大家都知道，生成器是 CLI 工具，所以我们应该使用二进制模块手动修改 package.json 文件，代码如下。

```
{
  "name": "yourcli",
  "version": "1.0.0",
  "description": "",
  "main": "index.js",
  "bin": {
    "gen": "gen.js"
  },
  "scripts": {
    "test": "echo \"Error: no test specified\" && exit 1"
  },
  "keywords": [],
  "author": "",
  "license": "ISC"
}
```

这里主要增加了对 bin 字段的配置，bin 字段里的 gen 为 CLI 的具体命令，它的具体执行文件为 gen.js。bin 是 plain old object 类型字段，所以可以为其配置多个命令，各位读者可以按照自己的需求进行配置。

gen 命令的执行文件 gen.js 的创建方式如下。

```
$ touch gen.js
```

在 gen.js 文件里键入如下编写二进制模块时常用的代码。

```
#!/usr/bin/env node

var argv = process.argv;
var filePath = __dirname;
var currentPath = process.cwd();

console.log(argv)
console.log(filePath)
console.log(currentPath)
```

针对以上代码，具体说明如下。

- argv：命令行参数。
- filePath：当前文件路径，也就是安装后的文件路径，非常适合存放模板文件。
- currentPath：当前 shell 命令的上下文路径，即生成器生成文件的目标位置。

至此，二进制模块的代码就编写完成了，下面我们来进行测试。

首先在本地安装此模块，在 package.json 文件所在路径下执行如下命令。

```
$ npm link
```

如果出现以下内容，则表示已经安装成功。

```
/Users/i5tng/.nvm/versions/node/v12.13.0/bin/gen -> /Users/i5tng/.nvm/versions/node/v
12.13.0/lib/node_modules/a/gen.js
/Users/i5tng/.nvm/versions/node/v12.13.0/lib/node_modules/a -> /Users/i5tng/workspace
/github/i5ting/a
```

接着执行 gen 测试，命令如下。

```
$ gen
[ '/Users/i5tng/.nvm/versions/node/v12.13.0/bin/node',
  '/Users/i5tng/.nvm/versions/node/v12.13.0/bin/gen' ]
/Users/i5tng/workspace/github/i5ting/a
/Users/i5tng/workspace/github/i5ting/a
```

可以更换不同的目录进行测试，会看到不同的执行结果。

1.5.3 使用模板引擎

这里我们选择 Node.js 中非常受欢迎同时也非常好用的模板引擎——Nunjucks，它和 ejs 比较像，功能与 Pug 一样强大。首先，在终端安装 nunjucks 模块，代码如下。

```
$ npm install --save nunjucks
```

然后，在代码中增加模板引擎用法，如下。

```
#!/usr/bin/env node

// var argv = process.argv;
// var filePath = __dirname;
// var currentPath = process.cwd();
//
// console.log(argv)
// console.log(filePath)
// console.log(currentPath)

var nunjucks = require('nunjucks')

var compiledData = nunjucks.renderString('Hello {{ username }}', { username: 'James'
 });

console.log(compiledData)
```

上述 nunjucks 代码是最简单的 Demo，其中的要点如下。

- 引入 nunjucks 模块。
- nunjucks.renderString 方法用于编译模板，其中有两个参数。
    - 第一个是模板字符串。
    - 第二个是 JSON 数据。
- compiledData 是编译后的结果。

我们不能将生成器的内容都写到字符串里，而使用脚手架可以生成项目文件，所以我们可以继续改造代码，将模板独立出去，然后通过文件读写来获取模板字符串。

创建一个 gen.tpl，内容为 Hello {{ username }}，通过修改 gen.js 来读取模板，代码如下。

```
var fs = require('fs')
var nunjucks = require('nunjucks')
```

```
var tpl = fs.readFileSync('./gen.tpl').toString()

var compiledData = nunjucks.renderString(tpl, { username: 'James' });

console.log(compiledData)
```

以上代码中引入了 fs 模块，用于读取文件。fs.readFileSync('./gen.tpl').toString()是读取文件的同步方法，并能将文件内容转成字符串。

读取文件还是比较简单的，那么编写文件如何实现呢？一般我们使用 fs.writeFile 方法。这里编写的文件是脚手架，可以直接使用 fs.writeFielSync 同步方法，因为脚手架是单次使用的，不涉及高并发场景。

通过上述步骤，我们便得到了一个生成器的大概模型，完整代码如下。

```
#!/usr/bin/env node

  fs = require('fs')
var nunjucks = require('nunjucks')

var tpl = fs.readFileSync('./gen.tpl').toString()

var compiledData = nunjucks.renderString(tpl, { username: 'James' });

console.log(compiledData)

fs.writeFileSync('./gen.xxx', compiledData)
```

在以上代码中，有些内容是可变的，具体如下。

- './gen.tpl'：输入模板。
- { username: 'James' }：要编译的数据。
- './gen.xxx'：最终的输出结果。

我们可以通过改变这些可变内容来实现任何想要的功能。理论上，所有脚手架需求都可以实现。

1.5.4　解析 CLI 参数和路径

说起生成器，最经典的便是著名 Web 框架 Rails 的脚手架，它的用法如下。

```
$ rails g book name:string coordinates:string
```

rails g 是固定的用于生成模型的命令，book 是模型名称（俗称表名），name 和 coordinates 都是字段名称，string 是表中的数据类型。其中可变的只有表名和字段名称，所以只要将 CLI 中的内容解析出来，将 rails 换成 gen 命令即可，我们想要实现的调用方式如下。

```
$ gen book name:string coordinates:string
```

修改 gen.js 代码，具体如下。

```
#!/usr/bin/env node

var argv = process.argv;
console.log(argv)
```

执行 gen 命令的结果如下。

```
$ gen book name:string coordinates:string
[ '/Users/sang/.nvm/versions/node/v12.13.0/bin/node',
  '/Users/sang/.nvm/versions/node/v12.13.0/bin/gen',
  'book',
  'name:string',
  'coordinates:string' ]
```

下面我们来构造一个模型对象，代码如下。

```
var argv = process.argv;

argv.shift()
argv.shift()
console.log(argv)

var data = {
  model: argv[0],
  attr:{

  }
}

for(var i = 1; i < argv.length; i++) {
  var arr = argv[i].split(':')
  var k = arr[0];
  var v = arr[1];

  data.attr[k] = v
}

console.dir(data)
```

执行以上代码，结果如下。

```
$ gen book name:string coordinates:string
[ 'book', 'name:string', 'coordinates:string' ]
data = {
  model: 'book',
  attr: {
    name: 'string',
    coordinates: 'string'
  }
}
```

在以上代码中，data 为数据参数，类似于 1.5.3 节中模板引擎里的 renderString 方法的第二个参数。将这个 data 作为参数，可以生成对应的代码。

```
// tpl compile
var compiledData = nunjucks.renderString(tpl, data)
```

有了数据参数，下面修改模板 gen.tpl 文件 ，代码如下。

```
module.exports = class {{ model }} {
  {% for k,v in attr %}
    {{k}}: {{v}},
  {% else %}
    error
  {% endfor %}
}
```

以上代码将模板和 CLI 解析出来的数据进行了组装，生成的文件内容如下。

```
module.exports = class book {

   name: string,

   coordinates: string,

}
```

当然，这里是只是示意，具体要生成的代码仍需要按照实际功能来设计。我们来看一下完成上面功能的完整代码，如下。

```
  #!/usr/bin/env node

  var fs = require('fs')
  var nunjucks = require('nunjucks')
  var argv = process.argv;
  // var filePath = __dirname;
```

```
// var currentPath = process.cwd();
//
// console.log(filePath)
// console.log(currentPath)

// cli parse
argv.shift()
argv.shift()
console.log(argv)

var data = {
  model: argv[0],
  attr:{

  }
}

for(var i = 1; i < argv.length; i++) {
  var arr = argv[i].split(':')
  var k = arr[0];
  var v = arr[1];

  data.attr[k] = v
}
console.log('data = ')
console.dir(data)

// read tpl
var tpl = fs.readFileSync('./gen.tpl').toString()

console.dir(data)

// tpl compile
var compiledData = nunjucks.renderString(tpl, data)

console.log(compiledData)

// write file
fs.writeFileSync('./gen.xxx', compiledData)
```

这里我们会发现，每次执行时，生成的结果都没有在固定目录下，一旦用户切换了目录，这个功能就不可用了。下面我们对代码进行修改，不使用相对路径，而使用__dirname 来确定模板位置，生成的结果需要写到 process.cwd()对应的目录下。修改后的代码如下。

```
#!/usr/bin/env node

var fs = require('fs')
```

```
var nunjucks = require('nunjucks')
var argv = process.argv;
var filePath = __dirname;
var currentPath = process.cwd();
//
// console.log(filePath)
// console.log(currentPath)

// cli parse
argv.shift()
argv.shift()
console.log(argv)

var data = {
  model: argv[0],
  attr:{

  }
}

for(var i = 1; i < argv.length; i++) {
  var arr = argv[i].split(':')
  var k = arr[0];
  var v = arr[1];

  data.attr[k] = v
}
console.log('data = ')
console.dir(data)

// read tpl
var tpl = fs.readFileSync(filePath + '/gen.tpl').toString()

console.dir(data)

// tpl compile
var compiledData = nunjucks.renderString(tpl, data)

console.log(compiledData)

// write file
fs.writeFileSync(currentPath + '/gen.xxx', compiledData)
```

基于上述代码，在任意目录中输入 gen 命令，都会在当前目录下生成一个 gen.xxx 文件，和我们之前预设的结果一样。

1.5.5 npm 发布

模块代码编写完成后需要将其发布到 npm 上。在 package.json 目录里执行如下命令，即可成功发布。

```
$ npm publish
```

如果想增加版本号，需要再次发布，代码如下。

```
$ npm version patch
$ npm publish
```

我们可以自行测试该模块是否发布成功，代码如下。

```
$ npm i -g xxx
```

至此，一个简单可用的脚手架模块就生成了，继续完成代码重构、文档补全就可以将其分享给更多人了。

从理论上来说，可以通过脚手架生成一切内容。那么，请大家思考：可以通过脚手架生成脚手架代码吗？其实方法有很多，各位读者可以深入思考，多多尝试。

1.6 开源周边

对于开源项目，只实现功能代码是不够的。如果想继续完善，还需要了解以下相关内容。

- 异常：各种可能出现的情况都需要考虑到。
- 测试：掌握 Mocha、AVA、Jest、Vitest 等测试框架的使用方法，不进行测试是不专业的。
- 工具模块：比如使用 debug 模块处理调试信息、日志等，熟悉业内最佳实践。
- argv 解析模块：如 Commander 或 Yargs，善于借助成熟模块可以将代码功能发挥到极致。
- 实用工具：实现大小写之间的转换等，我们要能够分辨哪些模块是适合自己的。

1.6.1 持续集成

持续集成（Continuous Integration，CI）主要负责 3 件事：从代码库 Git 中拉取代码、编译、测试。对于开源项目来说，如果想保证代码质量，测试是必须要做的，但每次都进行测试是非常耗时的，尤其当涉及多个版本、多个操作系统时，进行本地测试并不实际。在这种情况下，很多 CI 服务便出现了。

开源项目可以使用的 CI 服务非常多，常见的有 GitHub Actions、Travis CI、Circle CI 等，如果想自己部署，也可以使用 Jenkins。比如 Koa 使用 Travis CI、Node.js 源码使用 Jenkins、Vue.js 使用 Circle CI，它们并没有本质差别，只是在一些细节上不完全一样，比如 Circle CI 对 E2E 测试的支持更好一些，明显更受到前端开发人员的喜欢。GitHub Actions 不仅能实现 CI/CD，还能执行很多研发流程自动化操作，比如 Vue.js 就采用了 Circle CI 和 GitHub Actions 结合的方式，是非常好的工程实践

引入 CI 服务的步骤如下。

1. 在本地编写代码和测试，加入 CI 配置。

2. 将代码提交到 GitHub/GitLab，触发 Git Hook。

3. 在 Git Hook 里触发 CI 服务，自动让服务器拉取代码，然后进行编译、测试。

4. 测试结果通过徽章（badge）在文档中显示。

登录 Circle CI

首先，我们需要在开源项目里集成 Circle CI。用 GitHub 账号登录 Circle CI，然后单击“Add Projects”选项，显示 GitHub 上的所有工具，如图 1-6 所示。

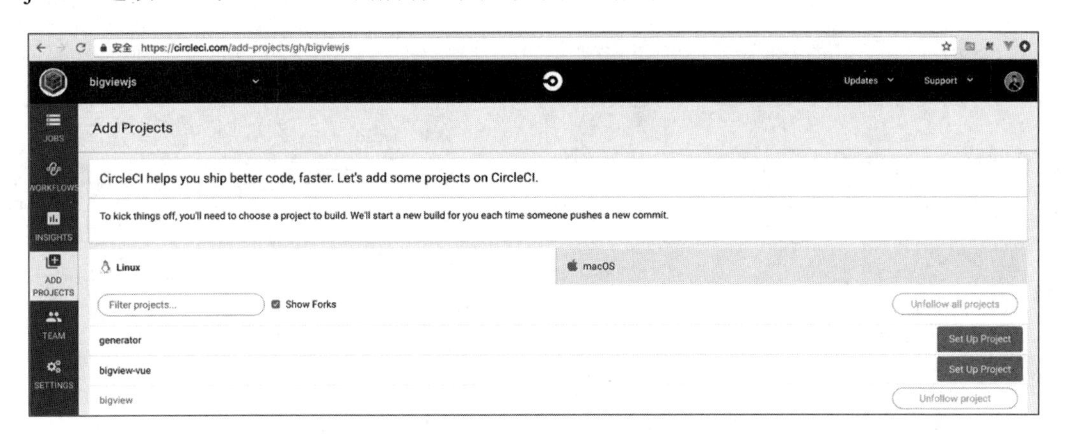

图 1-6

单击“Set Up Project”按钮，按照指示填写信息，如图 1-7 所示。

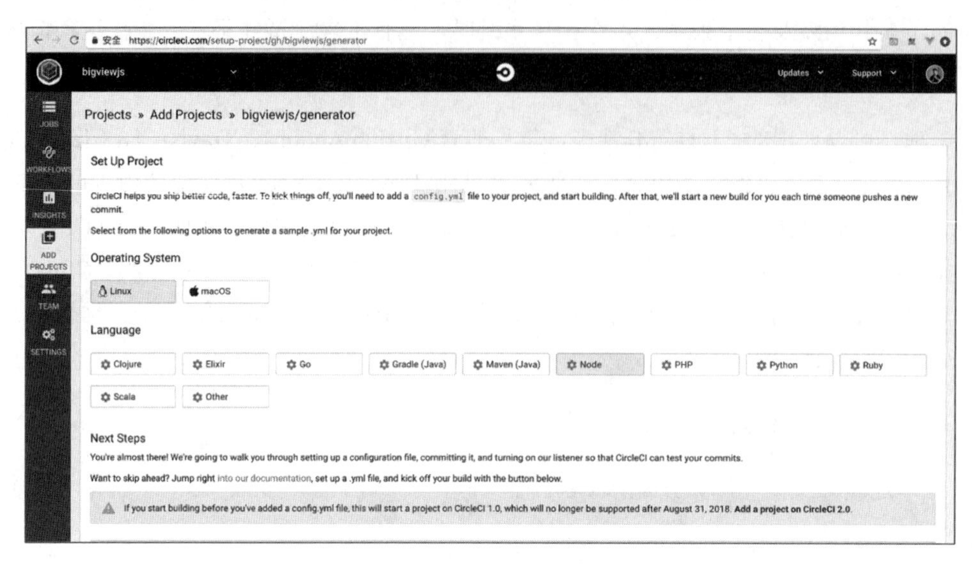

图 1-7

创建配置文件

在项目里创建.circleci/config.yml 文件，具体内容如下。

```
# Javascript Node CircleCI 2.0 configuration file
version: 2
jobs:
  build:
    docker:
      # specify the version you desire here
      # - image: circleci/node:7.10
      - image: circleci/node:8-browsers

    working_directory: ~/repo

    steps:
      - checkout

      # Download and cache dependencies
      - restore_cache:
          keys:
          - v1-dependencies-{{ checksum "package.json" }}
          #fallback to using the latest cache if no exact match is found
           - v1-dependencies-
```

```
    - run: yarn install

    - save_cache:
        paths:
          - node_modules
        key: v1-dependencies-{{ checksum "package.json" }}
    # run tests!
    - run: yarn test

    # run coverage!
    - run: yarn run report-coverage
```

需要注意的是 image: circleci/node:8-browsers 这一句，其中的 image 是 Docker 镜像的意思。

如果我们想同时运行多个 Node.js 版本，也可以如下配置。

```
workflows:
  version: 2
  node-multi-build:
    jobs:
      - node-v7
      - node-v8
      - node-v9
```

编写测试

继续上面的例子，运行测试代码的核心是 yarn test，示例如下。

```
# run tests!
- run: yarn test

# run coverage!
- run: yarn run report-coverage
```

来看一下 package.json 文件里的具体配置内容，如下。

```
"test": "./node_modules/.bin/nyc ./node_modules/.bin/ava -v",
"report-coverage": "./node_modules/.bin/nyc report --reporter=lcov > coverage.lcov &&
codecov",
```

每次代码变动，都要尽可能补充测试，甚至先编写测试再改写代码，保证测试通过，即完成基本功能。

显示结果

按照如下方式进行构建，可显示结果。

```
<a href="https://circleci.com/gh/bigviewjs/bigview/tree/dev"><img src="https://img.sh
ields.io/circleci/project/bigviewjs/bigview/dev.svg" alt="Build Status"></a>
```

如果构建成功，显示结果如图 1-8 所示。

build passing

图 1-8

单击 Circle CI 状态显示选项，会进入对应的项目 CI 概览界面，如图 1-9 所示。

图 1-9

每次提交代码都会创建一个工作项，记录测试结果。如果想定位问题，可以进入具体的工作项里查看日志，这里以编号为 18 的日志为例，如图 1-10 所示。

图 1-10

图 1-10 中的报错问题很明显是由 Node.js 版本过低、不能支持最新的 ES 语法所导致的，这是很常见、很低级的问题，很可能在本地环境中不会出现，但在某些测试环境中会出现。所以，引入 CI 服务是必要的，可以让开源项目的性能得到保障。

1.6.2　测试覆盖率

前面讲过，好的开源项目几乎都要进行测试，而且这些项目的测试用例也都写得很好。只有测试其实是不够的，我们还需要确保测试覆盖率。比如，只有当 90%的代码都被测试覆盖时，代码质量才会得到一定的保障。

在开源项目里，测试覆盖率经常会用图 1-11 所示的图标来标识。

图 1-11

不同的测试有不一样的测试覆盖率检测模块，比如 AVA 框架和 Codecov 工具就非常搭配。

```
"test": "./node_modules/.bin/nyc ./node_modules/.bin/ava -v",
"report-coverage": "./node_modules/.bin/nyc report --reporter=lcov > coverage.lcov &&
codecov",
```

1.6.3　徽章

用 Markdown 编写文档存在一定的问题，比如测试状态标识无法显示。那么，有什么其他办法可以解决吗？其实很简单，Markdown 里可以嵌入图片，如果图片是根据 Git 仓库生成的，那么直接将其嵌入 Markdown 文档即可——这便是徽章。徽章已成为文档中必不可少的部分，如图 1-12 所示。

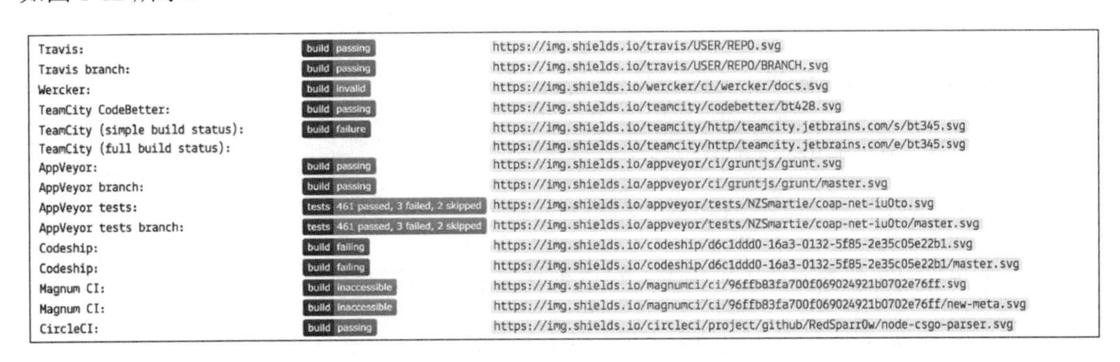

Travis:	build passing	https://img.shields.io/travis/USER/REPO.svg
Travis branch:	build passing	https://img.shields.io/travis/USER/REPO/BRANCH.svg
Wercker:	build invalid	https://img.shields.io/wercker/ci/wercker/docs.svg
TeamCity CodeBetter:	build passing	https://img.shields.io/teamcity/codebetter/bt428.svg
TeamCity (simple build status):	build failure	https://img.shields.io/teamcity/http/teamcity.jetbrains.com/s/bt345.svg
TeamCity (full build status):		https://img.shields.io/teamcity/http/teamcity.jetbrains.com/e/bt345.svg
AppVeyor:	build passing	https://img.shields.io/appveyor/ci/gruntjs/grunt.svg
AppVeyor branch:	build passing	https://img.shields.io/appveyor/ci/gruntjs/grunt/master.svg
AppVeyor tests:	tests 461 passed, 3 failed, 2 skipped	https://img.shields.io/appveyor/tests/NZSmartie/coap-net-iu0to.svg
AppVeyor tests branch:	tests 461 passed, 3 failed, 2 skipped	https://img.shields.io/appveyor/tests/NZSmartie/coap-net-iu0to/master.svg
Codeship:	build failing	https://img.shields.io/codeship/d6c1ddd0-16a3-0132-5f85-2e35c05e22b1.svg
Codeship:	build failing	https://img.shields.io/codeship/d6c1ddd0-16a3-0132-5f85-2e35c05e22b1/master.svg
Magnum CI:	build inaccessible	https://img.shields.io/magnumci/ci/96ffb83fa700f069024921b0702e76ff.svg
Magnum CI:	build inaccessible	https://img.shields.io/magnumci/ci/96ffb83fa700f069024921b0702e76ff/new-meta.svg
CircleCI:	build passing	https://img.shields.io/circleci/project/github/RedSparr0w/node-csgo-parser.svg

图 1-12

如果大家想定制自己的徽章，可以使用 SVG 进行创作，也可以参考 phodal/brand 了解原理，动手实践。

1.6.4 反向学习

掌握开源技术后，你也可以反向学习开源项目。举个例子：比如新手想学习 yargs 库的用法，应该在 GitHub 源码文件夹中的哪个文件中去学习呢？

- 首先查看 README.md，作者觉得重要的内容一般都会放到 README.md 里。根据 about 输出的网址找到具体网站，网站一般是文档站点，比 README.md 里的内容更丰富。
- 然后找到源码中的 docs 目录，一般会分为新手入门、指南、教程、具体 API 等部分。
- 如果看不懂，可以查阅 example，通过示例来学习具体用法。
- 如果还看不懂，建议查阅 test 测试用例。
- 如果以上内容都无法理解，建议查看源码，“啃”API 文档。

1.7 推荐模块

很多人都会有疑问：npm 上那么多模块该如何学习呢？每次看 GitHub 上的代码都觉得一头雾水，该如何阅读呢？

关于上述问题，我的回答是：拥抱开源是最便捷的学习途径。

- 学会并掌握 Git 原理，对 Commit、分支、Rebase 等要有较深的理解。
- 从简单的模块开始学习，跟着自己关注的人学习。
- 阅读 README.md 和文档，先知道模块定位，再研究源码。
- 看 Issues，学会如何进行提问，积极参与讨论。
- 如果以上方法都解决不了困惑，可以查看其他分支或测试源码。

对于处于 Node.js 学习迷茫期的人来说，以上是最好的方式，当不知道如何做的时候，一定要向前看，要知道积累哪些技能会对以后有好处。掌握模块用法并从中汲取技巧、思路、设计思想，这是学习 Node.js 的必经之路。与其不知道学什么，不如每天积累几个技巧。下面笔者将列举几个推荐模块，介绍其用法，希望各位读者能掌握。

1.7.1　debug

日志调试的方式有很多，最简单的是通过 console.log 在控制台直接打印出日志。但这样做往往是不够的，有时需要打印出某些属性值的详细信息，具体有两种方式。

- 通过 console.dir()语句快速实现。
- 手动编写 JavaScript 代码，针对对象的属性进行遍历操作，将每一个属性值打印出来，或者使用 util.inspect 获取更多详情。

以上两种方式都是比较常用的。其实 Node.js SDK 里还内置了 util.debuglog 方法，也可以用于实现类似功能，示例如下。

```
const util = require('util');
const debuglog = util.debuglog('foo');

debuglog('hello from foo [%d]', 123);
```

util.debuglog 方法的源码如下。

```
var debugs = {};
var debugEnviron;

function debuglog(set) {
  if (debugEnviron === undefined) {
    debugEnviron = new Set(
      (process.env.NODE_DEBUG || '').split(',').map((s) => s.toUpperCase()));
  }
  set = set.toUpperCase();
  if (!debugs[set]) {
    if (debugEnviron.has(set)) {
      var pid = process.pid;
      debugs[set] = function() {
        var msg = exports.format.apply(exports, arguments);
        console.error('%s %d: %s', set, pid, msg);
      };
    } else {
      debugs[set] = function() {};
    }
  }
  return debugs[set];
```

```
}
```

我们可以根据环境变量中的 NODE_DEBUG 来判断此时的环境是否为调试环境，如果是，就通过 console 方法输出判断结果，如下。

```
$ export NODE_DEBUG=foo && node debuglog.js
FOO 45417: hello from foo [123]
```

那么能不能让调试更灵活呢？比如增加颜色，同时支持浏览器和 Node.js，支持更为宽泛的环境变量匹配等。为了达到这样的目的，工程师 tj 编写了 debug 模块，其安装命令如下。

```
$ npm install --save debug
```

在各种 Node.js 项目里，我们经常会见到下面这样的代码。

```
var debug = require('debug')('http')
  , http = require('http')
  , name = 'My App';

debug('booting %o', name);

http.createServer(function(req, res){
  debug(req.method + ' ' + req.url);
  res.end('hello\n');
}).listen(3000, function(){
  debug('listening');
});
```

此时，你需要先将调试环境变量指定为 http（上面 debug 模块调用的参数），然后在浏览器里访问 http://127.0.0.1:3000/aa，此时会触发对应的 HTTP 请求，结果如图 1-13 所示。

```
→  book-source git:(master) ✗ DEBUG=http node httpserver.js
  http booting 'My App' +0ms
  http listening +15ms
  http GET /aa +46s
  http GET /favicon.ico +242ms
```

图 1-13

很明显，这样的调试方式是非常方便的。如果业务极其复杂该怎么办呢？此时可以指定 require('debug')('http1')、require('debug')('http2')来进行调试，很多经典的模块都使用这种方法，对调试定位很有帮助。另外，在前端使用 debug 进行日志打印也是推荐的做法。

1.7.2 GitBook

GitBook 是使用 Node.js 编写的、用于进行图书和文档创作的命令行工具。在 GitHub 上有很多基于 GitBook 编写的图书或文档。GitBook 的特性如下。

- 配置文件为 book.json 文件。
- 目录为 SUMMARY.md。
- 其 package.json 文件中会有像 gitbook-plugin-toc2 插件这样的文档目录配置工具。
- _book 是通过 Markdown 编译生成的 HTML 目录，被托管在 Git Pages 或 gitbook.io 上。

对于带有分类的文档，使用 GitBook 来编写是非常合适的，很多公司用 GitBook 来管理 API 文档，虽然不太智能，但使用便捷，体验非常不错。

1.7.3　colors 和 chalk

在终端里，通过颜色来辨别信息是非常方便的，在 Node.js 里可以非常简单地通过 console.log 来实现类似功能，如图 1-14 所示（其中的第二行显示为红色，本书因单色印刷无法显示）。

```
> console.log('\x1B[31m', 'this is red string')
 this is red string
```

图 1-14

只需要指定 '\x1B[31m' 即可设置颜色，非常简单。可是如果想通过更多颜色辨别更多信息、实现更多功能该怎么做呢？

chalk 和 colors 是使用最为广泛的、用于在终端输出有色内容的模块。二者相比较而言，chalk 功能更强大一些，性能也更好，目前有超过 1.7 万个模块将它作为依赖模块；而 colors 更轻量，无依赖，简单实用。

chalk 的使用示例如下。

```
const chalk = require('chalk');

console.log(chalk.blue('Hello world!'));
```

colors 的使用示例如下。

```
var colors = require('colors');

console.log('字符串'.green);//绿色
console.log('字符串'['red']);//红色
```

1.7.4 mkdirp

在终端里，mkdir 算是一个非常常用的命令，用它可以非常方便地创建文件夹。如果要创建包含多个层级文件的文件夹，需要使用-p 选项，代码如下。

```
$ mkdir -p a/b/c/d/e
```

使用 fs 模块创建目录时，fs.mkdir 命令只能创建一个目录。如果想解决这个问题，可以使用 mkdirp 模块，其作者 substack 也是社区中大名鼎鼎的人物，是 Browserify、Tape、DNode 等知名模块的作者。mkdirp 的使用示例如下。

```
var mkdirp = require('mkdirp');

mkdirp('/tmp/foo/bar/baz', function (err) {
    if (err) console.error(err)
    else console.log('pow!')
});
```

这里留给各位读者一个思考题：删除带有层级关系的目录该怎么做呢？请各位认真思考，举一反三。

1.7.5 shelljs

熟悉终端操作的人一定也会习惯使用 shell 命令。这里我们介绍 Node.js 版本的跨平台 shell 命令实现模块——shelljs。

shelljs 有两种用法，一种是以二进制模块的形式提供 CLI 命令，另一种是提供可编程的 API 接口让文件操作更加简单。

对于第一种用法，示例如下。

```
$ npm install -g shelljs
$ shx mkdir -p foo
$ shx touch foo/bar.txt
$ shx rm -rf foo
```

对于第二种用法，示例如下。以下代码和 mkdirp 模块的效果一样。

```
var shell = require('shelljs');

shell.mkdir('-p', '/tmp/a/b/c/d');
```

在 shelljs 源码 src 目录下，大致可以看出包含哪些常用命令，具体如下。

```
$ tree src
src
├── cat.js
├── cd.js
├── chmod.js
├── cmd.js
├── common.js
├── cp.js
├── dirs.js
├── echo.js
├── error.js
├── errorCode.js
├── exec-child.js
├── exec.js
├── find.js
├── grep.js
├── head.js
├── ln.js
├── ls.js
├── mkdir.js
├── mv.js
├── popd.js
├── pushd.js
├── pwd.js
├── rm.js
├── sed.js
├── set.js
├── sort.js
├── tail.js
├── tempdir.js
├── test.js
├── to.js
├── toEnd.js
├── touch.js
├── uniq.js
└── which.js

0 directories, 34 files
```

1.7.6 moment

对于日期处理及格式化处理，目前最好的方式就是借助 moment 模块。moment 不依赖任何第三方库，支持多语言，支持日历等特性，可以像 PHP 的 date()函数一样，针对字符串、时间戳及数组等内容，完成日期时间格式化、相对时间计算、特定时间获取等。

格式化当前时间的命令如下。

```
moment().format('YYYY-MM-DD HH:mm:ss'); //2014-09-24 23:36:09
```

查看某一天是星期几的命令如下。

```
moment().format('d'); //3
```

转换当前时间 UNIX 时间戳的命令如下。

```
moment().format('X');
```

moment 除了可以在浏览器里使用，还可以在 Node.js 里使用，可以说是处理日期的不二之选。有了 moment，我们再也不用给日期的原型链上绑定各种函数了。

1.7.7 LRU 缓存

LRU（Least Recently Used）的意思是"最近最少使用"，是在有限内存下实现缓存价值最大化的安全算法。假设我们要缓存一定量的数据，当数据量超过设定的阈值时，就需要将一些过期的数据删除。比如我们要缓存 10 000 条数据，当数据量小于 10 000 条时可以随意添加，当数据量超过 10 000 条时，如需添加新的数据，要将过期数据删掉，以确保最大缓存量是 10 000 条。那怎么确定删除哪条过期数据呢？这时就要用到 LRU 算法，保留最新的数据，删掉最近最少使用的数据。

一般在进行性能调优的时候，最简单的办法就是增加缓存。从缓存里获取数据的成本远远小于从数据库中获取数据的成本。常用的缓存软件有 Memcached 和 Redis。在进行 LRU 或双 LRU 处理时，会在新增记录时加入缓存，在查询时首先查询缓存，当缓存中没有数据时再从数据库中查询并将数据加入缓存，保证缓存中的数据是最近用过的。这对于提高查询效率是极其有利的。

在 Node.js 里有两个比较好的 LRU 缓存，分别是 lru-cache 和 js-lru，其中笔者更喜欢 js-lru，它性能高、简便、精巧，对 TypeScript 支持得非常好。

LRU 的原理如下。

```
          entry             entry            entry            entry
          ______            ______           ______           ______
         | head |.newer => |      |.newer => |      |.newer => | tail |
.oldest = |  A   |          |  B   |          |  C   |          |  D   | = .newest
         |______| <= older.|______| <= older.|______| <= older.|______|

     removed  <--  <--  <--  <--  <--  <--  <--  <--  <--  <--  <--  added
```

js-lru 的示例如下。

```
const LRUMap = require('js-lru')

// 注意：缓存里最多存放 3 条数据
let c = new LRUMap(3)
c.set('adam',   29)
c.set('john',   26)
c.set('angela', 24)
c.toString()          // -> "adam:29 < john:26 < angela:24"
c.get('john')         // -> 26

// 因为获取了 john 的信息，所以 john 变成了最新的数据
c.toString()          // -> "adam:29 < angela:24 < john:26"

// 对已满的缓存增加移交记录
c.set('zorro', 141)   // -> {key:adam, value:29}

// 已经有 3 条数据，上面又添加了 zorro，这会导致最不常用且最早加入的 adam 被移除
c.toString()          // -> "angela:24 < john:26 < zorro:141"
```

1.7.8 semver

在软件管理领域，系统规模越大，加入的模块套件越多。某一天，这种情况引发的混乱可能会让我们陷入绝望。为了解决这个问题，语义化版本规范诞生了。

语义化版本规范 2.0.0 就是一个针对版本发布而被提出的规范，它约定了版本号格式为“主版本号.次版本号.修订号”，这对于软件发布管理来说是极其重要的。

- 主版本号：改动主版本号时通常涉及大版本升级，标志着 API 发生了巨大变化，包括但不限于新增特性、修改机制、删除功能，一般不兼容上一个主版本号。
- 次版本号：改动次版本号时表示进行了小版本升级，比如常规的新增或修改功能，此时必须向前兼容版本，这也意味着我们不能直接删除某个功能。如若必要，我们可以在 changelog 中标记某项功能为“即将删除（Deprecated）”，然后在下一次主版本号改动时将其彻底删除。
- 修订号：改动修订号俗称 Bug 修复，例如仅仅修复或调整了一些小问题时，我们只改动修订号即可。

除上述信息外，先行版本号及版本编译信息可以放在“主版本号.次版本号.修订号”的后面作为补充。为了在 npm 里更好地使用版本规范，npm 官方发布了 semver 模块，主要对范围语

法进行处理，以便根据 package.json 文件里依赖的版本来进行正确的升降级。

Koa 的 package.json 文件里通常有 4 种依赖，示例如下。

```
"dependencies": {
  "accepts": "^1.2.2",
  "cookies": "~0.7.0",
  "debug": "*",
  "only": "0.0.2",
}
```

其中，“^1.2.2”表示版本高于 1.2.2 且低于 2.0.0，“~0.7.0”表示版本高于 0.7.0 且低于 0.8.0，“*”表示任意版本，“0.0.2”则表示指定版本为 0.2.2。

下面我们再来介绍 3 个处理版本号的技巧，具体如下。

快速修改版本号

如果一个包发布在 npm 中，我们可以快速修改其版本号，命令如下。

```
# 递增一个修订号
npm version patch

# 递增一个次版本号
npm version minor

# 递增一个主版本号
npm version major
```

预发版本号

在常规的版本号之外还有预发版本号。预发版本号标识的版本是一个不稳定的版本，使用时需要注意风险防控。

预发版本号格式的前半部分和常规版本号相同，但是后面要加上连接符“-”，然后加上英文说明、点号“.”及数字，英文说明常用 alpha、beta、rc。一个典型的预发版本号如 1.0.0-beta.1。

预发版本号是对常规版本号的补充，因此在进行版本大小比较时，仍然要先比较常规版本号。比较预发部分时，则根据 ASCII 码表中的顺序来进行比较。

语义化发布

semantic-release 是非常流行的自动化包模块发布工具。之前的做法是手动发布，你需要自行决定下一个版本是什么，记住 major、minor 和 patch 的含义，记住推送的提交信息和 tag 信息，还必须等到持续集成通过后再发布。

很明显，靠人工维护那么多版本和语义信息是很麻烦的，如果能自动维护当然是再好不过的。semantic-release 除了能对版本号进行处理，对 Git 提交信息、持续集成等也都提供了支持，功能非常强大，默认使用的是 Angular 项目使用的提交信息约定，是一种非常方便高效的方式。semantic-release 的具体用法如下。

```
$ npm install -g semantic-release-cli
$ cd your-module
$ semantic-release-cli setup
```

在此基础上，剩下的就是发布版本，步骤如表 1-1 所示。

表 1-1

步　骤	描　述
验证条件	验证发布相关的所有条件
获取上一次发布记录	通过分析 Git tag 获得上一次发布的信息
分析提交记录	基于上一次发布后新增的提交记录来决定发布类型
验证发布	验证发布规则
生成发布备注	基于上一次发布后新增的提交记录来生成发布备注
创建 Git tag	创建符合新的发布版本的 Git tag
预备	为发布做好准备
发布	发布版本
通知	通知新版本发布或错误信息

1.7.9　xtend

编写过 jQuery 插件的人大概都知道，$.extend 可以无限次合并配置项。比如，合并 defaults 和 options 参数的示例如下。

```
// 将 defaults 和 options 参数合并到{}
var opts = $.extend({}, $.fn.tab.defaults, options);
```

在以上示例中，有如下几个要点。

- {}是默认项。

- $.fn.tab.defaults 是插件的默认配置项。
- options 是插件传入的用户配置项。

配置项的合并规则是，后面参数的优先级大于前面参数的优先级，所以参数会一层一层向前覆盖。这在编写 Node.js 模块时也是非常常见的需求，因此我们需要一个像 jQuery 的 extend 模块一样的对象合并工具，此处推荐使用 xtend，它的用法和 extend 一样，示例如下。

```
const extend = require("xtend")

// 返回一个新对象
const combination = extend({
    // default
},{
    a: "a",
    b: "c"
}, {
    b: "b"
})
console.log(combination)
// 输出结果是{ a: "a", b: "b" }
```

1.7.10　require-directory

在 Node.js Web 项目里，如果路由文件非常多，在配置的时候将非常麻烦，所以自动加载路由是一个非常好的方式。自动加载路由会根据文件名和文件位置来自动映射路由，这样我们只要指定要加载的路由目录即可，不需要每次都手动加载，操作更简单。

比如，mount-koa-routes 模块里的 routes2 目录如下。

```
$ tree routes2
routes2
├── api
│   ├── index.js
│   └── users.js
├── index.js
└── users.js

1 directory, 4 files
```

在 mount-koa-routes 模块里，自动加载路由是使用 require-directory 模块实现的，具体代码如下。

```
var requireDirectory = require('require-directory');
```

```
var routes = requireDirectory(module, './routes2');
console.dir(routes)
```

执行上面的代码，结果如下。

```
{ api:
   { index: Router { opts: {}, methods: [Array], params: {}, stack: [Array] },
     users: Router { opts: {}, methods: [Array], params: {}, stack: [Array] } },
  index:
   Router {
     opts: {},
     methods: [ 'HEAD', 'OPTIONS', 'GET', 'PUT', 'PATCH', 'POST', 'DELETE' ],
     params: {},
     stack: [ [Object], [Object] ] },
  users:
   Router {
     opts: {},
     methods: [ 'HEAD', 'OPTIONS', 'GET', 'PUT', 'PATCH', 'POST', 'DELETE' ],
     params: {},
     stack: [ [Object] ] } }
```

将结果简化一下，具体如下。

```
{
    api: {
        index: Router,
        users: Router
    },
    index: Router,
    users: Router
}
```

可以看到，目录里的所有文件都被加载到了一个对象上。还有一个和 require-directory 类似的模块，即 requireDir，使用得也非常多，它的用法更简单，加载的文件和配置项也更丰富一些，用法示例如下。

```
var requireDir = require('require-dir');
// 单一目录加载
var dir = requireDir('./path/to/dir');
// 递归加载
var dir = requireDir('./path/to/dir', {recurse: true});
```

1.7.11 yargs

使用 Node.js 编写命令行工具是非常简单的，目前的普及率非常高。在编写命令行工具时，一个难题就是对 argv 进行解析。目前，yargs 是一个非常好的用于解析 argv 的模块。在讲解 yargs

之前，我们先看一下 koa-generator 的命令行用法。

```
$ koa2 -h

  Usage: koa2 [options] [dir]

  Options:

    -h, --help          output usage information
    -V, --version        output the version number
    -e, --ejs           add ejs engine support (defaults to pug/jade)
        --hbs          add handlebars engine support
    -n, --nunjucks       add nunjucks engine support
    -H, --hogan         add hogan.js engine support
    -c, --css <engine>  add stylesheet <engine> support (less|stylus|compass|sass) (def
aults to plain css)
        --git          add .gitignore
    -f, --force         force on non-empty directory
```

koa-generator 是基于著名的 commander.js 模块编写的，它的功能强大，使用简单，是目前使用最多的模块之一。与之类似的还有 minimist 和 yargs，前者极简，功能基本够用，而后者功能强大，非常现代化，是 Webpack 命令行工具使用的模块。

笔者经常把 requireDir 和 yargs 放到一起使用，通过 requireDir 将 bin 目录下的具体命令加载到 CLI 对象上，然后集合 yargs 的参数化写法，最大限度实现代码分离，示例如下。

```
const cli = requireDir('./bin')

require('yargs')
  .command(cli.dev)
  .command(cli.server)
  .command(cli.build)
  .command(cli.deploy)
  .command(cli.test)
  .command(cli.lint)
  .demandCommand()
  .help()
  .wrap(72)
  .argv
```

在 bin/dev.js 里可以写成下面这样。

```
module.exports = {
    command: 'development',
    aliases: ['dev'],
    desc: 'Start a dev server for vue dev',
```

```
    // builder: (yargs) => yargs.default('value', 'true'),
    handler: (argv) => {
        process.env.SERVER_CONFIG = 'development'
        //console.log(`setting ${argv.key} to ${argv.value}`)
        const app = require('../src/app')

        app.startServer()
    }
}
```

1.8　本章小结

通过本章的学习，你应该已经掌握了如何自己编写 Node.js 模块。除了普通模块，你现在也应该对编写二进制 CLI 模块和脚手架有了一定的了解。希望通过本章的学习，你可以自己动手编写开源项目。虽然不鼓励重复造轮子，但在学习阶段，一切尝试都是值得的，大胆迈出自己的开源第一步吧！

第 2 章 自己动手编写企业级 Web 开发框架

企业级 Web 开发一直是备受关注的领域，JavaEE 长久以来的霸主地位正在慢慢被撼动。从 EJB 到 SSH，开发方式被固化成了模式开发，这本应是对开发过程的简化，但框架提供了太多内容，反而导致学习曲线变得陡峭。近年来，随着各种新兴概念的涌现，从业者也开始对 JavaEE 产生质疑，比如 Spring Boot 的出现就是试图让 Java 框架变得轻量化、服务化。

Node.js 一直比较“轻”，开发速度快、执行效率高，这使得很多人开始思考 Node.js 能否胜任企业级 Web 开发。答案是肯定的。因此，本书用单独的一章来专门讲解这部分内容。本章会先讲解通用 Web 框架，然后讲解如何自己动手编写一个 Web 框架。希望这样的讲解方式可以带领读者一起思考企业级 Web 开发中的诸多问题。

2.1 特色 Web 框架

企业级应用是指那些为商业组织、大型企业而开发并部署的解决方案及应用。这些应用结构复杂，涉及的外部资源众多，事务密集、数据量大、用户数多，有较高的安全性要求，企业在进行技术选型时，一般会挑选功能相对完备的框架。

在基础框架中，除了应用最广泛的主流 Web 框架 Express 和 Koa，Fastify 也广受关注，其作者 Matteo Collina 是 Node.js 的核心开发者、Stream 掌门人、性能优化专家。另外有两个方向需要关注，服务器端渲染（SSR）和 JAMStack 理念架构（JavaScript API Markup）。

Node.js 可用的 Web 框架也有很多选择，笔者梳理了以下 8 类。

- Connect、Express、Restify：Express 风格的框架。

- Koa、Daruk、ThinkJS、Egg.js、Midway：基于 Koa 的系列框架。其中，Daruk 是最“中立”的 TypeScript 框架——不大不小，刚刚好，支持 Koa，支持 IoC。
- Nest：最像 Java Spring 的框架，受到了 Angular 的启发。
- Fastify：最高效的 Node.js 框架，甚至比 Node.js 原生的 HTTP Server 还要高效。
- Next.js 和 ykfe/ssr：服务器端渲染框架。Next.js 经过调整后不再只是服务器端渲染框架，而是一个通用的基于 React 的框架。
- Redwood：基于 JAMStack 理念架构的框架。
- LoopBack、MEAN.js、Blitz.js：全栈整合型框架。
- strapi：Node.js 版的 Headless CMS，关注的是数据到 API 的标准化过程，没有传统 CMS 系统中的 View 层，是一个干干净净的数据和 API 管理框架。

笔者以为，最值得讲的是 LoopBack、Nest、ThinkJS、Egg.js、Next.js、Redwood、strapi。

2.1.1 LoopBack

IBM 在 2015 年收购了一家名为 StrongLoop 的软件供应商，收购的目的是在 IBM 的 Bluemix 上实现高效企业级应用开发，帮助开发者将企业级应用与移动应用、物联网及 Web 应用在云端连接起来。StrongLoop 公司以企业级应用开发平台 Node.js 闻名。

Bluemix 是 IBM 的平台即服务（PaaS）开发平台。JavaScript 是开发者的首选开发语言，Java 次之。目前 Java 仍是面向 Web 应用及事务处理系统的主导开发语言。结合 StrongLoop 的工具和服务、IBM WebSphere 及 Java 功能，IBM 将帮助客户通过连接 Java 与 Node.js 两大开发平台，从其应用程序方面的投入中获得更大价值。

StrongLoop 公司首席执行官 Juan Carlos Soto 表示：“借由此次收购，Node.js 将正式进入主流企业，整个行业也将因此而受益。作为 Node.js 开放社区的领导者，我们将结合全球领先的企业级软件和服务解决方案，进一步推进开放的、社区驱动的创新服务，以帮助客户在 API 经济时代挖掘更大的价值。”

StrongLoop 的 LoopBack 框架能够轻松地连接数据并将数据公开为 REST 服务。它能够在图形（或命令行）界面中以可视化方式创建数据模型，使用这些模型自动生成 RESTful API，从而为 REST 服务层生成 CRUD 操作，无须编写任何代码。

LoopBack 具有如下特点。

- 围绕模型 Schema 来生成 RESTful API。
- 提供 Express 开发 API 基础封装。
- 提供客户端 SDK，简化开发流程。
- 提供可视化的 API Explorer。
- 支持多种数据库。

下面我们来看一下如何运行 LoopBack 程序，过程如下。

```
# 安装 loopback-cli 命令
npm install -g loopback-cli

# 初始化项目
lb app myproject

# 切换到项目目录
$ cd myproject

# 在应用程序中创建模型
$ lb model product
    ? 请输入模型名称：product
    ? 选择数据源：db (memory)
    ? 选择模型的基类 Model
    ? 通过 RESTful API 公开 product 吗？是的
    ? 定制复数形式（用于构建 REST URL）：
    ? 公共模型还是仅服务器？公共模型
    现在添加一些 product 属性

    在完成时输入空

# 运行应用程序
$ node .
```

整个过程中唯一需要我们关注的是模型创建部分，这是因为 Web 应用主要提供 API 服务，而 API 服务和数据模型息息相关，故而 API 服务以数据模型为核心。有了数据模型之后，构建 RESTful API 就是一件极其简单的事情了。LoopBack 为 API Explorer、ACL 权限管理、持久化、监控、性能调优等均提供了非常强大的支持，让开发者更专注于业务。

LoopBack API Explorer 的 UI 界面非常简单，如图 2-1 所示。

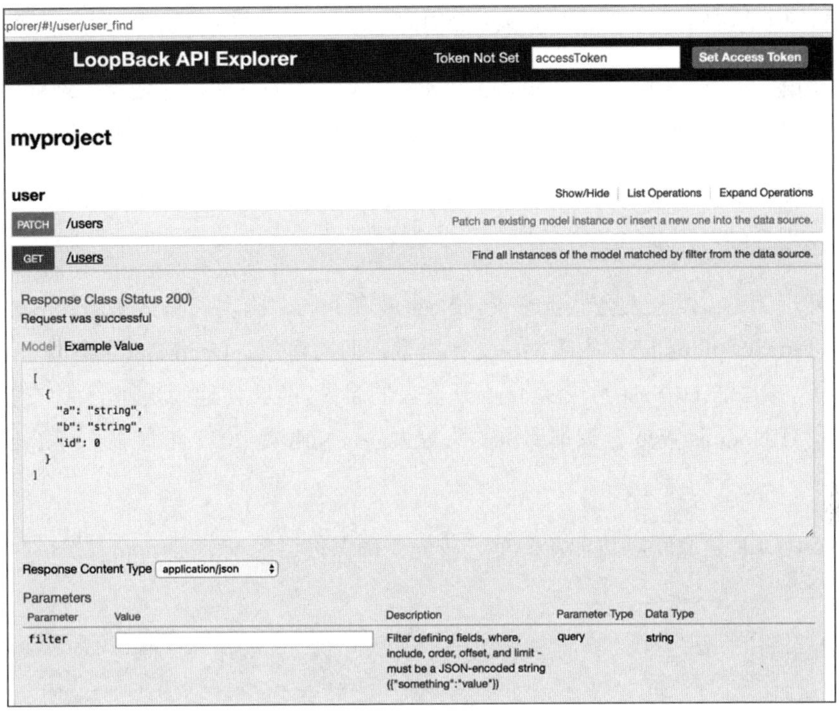

图 2-1

更为强大的是，LoopBack 提供了各种 SDK，比如面向 iOS、Android、Angular 的 SDK，极大地提高了开发效率。LoopBack 本是 Node.js 应用，可以随意部署，如果你愿意，也可以直接将其部署到 IBM 的 API Connect 服务上，享受更多专业服务。

LoopBack 功能非常强大，其周边生态也非常完善。LoopBack 4.x 版本对 TypeScript 支持极好，其定位也从构建 API 扩展到构建微服务领域。对于开发者来说，习惯 LoopBack 中的约定可能需要一定的学习成本，但收获也是极其丰厚的。但是，IBM 收购 StrongLoop 后，LoopBack 社区的产出没有之前多，如果在使用过程中遇到问题，解决起来可能会比较困难，这也是笔者不常推荐它的原因。如果团队能力较强，LoopBack 会是一个非常合适的选择。

2.1.2 Nest

近几年，JavaScript 已经成为 Web 前端和后端应用程序的“通用语言”，因而产生了像 Angular、React、Vue.js 等令人耳目一新的项目，这些项目提高了开发人员的开发效率，能帮助他们更快地构建出可测试、可扩展的前端应用程序。 然而在服务器端，虽然有很多优秀的库和

Node.js 工具，但是它们都没能有效地解决架构问题。

Nest 是构建高效的、可扩展的 Node.js Web 应用程序的框架。它使用了现代的 TypeScript 语言，并结合了 OOP（面向对象编程）、FP（函数式编程）和 FRP（函数响应式编程）元素。

在底层，Nest 使用了 Express 框架，同时也提供了与其他各种库（如 Fastify）的兼容性，可以方便地使用各种可用的第三方插件。

很多人开玩笑说：从开发方式上来说，Nest 最像 Java。确实，Nest 采用 TypeScript 作为底层语言，而 TypeScript 是 ES6 的超集，支持类型、面向对象、Decorator（类似 Java 里的注解 Annotation）等。在写法上，Nest 考虑了 Java 开发者的习惯，能够使他们快速上手。支持 TypeScript 几乎是目前所有 Node.js Web 框架都要做的头等大事，Nest 是 2017 年最早支持 TypeScript 的知名项目。

使用 Nest CLI 建立新项目非常简单。首先要确保你已经安装了 npm，然后在操作系统终端执行以下命令。

```
$ npm i -g @nestjs/cli
$ nest new nestproject
```

生成的项目目录如下。

```
tree . -L 2
.
├── README.md. 文档
├── dist webpack 打包生成的最终发布目录
│   └── server.js
├── nodemon.json nodemon 配置
├── package.json 模块配置
├── src 源码目录，采用 TypeScript
│   ├── app.controller.spec.ts
│   ├── app.controller.ts
│   ├── app.module.ts
│   ├── app.service.ts
│   ├── main.hmr.ts
│   └── main.ts
├── test 测试目录，采用 Jest
│   ├── app.e2e-spec.ts
│   └── jest-e2e.json
├── tsconfig.json
├── tslint.json
└── webpack.config.js

3 directories, 16 files
```

该项目的核心入口文件是 src/main.ts。

```
import { NestFactory } from '@nestjs/core';
import { AppModule } from './app.module';

async function bootstrap() {
  const app = await NestFactory.create(AppModule);
  await app.listen(3000);
}
bootstrap();
```

其核心逻辑是参考 Angular 设计的，通过模块注册 imports、controllers 和 providers。

```
@Module({
  imports: [],
  controllers: [AppController],
  providers: [AppService],
})
```

然后在 AppController 里通过 IoC 将服务注入，代码如下。

```
import { Get, Controller } from '@nestjs/common';
import { AppService } from './app.service';

@Controller()
export class AppController {
  constructor(private readonly appService: AppService) {}

  @Get()
  root(): string {
    return this.appService.root();
  }
}
```

被注入的服务的具体实现在 appService.root()中，代码如下。

```
import { Injectable } from '@nestjs/common';

@Injectable()
export class AppService {
  root(): string {
    return 'Hello World!';
  }
}
```

开发命令通过 ts-node 直接执行，在发布的时候则需要通过 Webpack 将源码打包到 dist 目录，这样的执行效率更高。

Nest 可以结合 TypeORM、Mongoose、Sequelize 等对数据进行操作。为了提高效率，Nest 还支持 Fastify。另外，Nest 对 WebSocket、GraphQL 等也能提供相当不错的支持。

Nest 也能很好地支持微服务构建，示例如下。

```
import { NestFactory } from '@nestjs/core';
import { Transport } from '@nestjs/microservices';
import { ApplicationModule } from './app.module';

async function bootstrap() {
  const app = await NestFactory.createMicroservice(ApplicationModule, {
    transport: Transport.TCP,
  });
  app.listen(() => console.log('Microservice is listening'));
}
bootstrap();
```

综上所述，Nest 是一个功能完备的 Web 框架，性能强劲，对于企业级 Web 应用开发、API 开发来说是足够的。另外，Nest 对 Java 程序员尤其友好，是 Node.js 企业级应用开发的不二之选。如果搭配 Angular 使用，就能形成一套“通吃”前后端的技术栈。

2.1.3 ThinkJS

ThinkJS 是一款拥抱未来的 Node.js Web 框架，致力于集成项目最佳实战，规范项目开发流程，让企业级应用开发变得更加简单、高效。ThinkJS 秉承简洁易用的设计原则，在保持出色性能和至简代码的同时，注重开发体验和易用性，为 Web 应用开发提供了强有力的支持。

ThinkJS 是国产老牌 Web 框架，基于 Koa 内核开发，2017 年 10 月发布的 v3 版本在性能和开发体验上都有很好的提升。

ThinkJS 的特性如下。

- 基于 Koa v2，兼容 Koa 中间件。
- 内核小巧，支持 Extend、Adapter 等插件。
- 性能优异，单元测试覆盖程度高。
- 内置自动编译、自动更新机制，方便快速开发。
- 使用更优雅的 async/await 处理异步问题，不再支持*/yield。

❍ 从 v3.2 版本开始支持 TypeScript。

ThinkJS 的架构图如图 2-2 所示。

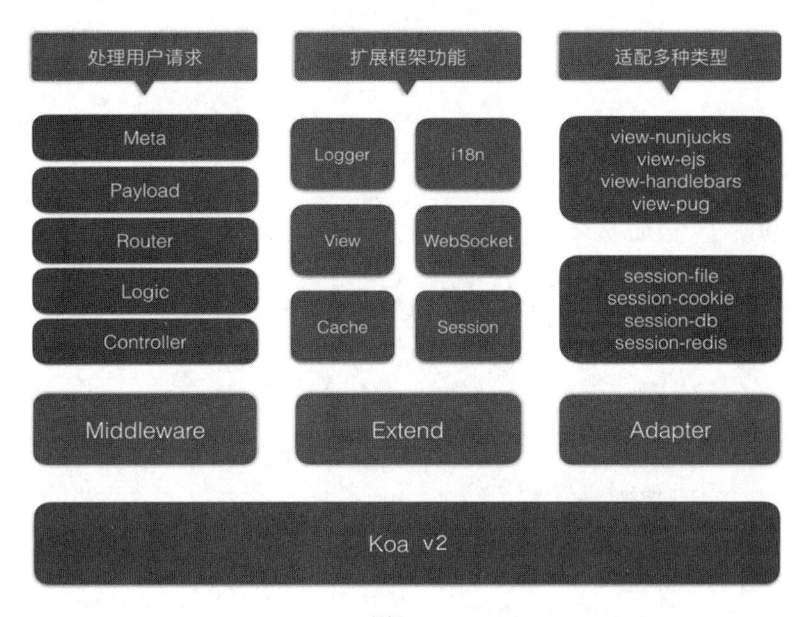

图 2-2

ThinkJS 内核的核心是中间件（Middleware）、扩展（Extend）和适配器（Adapter）。中间件主要用于处理 HTTP 请求响应；扩展是指系统扩展，几乎支持所有常见开发模块；对于常见的 Node.js 模块，比如视图、数据库、Session 等，ThinkJS 提供了丰富的适配器。当然，ThinkJS 本身也支持插件开发，对于定制开发来说是极为方便的。

下面我们来看一下 ThinkJS 的用法。ThinkJS 的安装命令如下。

```
$ npm install -g think-cli
```

安装完成后，系统中会有 ThinkJS 命令（可以通过 thinkjs -V 查看 think-cli 的版本号，此版本号非 ThinkJS 版本号）。如果找不到这个命令，请确认环境变量配置是否正确。

如果要从 ThinkJS v2.x 进行版本升级，需要将之前的 ThinkJS 命令删除，然后重新安装。执行 thinkjs new 命令可创建项目，具体如下。

```
$ thinkjs new demo;
$ cd demo;
$ npm install;
$ npm start;
```

执行完成后，可以在控制台中看到如下日志。

```
[2017-06-25 15:21:35.408] [INFO] - Server running at http://127.0.0.1:8360
[2017-06-25 15:21:35.412] [INFO] - ThinkJS version: 3.0.0-beta1
[2017-06-25 15:21:35.413] [INFO] - Enviroment: development
[2017-06-25 15:21:35.413] [INFO] - Workers: 8
```

通过浏览器访问 http://127.0.0.1:8360/，如果是在远程机器上创建的项目，需要将 IP 地址换成对应的地址。

默认创建的项目目录如下。

```
|--- development.js   //开发环境下的入口文件
|--- nginx.conf  //Nginx配置文件
|--- package.json
|--- pm2.json //pm2 配置文件
|--- production.js //生产环境下的入口文件
|--- README.md
|--- src
| |--- bootstrap  //启动自动执行目录
| | |--- master.js //Master 进程下自动执行
| | |--- worker.js //Worker 进程下自动执行
| |--- config  //配置文件目录
| | |--- adapter.js  //Adapter 配置文件
| | |--- config.js  //默认配置文件
| | |--- config.production.js  //生产环境下的默认配置文件，与 config.js 合并
| | |--- extend.js  //Extend 配置文件
| | |--- middleware.js //中间件配置文件
| | |--- router.js //自定义路由配置文件
| |--- controller  //控制器目录
| | |--- base.js
| | |--- index.js
| |--- logic //logic 目录
| | |--- index.js
| |--- model //模型目录
| | |--- index.js
|--- view  //模板目录
| |--- index_index.html
```

从目录中可以看出，ThinkJS 的结构和 Ruby on Rails 非常像，这里结合项目目录简单总结 ThinkJS 的特点。

- 基于自身特性开发，很少借鉴已有框架。
- 内置各种插件，比组装的框架更适合新手。

- 遵循 MVC 和约定大于配置原则。
- 支持 ES6、ES7、TypeScript 特性，友好支持 aysnc 函数、exports 等。
- 支持 i18n 等实用功能。
- 内置 pm2 和 Nginx 集成，部署方便。
- 有自己的脚手架，不过功能稍弱。
- 性能比 Express 稍弱，但功能比 Express 更多。
- 测试丰富，代码质量有保障。
- 文档是经过精心设计的，支持多语言。
- 背后有奇舞团和李成银支持，是 360 内部的基建项目，整体来说发展状态比较健康。

目前来看，如果要支持 ES6、ES7、TypeScript 特性，ThinkJS 是非常不错的选择。不管用户是新手，还是对新特性熟悉的开发者，抑或是拥有 PHP 开发经验的开发者，都可以将 ThinkJS 作为一款快速开发的利器加以使用。

2.1.4　Egg.js

阿里开源的 Egg.js 是一款非常优秀的企业级 Node.js 框架，它基于 Koa v2，异步解决方案直接基于 async 函数。Egg.js 采用的是“微内核 + 插件 + 上层框架”的模式，框架定制更容易，周边插件生态更丰富，开发速度有明显提升，稳定性和安全性也极为出色。

Egg.js 对 TypeScript 的支持已经相当好，结合 TypeORM、IoC 容器等，可以让更多后端开发者快速上手。笔者推荐使用阿里巴巴开源的 Midway 框架，它将 Egg.js 作为核心，兼容 Egg.js 插件体系，内置 IoC 容器，同时对装饰器（Decorator）和 IoC 的支持很友好。另外，Darukjs 这个最“中庸”的 TypeScript 框架也是非常不错的。

整体来看，Node.js 在企业级 Web 开发领域日渐成熟，无论是微服务，还是 API 中间层，都借助 Node.js 得到了非常好的落地。2019 年，Node.js 在 Serverless 方面加大投入，出现了 midway-serverless 这样的函数标准框架，以及 ykfe/ssr 这样的基于 Serverless-side render 规范的开发框架，实现了客户端渲染和服务器端渲染的完美兼容，同一套方案无须进行二次开发，且在降级容灾方面有所突破。

2.1.5 Next.js

为了实现 SEO 和首屏性能优化，SSR（服务器端渲染）是必要的，很多追求极致体验的公司都使用了 SSR。Next.js 是一个轻量级的 React 服务器端渲染应用框架，主要用于构建静态网站和后端渲染网站。在 SSR 领域，它是非常优秀的实现。

Next.js 的优点很多。首先是写法，Next.js 的写法是将 getInitialProps 作为静态方法，挂载在 React 组件上，这是最合理的。另外一种写法是将 getInitialProps 绑定到 React 对象上，但这种写法在实例化 React 对象之后再调用 getInitialProps，其实毫无意义。在 Next.js 9.3 版本之后，getServerSideprops 或 getStaticProps 替代了之前的 getInitialProps，目的是将静态网站生成 SSG 和 SSR 分开实现。另外，Next.js 内置了 Webpack 和常用组件，开箱即用。现在，Next.js 也支持 FaaS，对于 Vercel Serverless 平台的支持尤其友好。在 Next.js 10 里，还有一些优化性能，比如图片优化、国际化支持、在线分析等，这些性能相当实用。

下面我们来看一下 Next.js 的用法。

```
$ npx create-next-app // 按需填写即可
$ npm install  // 安装模块，如果需要，注意通过 nrm 切换 npm 源
$ npm run dev  // 本地启动服务
```

修改 page/index.js 源码，主要是增加 getServerSideProps 函数，代码如下。

```
import Head from 'next/head'
import styles from '../styles/Home.module.css'

function Home({ data }) {
  return (
    <div className={styles.container}>
      <Head>
        <title>Create Next App</title>
        <meta name="description" content="Generated by create next app" />
        <link rel="icon" href="/favicon.ico" />
      </Head>

      <main className={styles.main}>
        <h1 className={styles.title}>
          Welcome to <a href="https://nextjs.org">Next.js + {data.name}</a>
        </h1>
      </main>
    </div>
  )
}
```

```
// 这个函数会被每一个请求调用
export async function getServerSideProps(ctx) {
  console.dir("only run in node.js")
  // 通过内置的 API 获取数据
  const res = await fetch(`http://127.0.0.1:3000/api/hello`)
  const data = await res.json()

  // 通过 props 返回页面数据
  return { props: { data } }
}

export default Home
```

这里需要注意，getServerSideProps 函数是在 Node.js 环境下才执行的，其中 ctx 是 HTTP 请求上下文，要想调用 RPC 等内部服务也是可以的。另外，需要注意的是，在 next/next-server/server/node-polyfill-fetch.js 中，global 对象上挂载了 node-fetch（代码 global.fetch = fetch），这样无论在 Node.js 中还是高版本浏览器上都可以直接使用 fetch API，在易用性处理上很巧妙。

当然，Next.js 也不是完美的，很多人在使用 Next.js 的时候难免遇到一些难点。大部分原因可能在于 Next.js 做了很多封装，我们不能第一时间搞清楚所有相关配置。比如，Webpack 配置进行了非常多的优化，这就意味着它也有相当多的约定。内置 Webpack 使调试难度增加。

Next.js 的代码量超过 18 万行，修改起来很难，定制难度很高。另外，目前 Next.js 限定技术栈，只支持 React，构建上把 Webpack 替换成 Vite 会产生巨大工作量，难度也很大。

Next.js 拥有良好的生态，其中基于 Next.js 的 Blitz.js 框架是一个不能绕过的技术点。Blitz.js 是基于 Next.js 和 Prisma 的 React 全栈框架，受到 Ruby on Rails 的启发。其中 Prisma 是一个基于 Node.js 编写的能够快速构建而无须编码 API 服务（Zero-API）的数据库抽象层，可以将数据库转换为带有 CRUD 操作和实时功能的 GraphQL API。Prisma 简单且强大，再加上 Next.js 本身具有很多优秀的特性，使得 Blitz.js 备受关注。

整体来看，Next.js 在 Node.js Web 开发领域是一个非常优秀的 SSR 框架，具有众多优秀特性，又有 Blitz.js 这种周边生态的加持，对于开箱即用的项目来说是极好的。从架构的角度来看，笔者以为 Next.js 有些过度设计，从商业的角度来看，笔者认同 Next.js 的做法，但易用性依然应该是开发过程中最该重视的核心。

2.1.6 Redwood

Redwood 是当下流行的 Web 应用全栈框架，可用于轻松构建和部署 JAMStack 应用程序。之所以说 Redwood 是流行的全栈框架，原因有以下几点。

- 基于 JAMStack 架构。JAMStack（JAM 代表 JavaScript、API 和 Markup）是一种使用 SSG 技术、不依赖 Web Server 的前端架构。由于 JAMStack 部署简单，因此给整个前端开发、测试流程带了翻天覆地的变化。它在开发、测试、验收等流程中以 URL 为核心，可以说带来了一种更好的前后端分离体验。
- 前端使用 React 框架（主流），数据访问层使用 Prisma（比传统的 Sequelize、TypeOrm 更新），桥接 API 的是 GraphQL——其采用的 Apollo Client 是一个全功能 GraphQL 客户端，用于实现 React、Angular 的交互，可以轻松通过 GraphQL 获取数据并构建 UI 组件，在国外比较流行，国内只有比较前沿的团队会用。
- 要求 Node.js v14 以上版本，Node.js v14 作为 LTS 版本，是比较新的。
- 重度依赖 yarn（Facebook 公司于 2016 年 10 月发布的 npm 替代工具），与 npm 这种 Node.js 内置的包管理工具相比，yarn 比较新潮。

Redwood 在这些特性之上提供了很多配套支持，比如脚手架、React 相关最佳实践、表单优化等，前端还包装了一个 Cell 组件，简化了手写 apolloQuery 组件的难度。但数据访问写法还没有被简化，后端写法也很烦琐。另外，目前 Redwood 还没有很好地支持 ts，在前后端自动类型安全性上还不完善。

下面我们来看一下 Redwood 的用法。

```
$ yarn create redwood-app my-redwood-app
$ cd my-redwood-app
$ yarn install
$ yarn redwood dev
```

Redwood 项目的目录结构如下。

```
$ tree -I 'node_modules'
.
├── LICENSE
├── README.md
├── api
│   ├── db
│   │   ├── schema.prisma
```

```
│   │   └── seed.js
│   ├── jest.config.js
│   ├── jsconfig.json
│   ├── package.json
│   └── src
│       ├── functions
│       │   └── graphql.js
│       ├── graphql
│       ├── lib
│       │   ├── db.js
│       │   └── logger.js
│       └── services
├── babel.config.js
├── graphql.config.js
├── package.json
├── prettier.config.js
├── redwood.toml
├── web
│   ├── jest.config.js
│   ├── jsconfig.json
│   ├── package.json
│   ├── public
│   │   ├── README.md
│   │   ├── favicon.png
│   │   └── robots.txt
│   └── src
│       ├── App.js
│       ├── Routes.js
│       ├── components
│       ├── index.css
│       ├── index.html
│       ├── layouts
│       └── pages
│           ├── FatalErrorPage
│           │   └── FatalErrorPage.js
│           └── NotFoundPage
│               └── NotFoundPage.js
└── yarn.lock

15 directories, 28 files
```

该项目主要包含 api 和 web 两个目录。其中 web 目录结构和 create-react-app、Umi.js 的目录结构很像，是典型的 React 目录结构，而 api 目录结构符合典型的 Node.js 项目目录结构。

在 api/db/schema.prisma 里使用 SQLite 数据库时，定义的数据模型默认包含 UserExample 模型，其代码如下。

```
datasource DS {
  provider = "sqlite"
  url      = env("DATABASE_URL")
}

generator client {
  provider      = "prisma-client-js"
  binaryTargets = "native"
}

// 定义数据模型
model UserExample {
  id    Int     @id @default(autoincrement())
  email String  @unique
  name  String?
}
```

通过 yarn rw prisma migrate dev 命令创建数据库，代码如下。

```
$ yarn rw prisma migrate dev
yarn run v1.22.10
$ /Users/i5ting/workspace/github/my-redwood-app/node_modules/.bin/rw prisma migrate de
v

Running Prisma CLI:
yarn prisma migrate dev --schema "/Users/i5ting/workspace/github/my-redwood-app/api/db
/schema.prisma"

Prisma schema loaded from db/schema.prisma
Datasource "DS": SQLite database "dev.db" at "file:./dev.db"

SQLite database dev.db created at file:./dev.db

✔ Name of migration …
The following migration(s) have been created and applied from new schema changes:

migrations/
  └─ 20210509082418_/
    └─ migration.sql

Your database is now in sync with your schema.

✔ Generated Prisma Client (2.21.2) to ./../node_modules/@prisma/client in 74ms


✨  Done in 12.60s.
```

通过 yarn rw generate scaffold UserExample 命令创建 UserExample 模型，代码如下。

```
$ yarn rw generate scaffold UserExample
yarn run v1.22.10
$ /Users/i5ting/workspace/github/my-redwood-app/node_modules/.bin/rw generate scaffold
 UserExample
  ✓ Generating scaffold files...
    ✓ Successfully wrote file `./api/src/graphql/userExamples.sdl.js`
    ✓ Successfully wrote file `./api/src/services/userExamples/userExamples.scenarios.
js`
    ✓ Successfully wrote file `./api/src/services/userExamples/userExamples.test.js`
    ✓ Successfully wrote file `./api/src/services/userExamples/userExamples.js`
    ✓ Successfully wrote file `./web/src/scaffold.css`
    ✓ Successfully wrote file `./web/src/layouts/UserExamplesLayout/UserExamplesLayou
t.js`
    ✓ Successfully wrote file `./web/src/pages/EditUserExamplePage/EditUserExamplePag
e.js`
    ✓ Successfully wrote file `./web/src/pages/UserExamplePage/UserExamplePage.js`
    ✓ Successfully wrote file `./web/src/pages/UserExamplesPage/UserExamplesPage.js`
    ✓ Successfully wrote file `./web/src/pages/NewUserExamplePage/NewUserExamplePage.j
s`
    ✓ Successfully wrote file `./web/src/components/EditUserExampleCell/EditUserExampl
eCell.js`
    ✓ Successfully wrote file `./web/src/components/UserExample/UserExample.js`
    ✓ Successfully wrote file `./web/src/components/UserExampleCell/UserExampleCell.js
`
    ✓ Successfully wrote file `./web/src/components/UserExampleForm/UserExampleForm.js
`
    ✓ Successfully wrote file `./web/src/components/UserExamples/UserExamples.js`
    ✓ Successfully wrote file `./web/src/components/UserExamplesCell/UserExamplesCell.
js`
    ✓ Successfully wrote file `./web/src/components/NewUserExample/NewUserExample.js`
  ✓ Adding scaffold routes...
  ✓ Adding scaffold asset imports...
✨  Done in 3.15s.
```

此时会生成 api 和 web 目录下关于 NewUserExample 的增删改查操作的内容，默认为用户列表页面，如图 2-3 所示，单击+NEW USEREXAMPLE 按钮可创建用户。

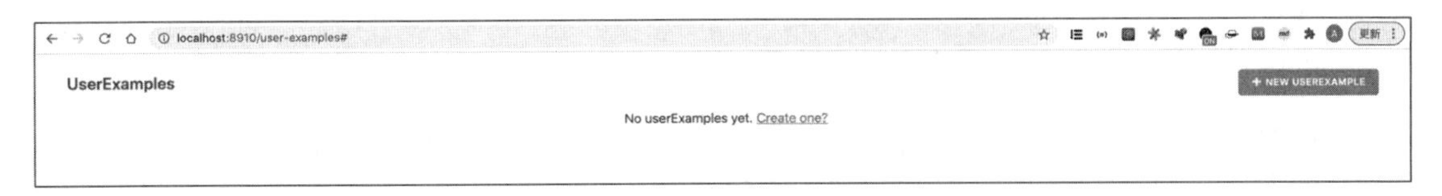

图 2-3

创建用户页面如图 2-4 所示，填写 Email 和 Name 即可创建一个新用户。

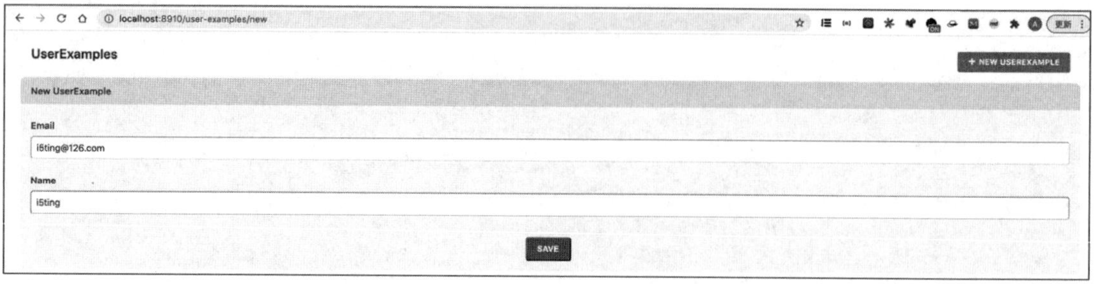

图 2-4

创建完成后会自动跳转到新的用户列表页面，如图 2-5 所示。

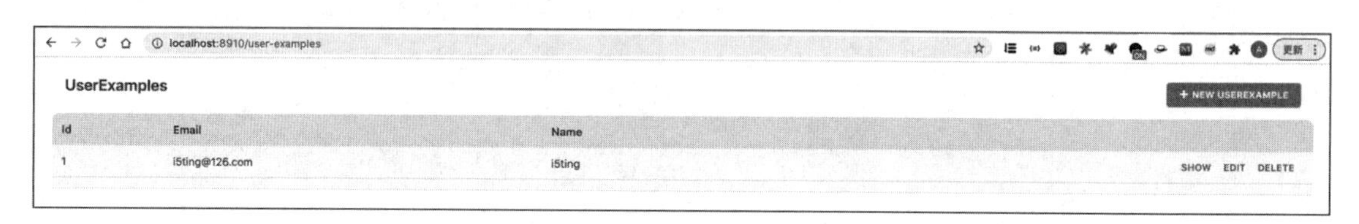

图 2-5

注意：Redwood 在当下比较流行，因为其比较前沿，但不代表笔者推荐。前沿的框架适用于学习，在真实项目中使用时还需慎重考虑，按照团队或个人的技术能力进行选择。

2.1.7 strapi

strapi 是 Node.js 版的 Headless CMS 实现，与传统的 CMS 不同，Headless CMS 关注的是数据到 API 的标准化过程，没有传统 CMS 系统中的 View 层，是一个干干净净的数据和 API 管理框架。

管理后台的开发工作量往往很大，比如权限管理、API 接口等都必不可少，尽管这些开发的技术难度实际并不大。strapi 很好地解决了这个痛点，有效减少了管理后台的开发工作量。

strapi 的用法非常简单，只需要一条命令。

```
$ yarn create strapi-app my-strapi-project -quickstart
$ open http://localhost:1337/admin
```

执行上面的命令会启动服务并打开浏览器，进入本地服务中的 strapi 首页，如图 2-6 所示。

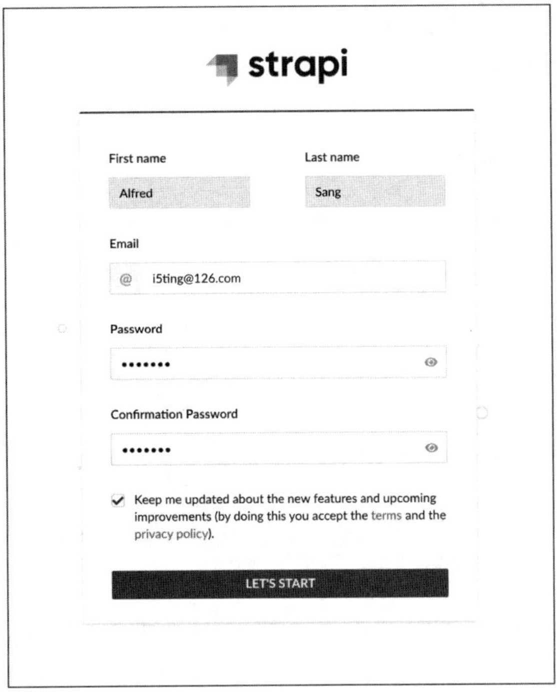

图 2-6

然后就可以通过管理后台进行增删改查操作了，界面如图 2-7 所示。

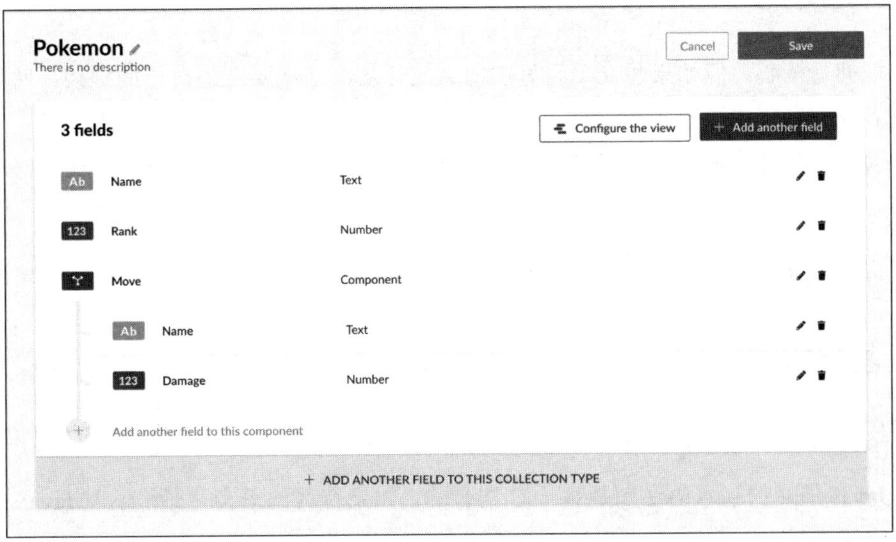

图 2-7

在搭建常见 Web 项目的早期架构时，strapi 是基本够用的，一旦项目流量增大需要进行架构更改，strapi 便成为 Node.js 的 BFF 网关。在 strapi 中将 API 迁移到具体的 RPC 服务中是比较合理的，这只需在./config/functions 目录下创建 JavaScript 接口聚合 API，然后通过 strapi.query('实体名称').xxx 命令操作 strapi 中的实体即可。

比如，以下是通过 HTTP 访问某网址的接口并创建 hit 实体的代码。

```
const axios = require('axios');

module.exports = async () => {
  const { data } = await axios.get('https://hub.docker.com/v2/repositories/strapi/stra
pi/');

  await strapi.query('hit').create({
    date: new Date(),
    count: data.pull_count,
  });
};
```

其实 strapi 是支持 GraphQL 的，只需要安装一个插件即可。我们在 2.1.6 节讲 Redwood 的时候提到过 JAMStack 架构，strapi 天然就是其中的 API 组成部分，所以它和 Next.js、Redwood 等结合也是极好的。

2.2 自己动手写框架

基础框架是核心，但如果想在项目里实现高效开发，则需要定制自己的框架。通过上面的介绍，读者大致可以知道哪些功能是必备的，比如目录约定、脚手架、周边生态等。如果没有开发过框架，理解这些可能比较困难。只有自己开发过框架，才能更好地使用框架，进而提升开发效率。

本节将向各位读者介绍如何自己动手开发框架，希望能够帮助大家构建完整的知识体系。

2.2.1 基础知识

要想使用 Node.js，JavaScript 语法是必须会的。笔者对学习 JavaScript 语法的建议如下。

- JavaScript 的基本语法都是基于 C 语言的，如果有其他语言背景，学习 JavaScript 语法会更容易。

- 要掌握常见用法，如正则表达式、数据结构（尤其是数组的几种用法），以及 bind、call、apply 等。
- 要掌握面向对象写法。

学习进阶

团队技术选型和个人学习都要循序渐进，可以参考如下步骤。

1. 先要能写代码，采用面向过程写法，简单来说就是定义许多函数，然后调用这些函数。

2. 想追求更好的写法，可以采用面向对象写法。对于规模化编程来说，面向对象有它的优势。一般来说，Java、C#、Ruby 这些语言都有面向对象的属性，所以后端开发者会更习惯面向对象写法，但对于前端开发者来说掌握起来可能略有难度。

3. 在熟练掌握面向对象写法之后，可以有更高的追求：掌握函数式编程。无论是在编程思维上还是用法上，函数式编程对已有的编程习惯都是一个挑战。当团队成员的整体水平都足够高且相对稳定时，可以使用函数式编程写法。

团队选型如此，个人学习也如此，步子都不要迈太大。

JavaScript 友好语言

JavaScript 友好语言指的是能够使用其他语法实现，但最终可以被编译成 JavaScript 的语言。自从 Node.js 出现后，这种“黑科技”层出不穷。比较有名的有 CoffeeScript、TypeScript 等。

CoffeeScript 虽然也是 JavaScript 友好语言，但其语法借鉴 Ruby，过分崇尚极简，在类型和面向对象机制上还是比较弱的，而且比较小众。

TypeScript 现在已经是主流开发技术栈，且发展越来越好，对其强大之处简单介绍如下。

- 规模化编程：像 Java 一样使用静态类型且遵循面向对象规则的，在前端领域几乎只有 TypeScript。
- 创造者是微软的安德斯·海尔斯伯格（Anders Hejlsberg），他是 C#之父，也是全球少数几个能够用汇编语言实现编译器的人。
- 开源：可定制性高，未来前景很好。

- “组合拳”：TypeScript 与 VSCode 组合使用，堪称“珠联璧合”。

当下前端发展速度极快，以前可能一年都不会出现一项新技术，现在可能每个月都会出现若干新技术。大前端、Node.js 全栈、架构等都在快速变化。可以说，前端越复杂，不确定性就越大，TypeScript 的机会也就越多。

面向对象

想用好面向对象思想并不容易，而且 JavaScript 里有各种实现，让人眼花缭乱。

- 要掌握基于原型的写法。纵观 JavaScript 高级编程，其主要强调的就是这一点，在编程中可以不用此种写法，但必须会用。
- 学会自己编写面向对象机制。要想培养这种能力并不容易，好在 ES6 规范推出了更友好的面向对象机制，通过 class、extends、super 关键字可以定义类。对于一路从面向过程编程走过来的开发者，推荐基于简单易用的 ES6 规范写法进行编程。但要注意，要想遵循面向对象写法，要理解抽象、继承、封装、多态等基本特征。
- JavaScript 是脚本语言，解释即可执行，所以它最大的缺点是没有类型系统，这在规模化编程时是非常危险的，比如函数参数没有类型，调用该函数就极有可能将参数填错。于是，现在流行使用 Flow 和 TypeScript 来实现类型校验。Flow 是轻量级工具，而 TypeScript 是 ES6 超集，给 ES6 补充了类型系统和更完善的面向对象机制。所以大部分开发者都对 TypeScript 有好感，认为它符合未来的发展趋势。

设计模式

设计模式（Design pattern）是众多软件开发人员经过相当长时间的实践总结出来的，代表了最佳实践，属于普适性解决方案，通常被有经验的面向对象软件开发人员所采用。很多人都感觉 JavaScript 不需要设计模式，毕竟 JavaScript 是基于对象的语言。在新版 ES 特性和 TypeScript 已实现普及的情况下，我们可以大量使用设计模式。

下面以简单的模板模式为例，讲解设计模式的概念。

```
class Base {
  constructor () {

  }

  a() {
```

```
        console.log('a')
    }
    b() {
        console.log('b')
    }
    c() {
        console.log('c')
    }
exec() {
return this.a().then(this.b).then(this.c).catch(function(err)
        {
            console.log(err)
        })
}
}
class Controller extends Base {
    a() {
        console.log('new a')
    }
}

var controller = new Controller()
controller.exec()
```

上面的代码在 Base 里定义了 a、b、c 共 3 个函数，并在构造函数里进行了调用。在 Base 的子类 Controller 里，可以选择实现 a、b、c 方法。实现了某个方法，最终调用时就会调用子类的该方法。比如 Controller 实现了 a 方法，那么最终调用的时候就会调用子类的 a 方法和父类的 b、c 方法，这就是经典的模板模式，如下所示。

```
$ node templ.js
new a
b
c
```

除了模板模式，还有工厂、观察者、单例、装饰、策略等常用设计模式。要想掌握设计模式，可以在阅读源码时进行"遍历"，比如在 Egg.js 源码里，最明显的是单例模式和工厂模式。

2.2.2　生成项目

我们以 koa-generator 为例，生成基本的项目，代码如下。这里需要注意 Node.js 的版本和 npm 源。

```
$ nvm use 12 // 切换版本，可选
$ npm i -g koa-generator
```

```
$ koa2 mvc
$ cd mvc
$ nrm use cnpm // 切换 npm 源，可选
$ npm i
```

完成以上准备工作，通过如下命令启动服务器。

```
$ npm start
```

然后访问 http://127.0.0.1:3000/，如果访问成功，说明基本框架已搭建完成。

使用 nodemon

在开发环境下，我们往往需要通过一个工具来自动重启项目工程，对于脚本语言开发来说，这是提高效率的好办法，比如前端开发中常用 livereolad 工具。

在 Node.js 里也有很多模块是用来监控进程并重启服务的，除了 supervisior ，还有很多其他的工具，比较热门的有 forever、nodemon、node-dev。在开发环境下，推荐使用 nodemon，因为它配置比较简单，文档很清晰，功能也很强大。在终端中，安装 nodemon 是非常简单的，具体如下。

```
$ npm i -D nodemon
```

修改 package.json 文件，代码如下。

```
"scripts": {
  "start": "./node_modules/.bin/nodemon bin/www"
},
```

在终端中，通过 npm start 命令就可以启动服务器了。修改一下 routes/index.js 里的代码，nodemon 会自动重启，不再需要手动重启。除了支持命令行操作，它也支持 JSON 配置。

自动加载路由

经典的路由都是声明式的，比如 koa-router 和 Express 内置的路由都是这样的，这样的声明和定义方式确实没有什么问题，但是随着项目的迭代，这部分代码就会变得十分冗余。按照约定大于配置的思想，实现一种路由自动加载机制，以取代手动编写对冗余代码进行简化的代码，将是一个很好的选择。

这里以 mount-koa-routes 为例，首先在命令行里安装该模块。

```
$ npm install --save mount-koa-routes@next
```

在 app.js 文件里修改两处，具体如下。

在第一处加入 mount-koa-routes：先移除

```
const routes = require('./routes/index');
const users = require('./routes/users');
```

这两条原有的路由，然后将其改为如下语句。

```
const mount = require('mount-koa-routes');
```

在第二处将加载路由移除并实现 mount 方法调用：先移除

```
app.use('/', routes);
app.use('/users', users);
```

这两条原有的路由，然后将其改为如下语句。

```
mount(app, __dirname + '/routes', process.env.NODE_ENV === 'development');
```

这样就可以将当前目录的 routes 子目录下的所有.js 后缀文件作为路由并实现自动加载。上述语句中有三个参数，释义分别如下。

- app：Koa 的 app 实例对象。
- __dirname + '/routes'：要加载的路由目录。
- process.env.NODE_ENV === 'development'：判断是否打印日志，在开发环境下要将日志全部打印出来。

修改完成后，启动服务器，测试修改后的效果。

```
$ npm start
> mvc@0.1.0 start /Users/i5ting/workspace/github/mvc
> node bin/www

mount route /index.js
mount route /users.js

*******************************************************
        MoaJS Apis Dump
*******************************************************

┌─────────────────────────────────────────────────────┬─────────┬──────────────┐
│ File                                                │ Method  │ Path         │
├─────────────────────────────────────────────────────┼─────────┼──────────────┤
```

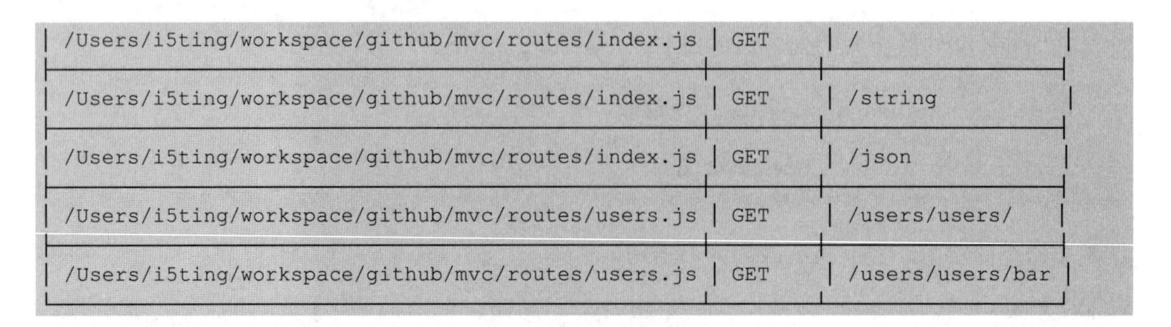

```
| /Users/i5ting/workspace/github/mvc/routes/index.js | GET    | /                  |
├────────────────────────────────────────────────────┼────────┼────────────────────┤
| /Users/i5ting/workspace/github/mvc/routes/index.js | GET    | /string            |
├────────────────────────────────────────────────────┼────────┼────────────────────┤
| /Users/i5ting/workspace/github/mvc/routes/index.js | GET    | /json              |
├────────────────────────────────────────────────────┼────────┼────────────────────┤
| /Users/i5ting/workspace/github/mvc/routes/users.js | GET    | /users/users/      |
├────────────────────────────────────────────────────┼────────┼────────────────────┤
| /Users/i5ting/workspace/github/mvc/routes/users.js | GET    | /users/users/bar   |
└────────────────────────────────────────────────────┴────────┴────────────────────┘
```

在路由里将 users.js 替换为 test.js，由于使用了 nodemon 工具，所以该项目会自动重启服务，我们直接在浏览器中访问 http://127.0.0.1:3000/test 地址即可。

自动加载路由的约定如下。

- 文件内的路由和正常路由是一样的，写法不变，所有的 get/post 等都在方法中定义。
- index.js 文件会转换为根目录/。
- 非 index.js 文件会直接将文件名作为路由路径，比如 users.js 的路由路径就是/users。

这样做既有好处也有坏处，好处在于减少了代码，坏处是灵活性略差。但总体来讲，好处大于坏处。koa-router 的路由机制让我们可以非常简单地定制路由里的逻辑。如果觉得自动加载路由不够理想，也可以手动加载。另外，结合 nodemon 工具，开发效率将大幅提高。

添加单元测试

在计算机编程中，单元测试（Unit Testing，又称为模块测试）是针对程序模块（软件设计的最小单位）进行正确性检验的环节。程序单元是应用的最小可测试部件。在面向过程编程中，一个单元就是一个程序、函数、过程等；对于面向对象编程，其最小单元就是方法，包括基类（超类）、抽象类及派生类（子类）中的方法。

很多人会觉得测试的意义不大，事实上，能够自测自查很重要，几乎所有高质量的开源库都有大量的辅助测试。

这里依然使用 AVA 做基础测试框架。由于需要对 HTTP 接口进行测试，这里使用 supertest 模块。一般 supertest 需要通过 app.listen()方法才能返回具体可用的实例，这一点和在 Express 里使用 supertest 略有不同，因此这里笔者简单将其封装为 superkoa 模块。

首先安装依赖，代码如下。

```
npm install --save-dev ava superkoa
```

准备测试目录和测试文件。

```
$ mkdir test
$ touch test/index.js
```

将下面的代码复制进去。

```
import test from 'ava'
import request from 'superkoa'
import app from '../app'

test("GET /", async t => {
    const res = await request(app).get("/")
    t.is(res.status, 200)
})
```

执行测试，代码如下。

```
$ NODE_ENV=test ava
mount route /index.js
mount route /users.js
  <-- GET /
GET / - 265ms
  --> GET / 200 275ms 185b

  1 passed
```

这样就完成了对根路径的测试。

测试生命周期是非常重要的，和测试生命周期相关的常用方法如下。

- test.before([title], implementation)
- test.after([title], implementation)
- test.beforeEach([title], implementation)
- test.afterEach([title], implementation)

以下是一个包含测试生命周期的测试示例。

```
test.before.cb((t) => {
  setTimeout(() => {
    t.end();
  }, 2000);
```

```
});

test('#save()', t => {
  let user = new User({
    username: 'i5ting',
    password: '0123456789'
  });

  user.save((err, u) => {
    if (err) log(err)
    t.is(u.username, 'i5ting');
  });
});
```

AVA 是单元测试框架，对单元测试来说是足够的。对于 HTTP API 测试，使用 superkoa、supertest 模块会更加得心应手。

添加端到端测试

对于带有视图的 Web 应用来说，页面测试是一个难题，在端到端（E2E）测试方案出现之前，使用最多的是 zombie，它是一个非常小巧、高效的 Web UI 自动化测试库。在 Vue.js、React 出现后，使用 Nightwatch.js 进行 E2E 测试日渐流行起来。

Nightwatch.js 是一个基于 Node.js 的 E2E 测试方案，使用 W3C WebDriver API，使 Web 应用测试可以自动化实现。它提供了简单的语法，支持使用 JavaScript 和 CSS 选择器来编写运行在 Selenium 服务器上的 E2E 测试。Selenium 相当于一个自动化的浏览器，是用于 Web 应用测试的工具。Selenium 测试直接运行在浏览器中，就像真正的用户在操作一样，支持的浏览器包括 IE、Mozilla Firefox、Mozilla Suite 等。

安装 Nightwatch.js 和相关模块，命令如下。

```
$ npm i -D nightwatch nightwatch-helpers selenium-server
```

创建.npmrc，如下。

```
registry=https://registry.npm.taobao.org
chromedriver_cdnurl=https://npm.taobao.org/mirrors/chromedriver
```

准备目录，如下。

```
$ mkdir -p test/e2e/specs
```

添加 test/e2e/nightwatch.config.js，如下。

```
const fs = require('fs')
const path = require('path')
const srcFolders = ['test/e2e/specs']

module.exports = {
    'src_folders': srcFolders,
    'output_folder': 'test/e2e/reports',
    'custom_commands_path': ['node_modules/nightwatch-helpers/commands'],
    'custom_assertions_path': ['node_modules/nightwatch-helpers/assertions'],

    'selenium': {
        'start_process': true,
        'server_path': require('selenium-server').path,
        'host': '127.0.0.1',
        'port': 4444,
        'cli_args': {
            'webdriver.chrome.driver': require('chromedriver').path
            // , 'webdriver.gecko.driver': require('geckodriver').path
        }
    },

    'test_settings': {
        'default': {
            'selenium_port': 4444,
            'selenium_host': 'localhost',
            'silent': true,
            'screenshots': {
                'enabled': true,
                'on_failure': true,
                'on_error': false,
                'path': 'test/e2e/screenshots'
            }
        },

        'chrome': {
            'desiredCapabilities': {
                'browserName': 'chrome',
                'javascriptEnabled': true,
                'acceptSslCerts': true
            }
        }
    }
}
```

添加 test/e2e/runner.js，代码如下。

```
const path = require('path')
const http = require('http')
```

```
const spawn = require('cross-spawn')
const app = require('../../app')

const server = http.createServer(app.callback())

app.listen(8080)

var args = process.argv.slice(2)
if (args.indexOf('--config') === -1) {
  args = args.concat(['--config', 'test/e2e/nightwatch.config.js'])
}
if (args.indexOf('--env') === -1) {
  args = args.concat(['--env', 'chrome'])
}

var i = args.indexOf('--test')
if (i > -1) {
  args[i + 1] = 'test/e2e/specs/' + args[i + 1] + '.js'
}

var runner = spawn('./node_modules/.bin/nightwatch', args, {
  stdio: 'inherit'
})
```

在 runner 里启动服务器，然后启动无头浏览器，访问地址并根据返回的 HTML 进行各种测试。在/请求里返回的 HTML 如下。

```
<body><h1>Hello Koa 2!</h1><p>Welcome to Hello Koa 2!</p></body>
```

在测试用例里判断 h1 元素是否可见，具体见 test/e2e/specs/index.js 文件中的内容。

```
module.exports = {
    'start': function (client) {
        client.url('http://localhost:8080/')
    },

    '<h1> visible': function (client) {
        client.expect.element('h1').to.be.visible;
    },

    'end': function (client) {
        client.end()
    }
}
```

整个测试用例和 AVA 是非常相似的，只需注意 start 和 end 生命周期里的操作，其他处按照 Nightwatch.js 提供的断言进行操作即可。

此时，为 package.json 文件里的 scripts 添加执行脚本，如下。

```
"scripts": {
    ...
    "test:e2e": "export NODE_ENV=test && node test/e2e/runner.js"
}
```

执行 test:e2e 命令，结果如下。

```
$ npm run test:e2e

> mvc@0.1.0 test:e2e /Users/i5ting/workspace/github/mvc
> export NODE_ENV=test && node test/e2e/runner.js

mount route /index.js
mount route /users.js
Starting selenium server... started - PID:  32618

[Index] Test Suite
======================

Running:  start
  <-- GET /
GET / - 476ms
  --> GET / 200 487ms 185b
  <-- GET /stylesheets/style.css
  --> GET /stylesheets/style.css 200 6ms 111b
  <-- GET /favicon.ico
GET /favicon.ico - 0ms
  --> GET /favicon.ico 404 1ms -
No assertions ran.

Running:  <h1> visible
 ✔ Expected element <h1> to be visible

OK. 1 assertions passed. (41ms)

Running:  end
No assertions ran.

OK. 1  assertion passed. (2.616s)
```

至此，单元测试和 E2E 测试已将所有代码覆盖。

唯一的问题在于对需求的处理，如果需求也能从测试开始，那么测试才算贯穿整个开发过程。按照敏捷开发的思路，在需求开始之前，我们需要整理用户故事，模板如下。

```
用户故事
作为一个<角色>，我想要<活动>，以便于<商业价值>
```

Node.js 对测试的支持力度可以和很多成熟语言（如 Ruby）媲美，其所拥有的基本的、能复用的相关测试模块都已经很成熟了，包括用户故事、单元测试、E2E 测试、持续集成等。

总结一下，大家应该知道的测试技能如下。

- 基本概念
  - BDD 行为驱动
  - TDD 测试驱动
- 用户故事：Cucumber
- 单元测试
  - QUnit
  - Mocha
  - Jest
  - AVA
  - tap
  - uvu
  - Vitest
- E2E 测试
  - NightWatch
  - Zombie
  - Cypress
- 模拟仿造
  - faker/sinion

- spies
- stubs
- mocks

○ 断言风格

- assert
- should
- expect
- chai：包含上面三种断言风格写法

○ 持续集成

- Jenkins 自建
- TravisCI 线上服务
- CircleCI 线上服务

2.2.3 添加 Mongoose

模型是经典 MVC 模式中最重要的组成部分，数据库是 Web 应用的业务核心。本节依然使用 Mongoose 技术栈，一步一步完成数据库和模型的创建。

首先创建目录，安装名为 mongoose 的模块。

```
$ mkdir config
$ mkdir models
$ npm i -S bluebird
$ npm i -S mongoose
$ npm i -S mongoosedao
```

由于项目里需要使用 async/await，对于 Mongoose 中不支持 Promise 的 API 来说，需要通过 bluebird 进行封装，因而这里增加了 bluebird。

添加配置

配置链接信息，如下。

```
$ touch config/mongodb.example.js
$ touch db.js
```

创建 config/mongodb.example.js 是因为开源框架在使用时有一个约定：一般 xxx.example 类是不能直接使用的，应该拷贝一份去掉 example 的配置文件，然后使用这个文件。

```
$ cp config/mongodb.example.js config/mongodb.js
```

此处需要注意的是，config/mongodb.js 不能加入版本控制，将线上数据库信息放到代码库中是非常危险的。

创建模型

关于创建模型，我们在介绍数据库基础的章节中已经讲过，这里简单看一下 models/user.js 文件，其中只有两个字段，即用户名（name）和密码（password）。

```
const mongoose = require('mongoose')
const Schema = mongoose.Schema
const MongooseDao = require('mongoosedao')

const userSchema = new Schema(
    {
        "name": "String",
        "password": "String"
    }
)

const User = mongoose.model('User', userSchema)

module.exports = User
```

创建测试

创建 test/db/models/user.js 文件，代码如下。

```
import test from 'ava'

// 1. 引入 mongoose connect
require('../../db')

// 2. 引入 User Model
```

```
const User = require('../../models/user')

// 3. 定义 User Entity
let user = new User({
   username: 'i5ting',
   password: '0123456789'
})

test('User.save()', async t => {
   let u = await user.saveAsync()

   t.is(u.username, 'i5ting')
})

test.afterEach(async t => {
   // 每个测试执行完成后都会执行此命令
   await User.deleteOne({username: 'i5ting'})
});
```

测试完成后，需要在 afterEach 函数里删除测试数据，保证测试的完整性。

添加注册接口

除了需要在测试里引入 db.js，在 app.js 入口处也需要引入 db.js，否则接口测试时虽不报错却无法成功保存。

在 routes/users.js 里增加/register 路由，代码如下。

```
const router = require('koa-router')()
const User = require('../models/user')

...

router.post('/register', async ctx => {
  if (ctx.request.body.username == undefined || ctx.request.body.password == undefined)
  {
    return ctx.body = {
      status: {
        code: -2,
        msg: '参数为空'
      }
    }
  }

  let name = ctx.request.body.username
  let password = ctx.request.body.password
```

```
  let u = new User({
    "username": name,
    "password": password
  })

  try {
    let _user = u.saveAsync()

    return ctx.body = {
      status: {
        code: 0,
        msg: 'sucess'
      },
      data: u
    }
  } catch (error) {
    let _user = u.saveAsync()

    return ctx.body = {
      status: {
        code: -1,
        msg: 'error' + error.msg
      }
    }
  }
})

module.exports = router
```

注册接口时需要注意以下几点。

- 采用 POST 创建类更合适，而且更安全。
- 校验参数很重要，必要时可以使用 joi 这样的模块。
- 调用 user.save 方法，保存数据。
- 如果保存出错，需要对异常进行处理。
- 返回 JSON 数据。

为了验证注册接口是否有效，我们增加一个测试文件 test/user_api.js，内容如下。

```
import test from 'ava'
import request from 'superkoa'
import app from '../app'
```

```
test.cb("POST /users/register", t => {
    request(app)
        .post('/users/register')
        .send({ username: 'i5ting', password: '123456' })
        .expect('Content-Type', /json/)
        .expect(200, function (err, res) {
            t.ifError(err)
            console.log(res.body)
            t.is(res.body.status.code, 0, 'when status.code = sucess')
            t.end()
        })
})
```

上述文件的要点如下。

- 请求是 POST。
- 发送的 body 是{ username: 'i5ting', password: '123456' }。
- 返回的结果应该是 JSON 格式的。
- 返回的状态码是 200。
- 返回的 status.code 是 0。

通过 AVA 对单个文件进行测试，命令如下。

```
$ ava -v test/user_api.js


mount route /index.js
mount route /users.js
mongoose open success
[mongoose log] Successfully connected to: mongodb://127.0.0.1:27017/moa-api
  <-- POST /users/register
POST /users/register - 8ms
  --> POST /users/register 200 14ms 118b
{ status: { code: 0, msg: 'sucess' },
  data:
   { _id: '5b3c83c7d3f5448e59dd771a',
     username: 'i5ting',
     password: '123456' } }
  ✓ POST /users/register

  1 test passed
```

2.2.4 添加 MVC 目录

很多人喜欢“堆积”目录，比如下面这样的目录是不可取的。

```
$ tree . -L 1 -d
.
├── actions
├── config
├── cron_later
├── doc
├── middleware
├── migrate
├── models
├── node_modules
├── public
├── queues
├── routes
├── test
├── tmp
├── uploads
└── views
```

堆积目录仅适合初学者，相当于基于 Express/Koa 抽象出一些与业务、配置相关的内容。目录堆积过多会非常麻烦，因此我们需要对目录做好分类，区分哪些是经常改动的，哪些是不常改动的，比如，如果将 config 和 doc 这种经常改动的目录和 MVC 放到一起，就会感觉很不方便。所以还是要将经常改动的业务代码都放到 app 目录中，将不常改动的内容，如 config/migrate，放到 app 统计目录中，这样比较合理。

最佳实践

下面我们通过 Rails 脚手架创建一个 blog 项目，一起来看看它的目录结构。

```
$ rails new blog --skip-bundle
$ tree blog -L 2 -d
blog
├── app
│   ├── assets
│   ├── controllers
│   ├── helpers
│   ├── mailers
│   ├── models
│   └── views
├── bin
├── config
│   ├── environments
```

```
|   ├── initializers
|   └── locales
├── db
├── lib
|   ├── assets
|   └── tasks
├── log
├── public
├── test
|   ├── controllers
|   ├── fixtures
|   ├── helpers
|   ├── integration
|   ├── mailers
|   └── models
├── tmp
|   └── cache
└── vendor
    └── assets

29 directories
```

这个目录看起来很眼熟，是不是和 Egg.js 的目录很像？2005 年，Ruby On Rails 因 DHH 的“15 分钟写一个 blog 系统”的活动一举成名，从此成为各 Web 框架“模仿”的典范。既然“约定优于配置”深入人心，那我们也来建立一个类似的目录结构吧。

除了上面基本的 MVC 目录，Express/Koa 还有其自身的特点，比如在路由和中间件等方面，因此还是参照 app 项目的目录来建立更好，示例如下。

```
$ mkdir -p app/controllers
$ mkdir -p app/middlewares
```

而 views 和 routes 是已有目录，只需要将其移动到 app 下即可。

```
$ mv models app/models
$ mv views app/views
$ mv routes app/routes
```

在 app.js 里分别修改 app 路由和视图的具体路径，如下。

```
// 路由
mount(app, __dirname + '/app/routes', process.env.NODE_ENV === 'development');

// 视图
app.use(views(__dirname + '/app/views', {
  extension: 'pug'
}))
```

至此，基本目录就形成了，如下。

```
$ tree . -L 3
.
├── app
│   ├── controllers
│   ├── middlewares
│   ├── models
│   │   └── user.js
│   ├── routes
│   │   ├── index.js
│   │   └── users.js
│   └── views
│       ├── error.pug
│       ├── index.pug
│       └── layout.pug
├── app.js
├── bin
│   └── www
├── config
│   ├── mongodb.example.js
│   └── mongodb.js
├── db.js
```

此时在路由里实现各种逻辑是不太合理的，因为没有遵循 MVC 原则。路由就应该只负责路由定义、中间件拦截，否则会使项目复杂度增加，查找起代码非常有难度。

理想的做法是，创建一个名为 order 的模型，它由以下几部分组成。

- app/routes/orders.js
- app/controllers/orders_controller.js
- app/models/order.js
- app/views/orders/*.jade

最佳目录结构应该如下。

```
app
├── controllers
│   └── orders_controller.js
├── models
│   └── order.js
├── routes
│   ├── api
```

```
|   |   └── orders.js
|   └── orders.js
└── views
    └── orders
        ├── edit.jade
        ├── index.jade
        ├── new.jade
        ├── order.jade
        └── show.jade
```

其调用相关要点如下。

- 不在路由里编写任何逻辑代码，而是将逻辑代码放到控制器里面。
- 在控制器里调用模型里的方法，完成业务逻辑，并根据返回的数据处理视图渲染。
- 视图只根据控制器给的内容进行渲染。

自动加载

按照 CommonJS 规范，require 函数只能加载一个文件，这是有局限的。其实我们可以大胆地设想一下，将某个目录加载到一个对象上，使用起来肯定会更方便一些。比如将 controllers 目录下的所有文件都加载到一个对象上，这在框架使用时会非常方便，这和自动加载路由是一样的原理。

require-directory 是用于将目录自动加载到某个对象上的 Node.js 模块，支持无限级递归。其核心方法是 fs.readdirSync(path).forEach(function (filename) {})，并拥有递归实现。这个模块一般在应用启动前调用，不会有性能问题，最多延长一点启动时间而已。

```
$ mkdir require-dictory
$ cd require-dictory
$ npm init
$ npm i -S require-directory
$ touch index.js
```

核心代码 index.js 如下。

```
var requireDirectory = require('require-directory');
module.exports = requireDirectory(module);
```

对代码进行测试，如下。

```
var obj = require('./index')
```

```
console.log(obj);
```

然后在终端中执行 Node.js 脚本，执行结果如下。

```
$ node test.js
{ node_modules: { 'require-directory': { index: [Object], package: [Object] } },
  package:
   { name: 'require-dictory',
     version: '1.0.0',
     description: '',
     main: 'index.js',
     scripts: { test: 'echo "Error: no test specified" && exit 1' },
     author: '',
     license: 'ISC',
     dependencies: { 'require-directory': '^2.1.1' } },
  test: {} }
```

此时 index 对象就返回了 index、test 和 package.json 里的内容。至此，这个模块就基本写完了。打印出当前模块下加载的所有对象并进行简单封装，而后就可以发布到 npm 上了。

相比于 Eggjs 里的 FileLoader 机制，require-directory 更为简单。

继续优化

前面讲了如何简单地将目录下的文件加载到某个对象上并发布到 npm。按照这个思路，我们可以继续编写几个简单的库，用于加载某个目录里的文件。

- mount-controllers：对 controllers 目录进行处理。
- mount-models：对 models 目录进行处理。
- mount-middlewares：对 middlewares 目录进行处理。

1. mount-controllers 模块

mount-controllers 内容如下。

```
var $ = require('mount-controllers')(__dirname).orders_controller;

router.get('/new', $.new);
```

2. mount-models 模块

mount-models 内容如下。

```
var $models = require('mount-models')(__dirname);

var Order = $models.order;

exports.list = function (req, res, next) {
  console.log(req.method + ' /orders => list, query: ' + JSON.stringify(req.query));

  Order.getAll(function(err, orders){
    console.log(orders);
    res.render('orders/index', {
      orders : orders
    })
  });
};
```

3．mount-middlewares 模块

由于自动加载路由的约定，app/router/api 会自动加载前缀/api/*，这会带来很大的便利。一般该模块会在路由或路由下面的 API 里使用。

```
var $ = require('mount-controllers')(__dirname).orders_controller;

var $middlewares  = require('mount-middlewares')(__dirname);

// 路由定义
router.get('/', $middlewares.check_api_token, $.api.list);
```

在很多场景下，类似于获取列表的 API，可能需要鉴权，常见做法是通过 jsonwebtoken 进行处理，代码如下。

```
const jwt = require('jsonwebtoken')

function log(t) {
  console.log(t)
}


// 检查用户会话
module.exports = function (ctx, next) {
  if (process.env.moas) {
    ctx.api_user = {
      _id: "55d8702d5472aa887b45f68c"
    }
    log('当前使用 moas 运行，不使用 token 即可访问！')
    return next()
  }
```

```
  log('检查 post 的信息或 URL 查询参数或头信息')

  // 检查 post 的信息或 URL 查询参数或头信息
  const req = ctx.request;
  var token = req.body.token || req.query.token || req.headers['x-access-token']

  // 解析 token
  if (token) {
    // 确认 token
    jwt.verify(token, 'app.get(superSecret)', function (err, decoded) {
      if (err) {
        return res.json({ success: false, message: 'token 信息错误.' })
      } else {
        // 如果没问题，就把解码后的信息保存到请求中，供后面的路由使用
        ctx.api_user = decoded
        dir(ctx.api_user)
        return next()
      }
    })
  } else {
    // 如果没有 token，则返回错误
    ctx.status = 403
    return ctx.body = {
      success: false,
      message: '没有提供 token！'
    }
  }
}
```

这里，我们再与 Egg.js 对比一下，它会把所有的内容都加载到 ctx 上，所以一般的用法是使用类似 ctx.service.topic.getTopicsByQuery()这样的方法，实现起来非常容易，在应用启动时将所有内容加载到某个全局中间件的 ctx 上即可，以前写 Express 代码的时候也经常在 req 上加载对象，但这种方法除了内存占用较大，代码维护也极其有难度。

分层改造

借助自动加载，我们实现了 mount-controllers、mount-models 和 mount-middlewares 这三个模块，下面针对这三个模块进行简单的集成。

```
npm i -S mount-controllers
npm i -S mount-models
npm i -S mount-middlewares
```

app/router/user.js 中只保留路由信息，具体处理逻辑都被移到了 controllers 下，具体如下。

```
const router = require('koa-router')()
```

```
const $ = require('mount-controllers')(__dirname).users_controller;

router.get('/', $.index)

router.post('/register', $.register)

module.exports = router
```

如果要增加鉴权等功能，我们只需要在路由里增加中间件即可。无论如何，一定要保证目录足够干净，这是我们查找代码的核心入口。

app/controllers/users_controller.js 只负责实现具体中间件内的逻辑，如果要操作数据库，需要引入$models。

```
const $models = require('mount-models')(__dirname)
const User = $models.user

exports.index = async (ctx, next) => {
   ctx.body = 'this is a users response!'
}

exports.register = async (ctx, next) => {
   ...
}
```

2.2.5 庖丁解 Views

如前文所述，Rails 创始人 DHH 花 15 分钟做的一个 blog 系统，成为 Ruby On Rails 的经典示例。得益于 Rails 的基本框架和脚手架的强大生成能力，快速生成一个简单的 blog 系统变得可行。常见的增删改查操作实现起来非常方便，从视图到模型，再到控制器和路由，其中的所有文件都可以自动生成。

前面的代码并没有涉及视图实现，接下来我们参照 Rails 的方式来实现视图渲染。

```
$ rails g scaffold user name:string password:string
$ tree blog/app/views
blog/app/views
├── layouts
│   └── application.html.erb
└── users
    ├── _form.html.erb
    ├── edit.html.erb
    ├── index.html.erb
    ├── index.json.jbuilder
```

```
    ├── new.html.erb
    ├── show.html.erb
    └── show.json.jbuilder

2 directories, 8 files
```

去掉 jbuilder 和 API 文件，剩下五个 erb 文件，如下。

```
$ tree blog/app/views
blog/app/views
├── layouts
│   └── application.html.erb
└── users
    ├── _form.html.erb
    ├── edit.html.erb
    ├── index.html.erb
    ├── new.html.erb
    ├── show.html.erb

2 directories, 8 files
```

总结一下 users 目录下各个文件的特点，如下。

- index 是显示列表。
- _form 是表单展示内容。
- new 和 edit 都复用_form，差别在于，new 调用新建接口，而 edit 调用编辑接口。
- show 以表格的形式显示模型的所有数据。

增删改查操作通过以上文件即可实现，而且得益于模板的可复用性，代码非常精简。

实现列表

index.html.erb 里的代码和 ejs、jsp 等的代码非常相似，如下。

```
<h1>Listing users</h1>

<table>
  <thead>
    <tr>
      <th>Name</th>
      <th>Password</th>
      <th colspan="3"></th>
    </tr>
  </thead>
```

```
  <tbody>
    <% @users.each do |user| %>
      <tr>
        <td><%= user.name %></td>
        <td><%= user.password %></td>
        <td><%= link_to 'Show', user %></td>
        <td><%= link_to 'Edit', edit_user_path(user) %></td>
        <td><%= link_to 'Destroy', user, method: :delete, data: { confirm: 'Are you sur
e?' } %></td>
      </tr>
    <% end %>
  </tbody>
</table>

<br>

<%= link_to 'New User', new_user_path %>
```

转成 Jade 或 Pug 代码也非常简单，只需要如下两步。

1. 抽出布局 layout。

2. 将 HTML 标签转成符合 Jade 语法规范的内容。

具体代码详见 index.pug 源码，如下。

```
extends ../layouts/layout

block content
  h1 Listing users
  table
    thead
      tr
        each n in ['username','password']
          th #{n}
        th(colspan="3")
    tbody
      each user in users
        tr
          each n in ['user.username','user.password']
            td #{ eval(n) }
          td
            a(href=`/users/${ user._id}`) Show
          td
            a(href=`/users/${ user._id}/edit`) Edit
          td
            a(onclick=`click_del('/users/${ user._id}/')`) Delete
```

```
  br
  p
    a(href='/users/new') New User
```

我们在 erb 里使用@users 变量，而在 Jade/Pug 里使用['name','password']，二者的效果是一样的。注意观察这里的'username'和'password'，它们是模型 user.js 里的 key，是模板里可以被改变的内容，在脚手架里根据模型生成即可。

实现创建和编辑功能

创建和编辑功能实现起来是类似的，都借助表单形式来实现，字段也完全一样。不同的是，单击提交时对应的 HTTP Verb 和接口不一样。

先来看一下创建功能对应的 new.pug，代码如下。

```
extends ../layouts/layout

block content
  h1 New user
  include user
  a(href='/users') Back
```

new.pug 里核心代码的是 include user，和 erb 里的_form 是一样的。

Jade/Pug 还有一个特性，就是在引入文件时，可以把上下文里的文件同名对象也传进去，也就是说，对于 include user，如果上下文里有 user，那么在执行 include 的模板里就可以使用该对象。这样既可以简化代码逻辑，又能精简代码。

下面来看一下编辑功能对应的 edit.jade，如下。

```
extends ../layouts/layout

block content
  h1 Editing user
  include user
  a(href=`/users/${ user._id}`) Show
  span |
  a(href='/users') Back
```

可以看出，上述代码和实现创建功能的代码差别不大，标题文字和 URL 稍有不同而已，核心逻辑被放到了 include 的 user.pug 里，具体如下。

```
- var _action  = user._action == 'edit' ? '#' : '/users/'
- var _method  = user._action == 'edit' ? ""  : "post"
```

```
- var _type    = user._action == 'edit' ? "button"  : "submit"
- var onClick  = user._action == 'edit' ?  "click_edit('user-" + user._action + "-form
','/users/" + user._id + "/')" : ""
form(id=`user-${ user._action}-form`,action=`${_action}`, method=`${_method}`,role='f
orm')
  each n in ['user.username','user.password']
    - m = eval(n);
    - value = m == undefined ? '' : m
    div(class="field")
      label #{n.split('.')[1]}
      br
      input(type='text', name=`${n.split('.')[1]}`, value=`${value}`)

  div(class="actions")
    input(type=`${_type}`, value='Submit', onClick=`${onClick}`)
```

这段代码有点“丑陋”，为了兼容创建和更新功能，里面定义了几个变量，具体说明如下。

- form 表单处理请求，约定了 form 的 action。
- 提交操作分为两种：创建功能可直接提交；使用编辑功能则交给 onClick 变量对应的 click_edit 方法实现。

那么前端代码里是如何处理各种点击事件的呢？这里以单击编辑按钮为例给出示例代码，具体如下。

```
function click_edit(id, url){
  // $('#' + id).attr('action','#');
  console.log(url);

  if (!confirm("确认要更新？")) {
    return window.event.returnValue = false;
  }

  var form = document.querySelector('form')
  var data = form2obj(form);
  console.log(data);

  // return false;
  $.ajax({
    type: "PATCH",
    url: url,
    data : data
  })
  .done(function( res ) {
    if(res.status.code == 0){
      // alert( "Data delete: success " + res.status.msg );
```

```
      window.location.href= res.data.redirect;
    }else{
      alert( "Data delete fail: " + res.status.msg );
    }
  });

  return false;
}
```

上述代码实现了简单的编辑功能，使用了 PATCH 方法提交数据。可以看到这里把表单里的内容转换成了 AJAX 里的传值对象，这是一个小窍门。

```
var data = form2obj(form);
```

实现删除功能

在 index.pug 里实现了删除功能，如下。

```
  td
    a(onclick=`click_del('/users/${ user._id}/')`) Delete
```

根据 REST 路由规则，删除操作的一般实现如下。

```
DELETE /users/:id(.:format)      users#destroy
```

也就是说，将 delete 请求发送到/users/:id 即可，处理该请求的是 destroy 函数。

于是，对应的 click_del（位于 public/javascripts/app.js 下）方法就很容易实现了，如下。

```
function click_del(url){
  if (!confirm("确认要删除？")) {
    return window.event.returnValue = false;
  }

  $.ajax({
    type: "DELETE",
    url: url
  })
  .done(function( res ) {
    if(res.status.code == 0){
      // alert( "Data delete: success " + res.status.msg );
      window.location.href= location.href;
    }else{
      alert( "Data delete fail: " + res.status.msg );
    }
  });
}
```

Pug 的 crud 方法

为了自动生成视图的 crud 方法对应的模板，这里采用 Pug 模板引擎，先看一下会生成哪些文件，具体如下。

```
$ tree app/views/orders
app/views/orders
├── edit.pug
├── index.pug
├── new.pug
├── order.pug
└── show.pug

0 directories, 5 files
```

为了更好地理解脚手架的用法，可以从理解 Rails 的 scaffold 开始，其用法如下。

```
$ rails g scaffold user name:string password:string
```

打印路由，结果如下。

```
$ rake routes
   Prefix Verb   URI Pattern               Controller#Action
    users GET    /users(.:format)          users#index
          POST   /users(.:format)          users#create
 new_user GET    /users/new(.:format)      users#new
edit_user GET    /users/:id/edit(.:format) users#edit
     user GET    /users/:id(.:format)      users#show
          PATCH  /users/:id(.:format)      users#update
          PUT    /users/:id(.:format)      users#update
          DELETE /users/:id(.:format)      users#destroy
```

上面的代码非常清晰，我们没必要自己编写，只需要灵活改动 Express/Koa 即可。

```
 *  GET    /locations[/]        => location.list()
 *  GET    /locations/new       => location.new()
 *  GET    /locations/:id       => location.show()
 *  GET    /locations/:id/edit  => location.edit()
 *  POST   /locations[/]        => location.create()
 *  PATCH  /locations/:id       => location.update()
 *  DELETE /locations/:id       => location.destroy()
```

在 app/routes/user.js 里，结合 koa-router 模块，可实现增删改查等所有路由功能，具体如下。

```
"use strict";

const router = require('koa-router')();
```

```
const $middlewares  = require('mount-middlewares')(__dirname);
// 核心 controller
const $ = require('mount-controllers')(__dirname).users_controller;

/**
 * Auto generate RESTful url routes.
 *
 * URL routes:
 *
 *  GET    /users[/]        => user.list()
 *  GET    /users/new       => user.new()
 *  GET    /users/:id       => user.show()
 *  GET    /users/:id/edit  => user.edit()
 *  POST   /users[/]        => user.create()
 *  PATCH  /users/:id       => user.update()
 *  DELETE /users/:id       => user.destroy()
 *
 */

router.get('/new', $.new);

router.get('/:id/edit', $.edit);

router.get('/', $.list);

router.post('/', $.create);

router.get('/:id', $.show);

router.patch('/:id', $.update);

router.delete('/:id', $.destroy);

// 如果有自定义路由，可放到下面

module.exports = router;
```

静态资源

Koa app.js 里指定了 public 作为静态资源托管目录，因此它和 app 目录同级，里面会存放一些常见的前端静态资源。为了配合增删改查操作，不得不在上面的代码中增加两个前端 JavaScript 文件，具体如下。

- /public/javascripts/app.js 文件。

- /public/javascripts/form2obj.js 文件。

新的目录结构如下。

```
$ tree public
public
├── 404.html
├── 422.html
├── 500.html
├── favicon.ico
├── javascripts
│   ├── app.js
│   ├── form2obj.js
│   └── jquery-3.3.1.min.js
├── robots.txt
└── stylesheets
    └── style.css

2 directories, 9 files
```

布局

layout.pug 是目前所有视图公用的布局文件。前面我们已经知道，如果代码依赖 app.js 和 form2obj.js，就会被放到布局里，除此之外，还会通过 block 进行占位布局。

如果我们想让生成的代码看不到 app 和 form2obj 的存在，那么生成的代码就可以复用了。将 app.js 和 form2obj.js 放在布局文件里即可，具体如下。

```
doctype html
html
  head
    title= title
    link(rel='stylesheet', href='/stylesheets/style.css')
  body
    block content
    script(src="/javascripts/jquery-3.3.1.min.js")
    script(src='/javascripts/form2obj.js')
    script(src='/javascripts/app.js')
```

生成的代码如图 2-8 所示。

```
Console  Sources  Elements  Network  Performance  Application  »
<!doctype html>
<html>
 ▸<script>…</script>
 ▸<head>…</head>
…▾<body> == $0
    <h1>Hello Koa 2!</h1>
    <p>Welcome to Hello Koa 2!</p>
    <script src="/javascripts/jquery-3.3.1.min.js"></script>
    <script src="/javascripts/form2obj.js"></script>
    <script src="/javascripts/app.js"></script>
  </body>
</html>
```

图 2-8

2.2.6　脚手架

本节的代码是对前面脚手架简易实现代码的补充，更贴近真实项目。回想模板引擎的原理：使用模板并进行数据编译，可以生成 HTML 页面。它和脚手架的差别在于，对文件的操作方式不同。如果将编译后的内容写入文件，并做成二进制 CLI 模块，那就变成脚手架了。

下面我们以生成 controller.js 文件为例，来看看具体的实现方法。

tpl_apply

每次都重写模板编译代码很烦琐，不如索性写一个可以复用的 npm 模块。tpl_apply 就是这样的模块，它主要对 handlebars 模板进行了封装。

```
var tpl = require('tpl_apply');

var source = process.cwd() + '/tpl.js'
var dest = process.cwd() + '/test/tpl.generate.js'

tpl.tpl_apply(source, {
   title: "My New Post", body: "This is my first post!"
}, dest);
```

tpl_apply 的用法很简单，其中涉及如下三个参数。

- source 是模板。
- 中间的对象部分是要编译的数据。
- dest 是生成的文件名称。

我们只需要定义好模板，并指定可变数据和输出文件的名称即可。tpl_apply 代码简单明了，语义清晰。

实现原理

解决了基本的模板文件生成问题，下面我们要对脚手架的实现可行性进行分析。这里继续参考 Rails 的脚手架，以下是生成脚手架的代码。

```
$ rails g scaffold user name:string password:string
```

其中的要点说明如下。

- user 是模型名称。
- name 和 password 是字段。
- string 是字段对应的数据类型。

明白了规则，我们来看一下模型实现代码。

```
var mongoose    = require('mongoose');
var Schema      = mongoose.Schema;
var MongooseDao = require('mongoosedao');

var orderSchema = new Schema(
    {
        "name":"String",
        "password":"String"
    }
);

var Order = mongoose.model('Order', orderSchema);

module.exports = Order;
```

分析上述代码，这里面可变的只有模型名称字段，这里的 Order 是模型名称。首字母大写时它表示类，首字母小写时它表示实例对象。

模型模板定义如下。

```
var mongoose    = require('mongoose');
var Schema      = mongoose.Schema;
var MongooseDao = require('mongoosedao');

var {{model}}Schema = new Schema(
    {{{mongoose_attrs}}}
);

var {{entity}} = mongoose.model('{{entity}}', {{model}}Schema);
```

```
var {{entity}}Dao = new MongooseDao({{entity}});

module.exports = {{entity}}Dao;
```

完成上述两步后从 CLI 模块里获得数据即可实现脚手架，因难度较低不再详细说明。

为什么能如此简单地实现脚手架呢？总结一下，原因有以下几点。

- 代码结构和目录结构已经固定。
- 核心是模板引擎，根据数据和模板来生成目标文件。
- tpl_apply 简化了模板生成和文件操作。

代码并不复杂，复杂的是找到规律，区分可变与不可变部分。另外，handlebars 作为极简模板，其用法和扩展方式还是值得学习的。

2.2.7　静态 API 模拟

在开发过程中，除了能从框架层面提高开发效率，还可以借助 API 集成。对于 Node.js 来说，最重要的两项工作分别是渲染和 API Proxy 操作，介于二者之间的 API 模拟也是极为重要的。

常规软件工程采用的是串行的思想，这对于现在的互联网业务实现来说太“慢”了。比如，UI/UE 决定 API 是否存在，没有 API，就无法针对各种用户端编写代码。很明显，这是需要反思的。改进方案就是增加静态 API 模拟。当需求和 UE 定下来之后，就开始编写静态 API。这样，App、H5、前端开发时就可以使用静态 API 完成功能，而后端也可以以静态 API 为标准来实现，整体效率比较高。

构建通用 API Proxy 层有很多种方式，比如采用 BFF 和 GraphQL。在采用 BFF 和 GraphQL 之前，我们可以进行静态 API 模拟，下面具体介绍。

json-server

json-server 是 API Mock 领域最著名的软件之一，可以让你在不编写任何代码的情况下，在 30s 内完成 RESTful API 的模拟。也就是说，json-server 对 REST 约定的支持极好，用法也很简单，具体如下。

安装 json-server，命令如下。

```
$ [sudo] npm install -g json-server
```

创建 db.json 配置文件，如下。

```
{
  "posts": [
    { "id": 1, "title": "json-server", "author": "typicode" }
  ],
  "comments": [
    { "id": 1, "body": "some comment", "postId": 1 }
  ],
  "profile": { "name": "typicode" }
}
```

启动 json-server，命令如下。

```
$ json-server --watch db.json
```

此时，访问 http://localhost:3000/posts/1 即可返回 JSON API。

```
{ "id": 1, "title": "json-server", "author": "typicode" }
```

整体来看，通过 REST 约定，json-server 让模拟 API 操作变得更加简单。另外它通过 JSON 配置，使用 Lodash 实现类似数据库的功能，设计思路令人称道。

YApi

YApi 是去哪儿网开源的一个可本地部署的、打通前后端及 QA 的可视化接口管理平台，旨在为开发、产品、测试人员提供更优雅的接口管理服务，帮助开发者轻松创建、发布、维护 API。YApi 还为用户提供了优秀的交互体验，开发人员只需要借助平台提供的接口数据写入工具及简单的点击操作就可以实现接口管理。

YApi 的特性如下。

- 基于 JSON5 和 Mock.js 定义接口，并返回数据的结构和文档，能将效率提升多倍。
- 扁平化权限设计，既保证了大型企业级项目的管理，又保证了易用性。
- 支持类似 Postman 这样的接口调试软件。
- 支持自动化测试，也支持断言。
- 除了支持普通的随机 Mock ，还增加了 Mock 期望功能，可根据设置的请求过滤规则返回期望数据。

- 支持数据导入。
- 已开源，可在内网部署，不用担心信息泄露。

YApi 提供了简单易用的可视化界面，如图 2-9 所示。

图 2-9

与 YApi 类似的项目还有 easy-mock。从使用角度来看，可视化的静态 API 模拟软件都是非常易用的。问题在于，我们能否实现静态 API 和真正 API 之间的转换。目前来看，GraphQL 有这个能力，相信 Apollo 团队会给我们更多惊喜。

Apik

Apik 是一个基于 Koa 的 API Mock 框架。笔者最近也想找到一个好用的 API Mock 软件，期望其具备以下特点。

- 简单。
- 可配置。
- 能复用已有代码。
- 能进行逻辑处理（非必须）。

但笔者很遗憾地发现，目前所有的 Mock 实现都不满足这些条件。笔者不得不基于以上几点再次审视 HTTP 和已有的 Node.js Web 框架，有合适的框架吗？虽然 Express、Koa 已经很简单了，但还是无法满足上面的所有要求。

那么基于约定来实现 API Mock 是否可行呢？

我们知道，在整个 HTTP 请求过程中，请求是人为发起的，而结果是由 Mock Server 给出的。所以在设计 Mock Server 的时候，核心是响应，请求只是约束条件。只有请求符合条件，才允许向客户端做出响应。

那么常见的 Mock Server 写法是什么样的呢？示例如下。

```
{
  "req": {
    "method": "get",
    "path": "/home"
  },
  "res": {
    "status": 200,
    "body": "Hello world!",
    "headers": {
      "Content-Type": "text/plain"
    }
  }
}
```

上述代码基本满足了我们的描述式配置写法。我们来对比一下 req 和 res 里的属性，看看它们重合的概率有多大。常用属性里除了 headers，基本没有其他重合属性，那么我们是否能够将这些属性置于根节点上呢？答案是肯定的，代码如下。

```
{
  "method": "get",
  "path": "/home"
  "status": 200,
  "body": "Hello world!",
  "req": {
    "headers": {}
  },
  "res": {
    "headers": {
      "Content-Type": "text/plain"
    }
  }
}
```

这样是不是更加简单了？除了 body，其他都是可选的。

- method：可选，默认为 GET。
- path：可选，默认以文件路径为路由路径。

- status：可选，默认为 200。

作为核心，body 在执行结果上有哪些可能性呢？

- 如果 body 是字符串类型的，则直接返回字符串。
- 如果 body 是字符串类型的，且存在 JSON 文件，则读取并返回 JSON 文件。
- 如果 body 是 JavaScript 对象，则返回 JSON 文件。
- 如果 body 是函数，则允许用户自己编写代码。
- 如果 body 是数组，则约定为中间件数组。

这样就可以涵盖绝大多数场景了。但和 koa-generator 功能相比，上述实现还缺少以下功能。

- public 静态 Server（无须处理，指定目录即可）。
- res.render 视图渲染及模板引擎集成（可能要配置、安装对应的模板引擎模块）。
- 中间件约定及配置（约定目录、自动挂载、按名字匹配）。

笔者将这种编程方式命名为“面向 body 编程”，即 Response.body Oriented Programming（ROP）。

基于以上想法，笔者设计了 Apie 和 Apik 框架。这里以 Apik 为例来进行用法说明。Apik 支持下面两种文件格式。

- .json：配置文件，使用 Mock 接口最方便。
- .js：业务逻辑支持文件。

Apik 的优点如下。

- 对于 Mock 数据的支持尤其友好，简单、可配置。
- 支持 Express/Koa 支持的所有业务逻辑处理操作。
- 完美继承了 Express/Koa 的插件和使用方法。

编写 Apik 框架是笔者的一次尝试性实践，花费时间不足 1 小时，因此代码比较粗糙，各位读者粗略了解其设计思路即可。

准备阶段只需要三步，代码如下。

```
$ git clone https://github.com/apiejs/apie-demo.git
$ cd apie-demo
$ npm start
```

我们要专注于编写 API。

继承 mount-routes，指定目录下的所有文件为对应路由，文件的名称为默认的请求路径。可以对任意目录进行处理，目录下所有带有 body 属性的.js 和.json 文件都是路由。

比如新建一个 simple.js 文件，代码如下。

```
module.exports = {
   // "path": "/simple",
   "body": "Hello world!"
}
```

此时，path 是/simple，body 内容是返回值字符串"Hello world!"。

如果想将 path 修改为/cnode，只需要修改配置即可，代码如下。

```
module.exports = {
   "path": "/cnode",
   "body": "Hello world!"
}
```

针对上述实现，补充说明如下。

- 文件名不支持复杂路由，比如具名路由、正则路由等。
- 配置文件的 path 支持 Express/Koa 里的所有路由。

将.json 文件作为配置文件是最常见的编写 Mock 接口的方式。比如，新建一个 sang.json，代码如下。

```
{
   "body": {
      "json": "Hello Sang!"
   }
}
```

此时，path 是/sang，method 是 GET，body 是返回值。

对于简单的 API Mock 来说，支持的 body 类型大致有下面几种。

- 如果 body 是字符串类型，则直接返回字符串。
- 如果 body 是字符串类型，且是 JSON 格式文件，则读取并返回 JSON 格式文件。
- 如果 body 是 plain old object，则返回 JSON 格式文件。

对上面的第一种和第三种情况，分别举例如下。由于第二种情况较为特殊，所以会在接下来专门讲解。

第一种情况举例：返回字符串，代码如下。

```
module.exports = {
   "body": "Hello String"
}
```

第三种情况举例：返回 JSON 格式文件，代码如下。

```
module.exports = {
   "body": {
      "json": "Hello world!"
   }
}
```

了解了 path 和 body 内容后，我们再来看看 JSON 格式文件。

比如，jsonfile.js 文件里的配置如下。

```
module.exports = {
   "path": "/jsonfile",
   "body": "demo.json"
}
```

此时，path 是/jsonfile，method 是 GET。body 是返回值"demo.json"文件的内容。

demo.json 文件的配置如下。

```
{
   "path": "demo.json",
   "demo": {
      "json": "Hello world!"
   }
}
```

在这种 JSON 格式文件使用场景下，多个 API 复用同一个 JSON 格式文件，返回的 JSON 非常复杂。为了便于理解，我们将项目目录信息打印如下。

```
$ tree .
.
├── LICENSE
├── README.md
├── app
│   ├── all.js
│   ├── api
│   │   ├── index.js
│   │   └── user.js
│   ├── demo.json
│   ├── home.js
│   ├── json.js
│   ├── jsonfile.js
│   ├── middleware.js
│   ├── middlewares
│   │   ├── a.js
│   │   └── b.js
│   ├── middlewares.js
│   ├── movies.js
│   ├── post.js
│   ├── public
│   │   ├── images
│   │   ├── javascripts
│   │   └── stylesheets
│   ├── sang.json
│   ├── simple.js
│   ├── users.js
│   ├── view.js
│   └── views
│       ├── error.pug
│       ├── index.pug
│       └── layout.pug
├── app.js
└── package.json
```

这是一个简单的示例，和 koa-generator 生成的文件一致。

以同样简单的 JSON API 和视图渲染作为性能测试场景，结果是 Apik 的性能比 koa-generator 生成代码的性能略差，但是可以接受。

API Mock 是提高效率的一种方式。还有很多像 koa-mock-response 这样的开源项目，大家按照自己的需求来选择即可。

2.2.8 更多实践

在前面几节中，我们完成了 Web 框架的核心功能开发，对于工程化实践和一些工具的用法，本节将继续向各位读者介绍。

Gulp.js

Gulp.js 是一个用 Node.js 编写的构建工具。构建工具的目的就是实现自动化构建，解放程序员的双手，实现高效编程。

编译在每个语言世界里都是必要的，只要存在工程化，编译就必然是痛点，于是产生了和 make 类似的功能，比如 Java 里的 ant、C#里的 NAnt、Ruby 里的 rake、CoffeeScript 里的 cake。

Gulp.js 的定位和功能与此类的。Node.js 世界里也有很多类似的工具，最早出名的大概是 Grunt。Grunt 基于 DSL 声明式写法，发布较早，但使用起来比较麻烦，源码可读性也非常差。Gulp.js 出现后，其流行度很快就超过了 Grunt，成为 Node.js 社区的主流构建工具。即使现在 Webpack 很流行，它也无法取代 Gulp.js，因为它本质上只是打包工具。

本节我们将 Gulp.js 作为构建工具。这里添加两个常见功能：一是构建、打包，二是通过 watch 进行监听，在代码变动后触发构建。

先来实现一个简单的 watch 功能，代码如下。

```
$ npm i -g gulp-cli
$ npm i -S gulp
$ npm i -S gulp-watch
$ npm i -S gulp-mocha
```

创建 gulpfile.js 文件，命令如下。

```
$ touch gulpfile.js
```

在 gulpfile.js 文件里键入如下内容。

```
var gulp = require('gulp');
var watch = require('gulp-watch');
var mocha = require('gulp-mocha');

var source_path = ['test/**/*.js', 'lib/*.js'];

gulp.task('watch', function() {
  gulp.watch(source_path, ['mocha']);
});
```

```
gulp.task('mocha', function () {
    return gulp.src(source_path , {read: false})
        .pipe(mocha({reporter: 'spec'}));
});
```

执行测试，如下。

```
$ gulp mocha
```

如果 source_path 目录下的文件有变动，则会触发一次测试（作业依赖），代码如下。

```
$ gulp watch
```

增加默认的 gulp 命令，代码如下。

```
$ gulp.task('default',['mocha', 'watch']);
```

在命令行里执行如下命令。

```
$ gulp routes
```

上述命令的效果和 Rails 的 rake routes 基本一样，可见 Gulp.js 简单易用、功能强大，可以完美完成构建相关任务。

browser-sync

前端开发人员都希望代码在变动后不经过手动刷新浏览器即可生效。为了实现这个功能，我们使用 browser-sync 模块。

这里直接给出 Gulp.js 集成代码。如果项目里使用 less 做 CSS 预处理器，当代码变动时会触发 less 编译，当编译完成后会通过 browserSync.reload()自动刷新浏览器。也就是说，我们只需要修改代码，当切换到浏览器的时候，代码已自动生效。

```
gulp.task('less_server',['build_less'] ,function () {
    browserSync.init({
      proxy: "127.0.0.1:3005"
    })
    gulp.watch('./public/css/main.less', ['build_less']);
    gulp.watch('./public/*.html',function () {
      browserSync.reload();
    });
});
```

下载代码

在脚手架里执行 Node.js 代码时，经常需要从 GitHub 下载源码。下载源码最常见的做法是通过 download-git-repo 命令，如下。

```
const download = require("download-git-repo");
const path = require("path");
const rimraf = require("rimraf");

const dir = path.join(process.cwd(), "test"); // 这里可以自定义下载的地址

rimraf.sync(dir, {});  // 在下载前需要保证路径下没有同名文件

download(
  "github:ykfe/ssr#main",
  dir,
  { clone: true },
  function (err) {
    console.log(err ? "Error" : "Success", err);
  }
);
```

另外一个做法是通过 git 稀疏索引方式进行下载。在进行本地版本库检出时，只将指定文件从本地版本库检出到工作区，而其他未指定的文件则不予检出（即使这些文件存在于工作区内，其修改也会被忽略），这样做可以大大缩短下载时间。dclone 就是采用 git 稀疏索引原理实现文件下载的 npm 模块，用法如下。

```
import { dclone } from 'dclone'

await dclone('https://github.com/zhangyuang/egg-react-ssr/tree/dev/example/ssr-with-l
oadable')
```

自制 Web 框架

Scala 是函数式编程语言，本身又是 JVM 上的脚本语言，用 Scala 编写 Web 应用还是比较小众的。Scalatra 就是一个基于 Scala 的轻量级的微型 Web 框架，可用于创建高性能网站和 API，写法简单，示例如下。

```
class Articles extends ScalatraServlet {

  get("/articles/:id") {  //  <= 这是一个路由匹配器
    // 函数内是具体行为
    // 通过指定:id 获取文章详情
  }
```

```
  post("/articles") {
    // 创建文章
  }

  put("/articles/:id") {
    // 通过指定:id 参数更新文章
  }

  delete("/articles/:id") {
    // 通过指定:id 删除文章
  }
}
```

在 Node.js 的世界里，并没类似的 Web 框架。那么，我们能自己编写一个吗？当然是可以的，示例如下。

```
const http = require('http')
const router = require('find-my-way')()

const FN_ARGS = /^(function)?\s*\*?\s*[^\(]*\(\s*([^\)]*)\)/m
const FN_ARG_SPLIT = /,/
const FN_ARG = /^\s*(_?)(\S+?)\1\s*$/
const STRIP_COMMENTS = /((\/\/.*$)|(\/\*[\s\S]*?\*\/))/mg

const cache = {}

// 通过正则表达式获取参数
function getParameters(fn) {
    const fnText = fn.toString();
    if (!cache[fnText]) {
        const inject = {};
        const argDecl = fnText.replace(STRIP_COMMENTS, '').match(FN_ARGS);
        // console.log(argDecl)

        argDecl[2].split(FN_ARG_SPLIT).forEach(function (arg) {
            // console.log(arg)
            if (arg.indexOf('=') != -1) {
                var i = arg.split("=")
                inject[i[0].trim()] = i[1].split('"')[1]
            }
            arg.replace(FN_ARG, function (all, underscore, name) {
                inject[name] = null
            });
        });

        cache[fnText] = inject
    }
```

```
    return cache[fnText]
}

// 定义写法，此处是为了测试方便
class A {
    get(path = "/") {
        return '{"message":"hello world"}'
    }
}

// 实例化，处理具体逻辑
var a = new A()

var propertyNames = Object.getOwnPropertyNames(Object.getPrototypeOf(a));
console.dir(propertyNames)

// 向路由上加载具体的处理函数
for (var i in propertyNames) {
    // console.dir(propertyNames[i])
    if ('constructor' !== propertyNames[i]) {
        // console.dir(propertyNames[i].toUpperCase())

        var parameters = getParameters(a[propertyNames[i]])
        var path = parameters['path']
        // console.dir(b)

        var _original = a[propertyNames[i]];
        var _newfn = function () {
            // console.log('in');
            // console.dir(arguments[0])
            var result = _original.apply(this, arguments);
            // console.log('out');
            return result;
        }

        router.on(propertyNames[i].toUpperCase(), path, (req, res, params) => {
            // res.end('{"message":"hello world"}')
            a.req = req
            a.res = res

            var html = _newfn.bind(a)(path, req, res, params);
            res.end(html)
        })
    }
}

const server = http.createServer((req, res) => {
```

```
    router.lookup(req, res)
})

server.listen(3000, err => {
    if (err) throw err
    console.log('Server listening on: http://localhost:3000')
})
```

这是最小的可用例子，写法上基本和 Scalatra 一样。上面的代码中使用了一个非常出色的模块 find-my-way，它是一个基于 Radix tree 数据结构编写的路由模块，它的性能比 path-to-regexp 好，是 Fastify 里最早使用的路由模块。

这样写 Demo 是可以的，但如果想编写复杂的逻辑就很麻烦，比如想在一个类里同时实现两个 get 请求，该怎么办呢？其实，我们可以改进写法，具体如下。

```
class A {
    "/" (method = "get") {
        return '{"message":"hello 2"}'
    }

    "/hi" () {
        return '{"message":"hello hi"}'
    }
}
```

get 作为方法会有问题，将 path 字符串作为函数名就不会有这个问题。将 http verb 作为函数参数，写法上变化不大，但更灵活。按照这种思路，改写上面的示例代码也是非常简单的。

至此，一个基本的 Web 框架就编写完成了。代码本身不难，难的是设计思路，上文演示了如何从其他语言中借鉴编程思想。

2.3　本章小结

通过本章的学习，你应该已经掌握了如何编写一个 Web 框架，也观摩了 Koa 开发过程中的一些经典实践。除此之外，你现在也应该对前面几章所讲的内容有了更好的理解。

本章的实践内容主要是通过 MongoDB 集成的，很多人习惯将 MySQL 作为数据库存储数据，这并无不妥。对此，请各位读者想一想这两者的差别在哪里，尽量自己动手集成，以此对本章内容的学习加以巩固。

第 3 章

构建具有 Node.js 特色的服务

微服务是现在最流行的架构模式，本章将以开发具有 Node.js 特色的微服务为主要话题，兼顾前端和后端，对 Node.js 适用的领域及其架构能做调整的地方进行详细解读，同时介绍页面即服务（Page as Service）、BFF（Backend For Frontend）、SFF（Serverless For Frontend），以及使用 Node.js 开发 RPC 服务等新技术，以便读者更好地理解 Node.js 应用架构的相关知识。

3.1 服务概览

Node.js 的核心作用包含优化页面渲染和提供 API 服务两种，API 服务又可以细分为静态 API 模拟、API 中间层和 RPC 服务。由于渲染和 API 经常混合使用，因此本章最后会给出页面即服务的解决方案。本节将首先对架构演变和构建具有 Node.js 特色的微服务进行阐述。

3.1.1 架构演变

图 3-1 展示了主流架构的演变过程。

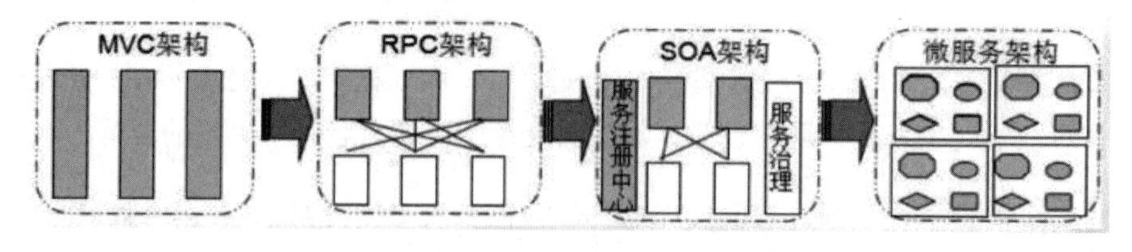

图 3-1

表 3-1 进一步对上述架构演变过程中的不同架构模式进行了详细介绍，具体如下。

表 3-1

架构模式	特　点	描　述
MVC 架构	分层清楚	默认的设计模式，从 GUI 开始成为 Web 领域的默认标准
RPC 架构	主要目标是让远程服务调用更简单、透明。负责屏蔽底层的传输方式、序列化方式和通信细节。开发人员在使用的时候只需要了解谁在什么位置提供了什么样的远程服务接口即可，并不需要关心底层通信细节和调用过程	一种进程间的通信方式，允许像调用本地服务一样调用远程服务
SOA 架构	组件模型，将应用程序的不同功能单元（服务）通过接口和契约联系起来。接口是采用中立的方式进行定义的，它应该独立于实现服务的硬件平台、操作系统和编程语言。这使得构建在不同系统中的服务可以以一种统一和通用的方式进行交互	主要通过 ESB（企业服务总线）注册各种服务，进而达到统一管理的目的，曾经一度很流行
微服务架构	可以有效地将系统拆分成独立应用，交由独立团队进行开发维护，实现敏捷开发和部署。可以做到团队独立，语言独立。结合 DevOps，可以让交付变得更快	是服务拆分的一种实现方式，是目前服务器端主要使用的架构模式

纵观架构演变过程，仿佛《三国演义》里所说的“分久必合，合久必分”。本质上，架构升级是由业务升级过快导致的。

在后端领域，主要的编程语言是 Java。Node.js 主要也是服务于后端领域的，因此，所有 Java 能做的，Node.js 在理论上都能做。但 Java 自 1995 年诞生至今，在企业级 Web 应用开发、大数据开发等领域沉淀了 20 余年，Node.js 从年限上与其差距还是非常大的。Node.js 的优点是小而美，在开发交付上更加快速，这是 Java 不能做到的。但 Node.js 的缺点是在基础建设方面不完备，比如在 RPC 服务、分布式事务实现等方面与 Java 还有差距。微服务出现之后，服务可以独立实现，即与语言无关，这在很大程度上对 Node.js、Go 这种新锐小众语言更加友好。

3.1.2　从大而全到小而美

传统的 Web 开发方式一般被称为 Monolithic（大杂烩，是一种大而全的开发方式），即将所有的功能打包在一起，其流程如图 3-2 所示。

以 Java 为例，部署服务时一般会将 DAO、Service、UI 等分层逻辑代码、前后端代码、配置代码等打包成 war 包，基本没有外部依赖，然后将其部署到一个 JavaEE 容器（Tomcat、JBoss、WebLogic）上。

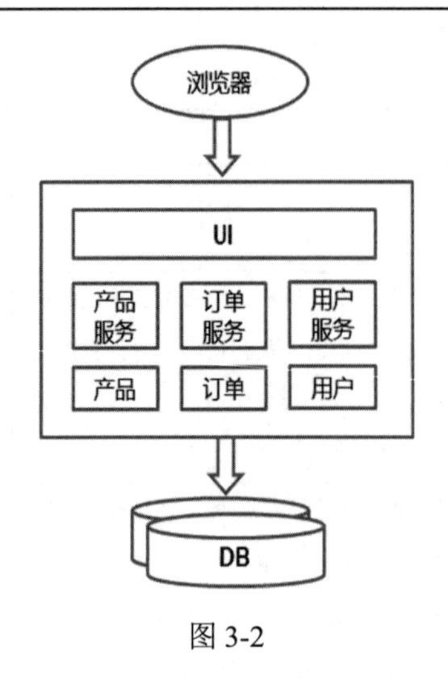

图 3-2

传统 Web 开发方式的优缺点如表 3-2 所示。

表 3-2

分　类	优　点	缺　点
开发	开发简单，集中式管理	所有开发人员在同一个项目中修改代码，提交代码时需要相互等待，且代码冲突不断
迭代	基本不用重复开发	代码功能耦合，新人不知如何下手
高可用	代码都存放在一起，没有分布式管理开销和调用开销	稳定性不足，一个小问题就可能导致整个应用“挂掉”，无法满足高并发情况下的业务需求
运维	调试、运维、部署都非常简单	部署不灵活，构建时间长，遇到任何小的修改都必须重新构建整个项目，这个过程往往很长

这种传统的开发方式比较适合中小型项目，对于互联网项目来说，在开发效率、稳定性等方面都存在巨大挑战。所以，现在的主流设计一般会采用基于微服务的架构。小而美的微服务的概念最早出自 Martin Fowler 的一篇文章。总体来说，微服务是一种架构风格。对于一个复杂的大型业务系统，它的业务功能可以被拆分为多个相互独立的微服务，各个微服务之间是松耦合的，通过各种远程协议进行同步/异步通信，它们均可以被独立部署、扩/缩容、升/降级，进而达到快速交付的目的。

比较经典的拆分案例，就是将商品、订单、用户服务都进行独立拆分，以应对大流量的情况，目前很多电商业务都是这样做的，其架构如图 3-3 所示。

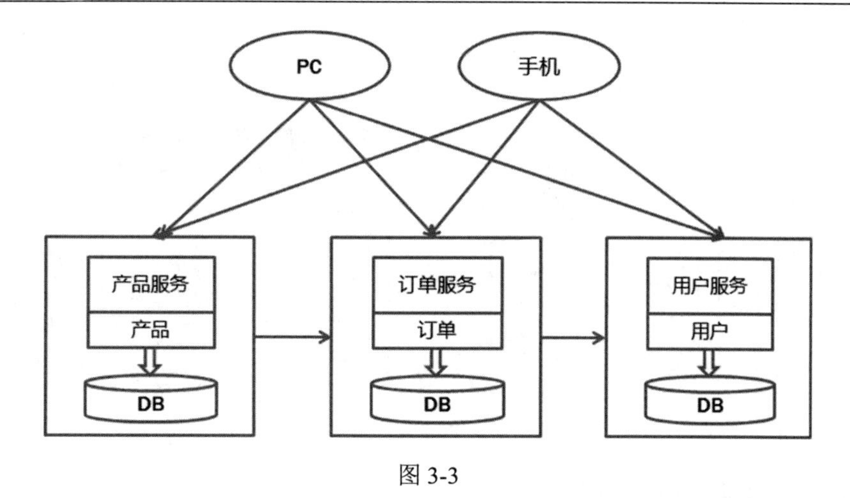

图 3-3

对于大型互联网公司而言，微服务架构必不可少，几乎已成为事实标准。而对于一般公司而言，实践微服务有非常大的技术挑战。尤其是新兴的互联网公司，其在创业初期不可能购买大量的昂贵机器，但又必须考虑应对后期的巨量用户增长，因此微服务架构成了最好的选择。在非自建机房的情况下，云上 Serverless 架构也是很好的选择。

3.1.3　微服务应用

微服务听上去好像很不错，但具体落地前还需要搞清楚几个问题。

客户端如何访问这些服务

在传统开发方式中，所有的服务都是本地的，可以直接被 UI 调用。现在按功能拆分服务后，各个服务一般都运行在独立虚拟机的 Java 进程中。此时，客户端 UI 该如何访问自己的服务？

设想一下，后台有 N 个服务，前台就需要负责管理 N 个服务，一个服务下线、更新、升级，前台就要重新部署，这明显不符合我们拆分的初衷。特别地，当前台是移动应用的时候，通常业务变化的节奏更快。另外，对 N 个小服务的调用也是一笔不小的网络开销。微服务在系统内部通常是无状态的，如用户登录信息和权限最好被一个统一的系统（如 OAuth）来维护管理。在后台的 N 个服务和 UI 之间一般也会有一个代理，或称 API Gateway，其架构思路演变如图 3-4 所示。

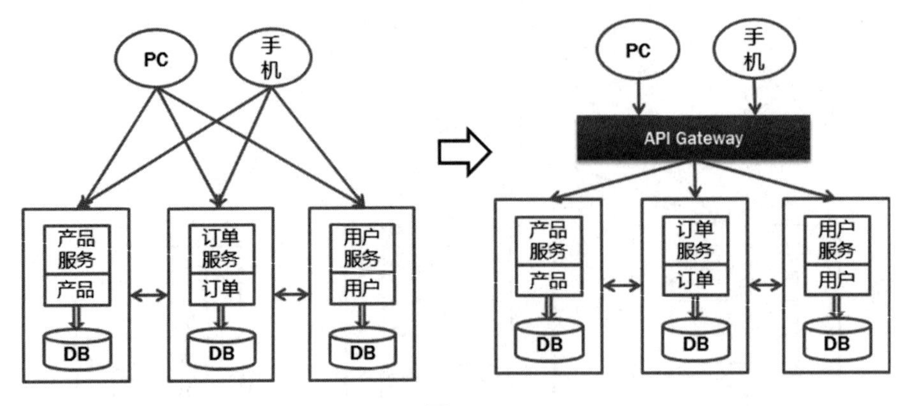

图 3-4

API Gateway 的作用包括以下几点。

- 提供统一的服务入口，让微服务对前台透明。
- 聚合后台的服务，节省流量，提升性能。
- 提供安全、过滤、流量控制等 API 管理功能。

服务之间如何通信

因为所有的微服务都是独立的 Java 进程，运行在独立的虚拟机上，因此服务间的通信可以采用 IPC（Inter Process Communication）方式。目前已经有很多成熟的方案，最通用的方式有两种，即同步调用和异步调用。

- 同步调用：REST（Spring Boot）、RPC（Thrift、Dubbo、gRPC）。
- 异步调用：Kafka、Notify、MetaQ。

一般同步调用比较简单，一致性强，但是容易出现调用问题，性能和体验上也差一些，特别是调用层次多的时候。同样是同步调用，REST 和 RPC 也有一定的差异。一般 REST 基于 HTTP，更容易实现，更容易被接受，服务器端实现技术更灵活一些，各个语言都能支持，还能跨客户端，对客户端没有特殊的要求，只要封装了 HTTP 的 SDK 就能调用，使用更广泛。RPC 也有自己的优点，如传输协议更高效，安全性更可控，特别在一个公司内部，如果有统一的开发规范和统一的服务框架，其开发效率优势更明显。

异步调用方式在分布式系统中有特别广泛的应用，它既能降低调用服务之间的耦合，又能增加调用之间的缓冲，确保消息积压不会冲垮被调用方，同时保证调用方的服务体验，不至于因后台性能不佳而被拖慢。不过使用异步调用需要接受数据最终一致性，后台服务一般要实现幂等性，以及必须引入一个独立的 Broker。如果公司内部没有技术经验，对 Broker 进行分布式管理也是一个很大的挑战。

同步调用和异步调用架构如图 3-5 所示。

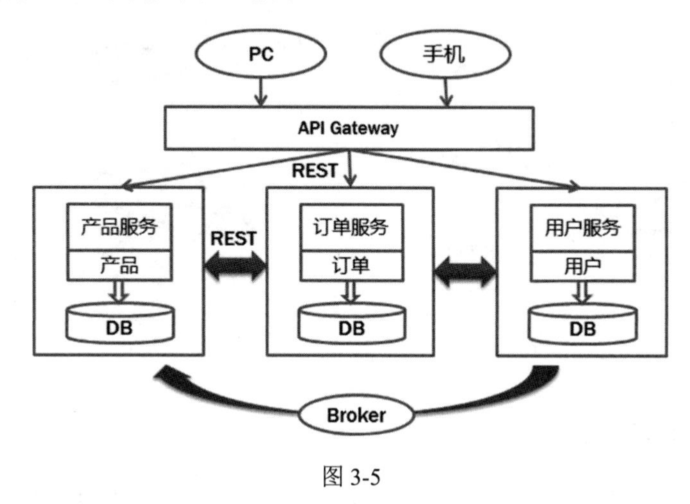

图 3-5

服务太多怎么找

在微服务架构中，一般每个服务都需要多个负载均衡。一个服务可能随时下线，也可能因应对临时访问压力而增加新的服务节点。此时，服务之间如何相互感知，服务如何管理，这些都是服务发现的问题。要想解决这些问题，基本都要通过 ZooKeeper 等技术来对服务注册信息进行分布式管理。

当服务上线时，服务提供者会将自己的服务信息注册到 ZooKeeper 或类似框架中，并通过心跳维持长链接，实时更新链接信息。服务调用者通过 ZooKeeper 寻址，根据可定制算法，找到一个服务，还可以将服务信息缓存在本地以提高性能。当服务下线时，ZooKeeper 会发通知给服务客户端。常见的做法有以下两种，实现流程如图 3-6 所示。

- 客户端做：优点是架构简单，扩展灵活，只对服务注册器依赖。缺点是客户端要维护所有调用服务的地址，有一定的技术难度。一般大公司都有成熟的内部框架支持，比如 Dubbo。
- 服务器端做：优点是简单，所有服务对于前台调用方透明，一般小公司在云服务上部署应用时采用这种方式比较多。

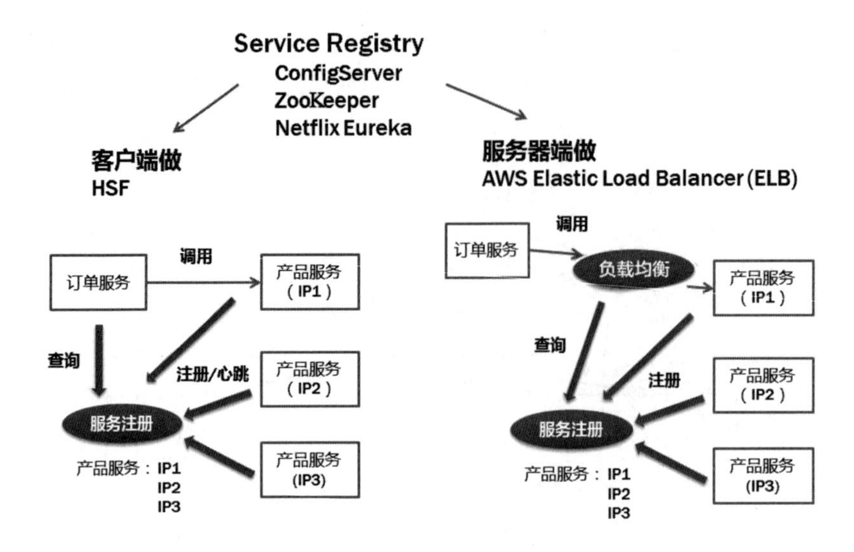

图 3-6

服务“挂”了怎么办

前面提到，用传统方式开发服务的风险是，把所有鸡蛋放在一个篮子里，一荣俱荣，一损俱损。而分布式最大的前提就是假设网络是不可靠的，通过服务拆分来降低这个风险。不过，如果没有可靠的保障，结局依然是噩梦。如果系统是由一系列服务调用链组成的，必须确保任一环节出问题都不至于影响整体链路。相应的手段有很多，举例如下。

- 重试机制。
- 限流。
- 熔断机制。
- 负载均衡。
- 降级（本地缓存）。

3.1.4 BFF 中间层

在后端服务化时代，前端越来越复杂，要面临更多的挑战。一个典型的场景就是，在服务化架构里，前后端联调时会出现相互推卸责任的情况。进度慢找前端，性能差也找前端，但这个“锅”真的该由前端来背吗？

Node.js 的 API 中间层应用很好地解决了这个问题。后端实在不想参与的时候，前端可以自己开发，比如借助如下方法。

- 透传接口：对于内网或者非安全接口，可以采用中间层进行透传。
- 聚合接口：对异构 API 处理非常方便。
- Mock 接口：提高前端开发效率，对流程优化的效果极其明显。

除此之外，前端如果想完成一些关于技术驱动的操作，使用 SSR（服务器端渲染）和 PWA（渐进式 Web 应用）也是非常不错的选择。出现独立 API 层的原因有很多，具体如下。

- 移动端兴起，面向 API 开发成为主流。但前端不只面向移动端，还要考虑 PC 客户端和 Web 页面，以及基于 HTML5 的 Web 页面。而屏幕大小的不同，导致前端必须考虑不同终端上 UI、UE 的差异。
- 后端开发 API 时不习惯同时维护多套 API。
- 除了要考虑沟通成本，还要面对因后端对前端不了解而产生的误解。

基于上面这些原因，Sam Newman 于 2015 年提出 BFF（Backend For Frontend）的概念，BFF 也称粘合层，即独立的 API 层。

前端、后端对 API 的需求不同，既然后端排斥面向前端的 API 层进行开发，那么由最理解自身需求的前端人员来进行开发便成为顺理成章的事，其岗位职责如图 3-7 所示。

在图 3-7 中，移动客户端 BFF 和桌面客户端 BFF 里的很多接口都是一样的，这样做很明显不合理，基于成本考虑应该优化架构。

这其实是前端架构的一次重大升级，分开的 BFF 架构升级为统一的通用服务器端 API，让前端和后端可以异步开发，各做各的工作，所有 API 都注册到 API 层即可，原理如图 3-8 所示。

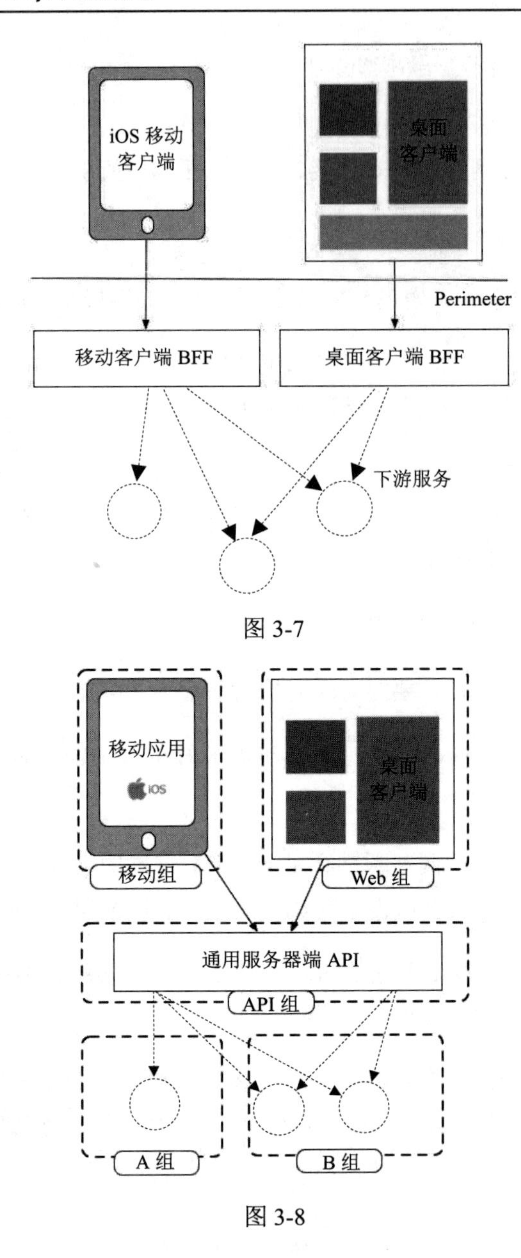

图 3-7

图 3-8

在 BFF 理念中，最重要的一点是服务自治（谁使用谁开发），即由前端维护自己开发的服务，这样做的优势如下。

- 减少沟通成本，灵活、高效。
- 不限制具体技术，团队可以根据自己的技术栈在 Java、Node.js、PHP、Python、Ruby

等中进行技术选型。

- 基于 GraphQL 技术的通用中间层网关是新出现的一种值得期待的方案。
- 不再受限于后端。
- 不再受限于运维，前端可控制发布权限。

大部分前端团队在做 BFF 选型时都会倾向于选择生态更优、性能更好、语法更熟悉的 Node.js。在 CDN 缓存同步问题中，活动类、配置类或紧急故障需要发布后立即生效。而将普通 HTML 吐出方式快速切换到 BigPipe 分块方式也可以通过 Node.js 服务来完成。

Node.js 在服务器开发领域必然会有一席之地，但目前已有系统大多是基于 Java 或 PHP 开发的，更换语言明显不是理智的行为，所以现在 Node.js 在后端开发中主要用于以下场景。

- 完全用 Node.js 实现服务器端。一般创业公司、新项目或新团队会这样做，能保持简单、轻量、快速、稳定，是非常好的一种快速开发实践。
- 微服务架构可以用诸多语言实现，这时 Node.js 是一个比较好的选择，既与现有架构不冲突，又能实现快速开发。

3.1.5　SFF 托管

FaaS 表示函数即服务，其往往和无服务器架构 Serverless 一同被提起。Serverless 可以看作比微服务架构粒度更细的架构模式。Lambda 也是 FaaS 的典型代表，允许用户仅上传代码而不管理服务器。

以电子商务应用为例，在微服务架构中，我们可以将浏览商品、添加购物车、下单、支付、查看物流等拆分为解耦的微服务。“下单”事件发生时将触发相应的函数，交由 Lambda 执行。在越来越多的场景里，Serverless 和 FaaS 被认为是等同的。

利用 Serverless 可以有效防止 Eventloop 阻塞。比如加密这种常见场景，由于执行效率非常低，如和其他任务放到一起执行，则很容易导致 Eventloop 阻塞。

对于加密解密这种独立的服务，比如在 AWS 的 Lambda 上发布图 3-9 中的代码，由于服务是独立的，可按需动态扩容机器，去除 CPU 密集操作对 Node.js 的影响，快速响应流量变化。

```
import { compare } from 'bcrypt'

exports.handler = async ({ input }) => {
  const passwordCorrect =
    await compare(input.providedPassword, input.hashedPassword)

  return { passwordCorrect }
}
```

图 3-9

Serverless 是一种趋势，对于不知何时出现访问峰值、需快速动态扩容的活动尤其有意义。由于不会一直使用服务资源，按需付费更加划算。就算这个服务“挂了”，对其他业务也不会有影响，更不会出现因 Eventloop 阻塞导致雪崩的情况。

简单理解，Serverless 就是 FaaS+BaaS。FaaS 表示函数即服务，是应用层面的对外接口，而 BaaS 表示后端即服务，更多的是与业务系统相关的服务。当下的 FaaS 还是围绕 API 进行工作的，那么，前端如何和 Serverless 绑定呢？这时就要借助 Serverless For Frontend（SFF）了。

从 BFF 升级到 SFF，本质上就是利用 Serverless 基建完成了 BFF 的工作。那么，BFF 和 SFF 的差异在哪里呢？具体如下。

- 架构从 Backend 升级到 Serverless。
- 本质变成了无服务器，基于云原生架构，节省了运维成本。
- 简单，学习成本更低。

SFF 的分工如图 3-10 所示。首先将 Serverless 一分为二，分为前端和后端。后端的 BaaS 大家都比较熟悉了，但前端页面组件和 FaaS 如何集成还是一个待开发的新领域。

基于 FaaS 的页面渲染对前端来说是必须的。无论如何，React SSR 都是依赖 Node.js Web 应用的。在 Serverless 时代，基于 FaaS 进行 API 开发是非常简单的。

JAMStack 算是一个比较新的概念，JAM 是 JavaScript、API 和 Markup 首字母的合并缩写，JAMStack 是一种基于客户端 JavaScript，可重用 API 和预构建 Markup 的现代 Web 开发架构，这个价值在业界已经被证明，那么基于 Serverless 的 JAM 自然也是值得期待的。

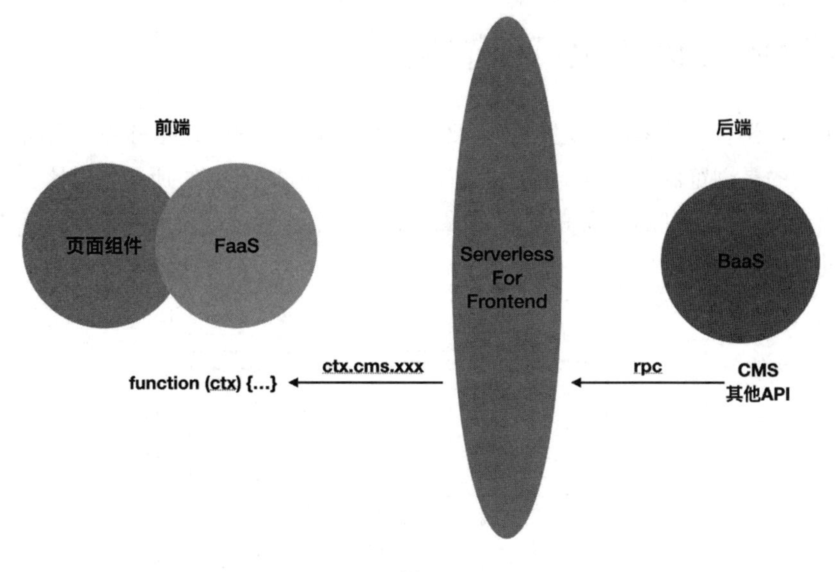

图 3-10

JAMStack on Serverless（JAMS）的核心内容如下。

- JavaScript：基于 JavaScript 创建动/静态 Web 应用。
- API：所有的数据行为通过可复用的 HTTP 接口（RESTful 或 GraphQL）完成。
- Markup：使用构建工具“prebuilt”前端应用，部署到 Serverless 环境，能够同时支持 CSR 和 SSR。
- Serverless：利用 Serverless 基建优势提供自动扩缩容零运维的 API 和页面托管服务。

这里的重点是 prebuilt，prebuilt 行为是由开发者决定的！Serverless 是托管环境，无论是静态服务还是动态服务，都能被托管。

目前，基于 FaaS 的渲染已经获得大家的认可。另外，大量的 Node.js 的 BFF 应用也已经到了需要治理的时候。对前端来说，SSR 让开发变得简单，基于 FaaS 又能很好地收敛和治理 BFF 应用，结合 WebIDE，一种极其轻量级的基于 Serverless 的前端研发时代已经来临。

从 BFF 到 SFF，本质上还是基于 Node.js 实现的。下面我们就围绕简单、轻量、快速、稳定这四个特点，介绍在互联网架构下如何进行 Node.js 技术选型和实践。

3.2 使用 Node.js 优化页面渲染

对前端来说，浏览器渲染的原理是必须要了解的。在所有的优化指标中，首屏渲染时间是最重要的，其指的是浏览器显示第一屏页面所消耗的时间。如图 3-11 所示，对比一下，优化前后的差异非常明显。优化过的页面 0.3s 即可显示部分内容，远比优化前“1.5s 显示内容前一直显示白屏”的状况要好得多。

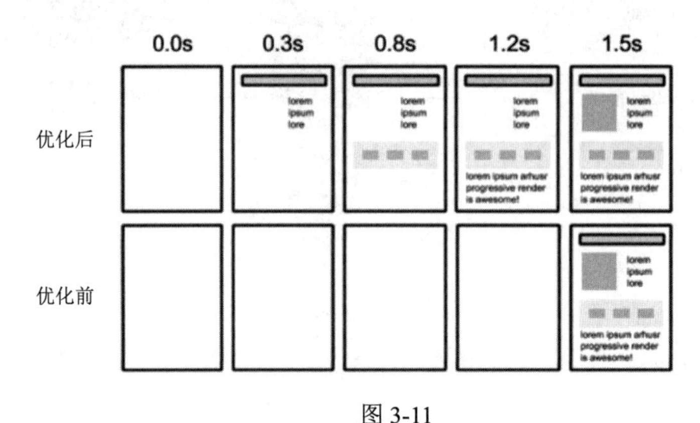

图 3-11

3.2.1 BigPipe

页面解析的完整过程通常要经过以下步骤。

1. 浏览器发送 HTTP 请求。

2. 服务器接收到 HTTP 请求，解析请求，从存储层拉取数据，拼接 HTML，返回一个 HTTP 响应。

3. 这个请求通过网络传输到浏览器。

4. 浏览器解析接收到的数据，构造 DOM 树，下载 CSS 和 JavaScript。

（1）浏览器下载 CSS，解析 CSS，渲染页面。

（2）浏览器下载 JavaScript，解析 JavaScript，执行 JavaScript。

没有进行首屏渲染时间优化的页面，会一次性将所有内容输出到浏览器，然后由浏览器进行渲染。很明显，复杂的页面会有相当长的白屏时间，这是使用者所不能接受的。既然一次输出内容的方式不能被接受，那能否分块输出内容呢？

BigPipe 就是分块加载技术。它是 Facebook 首创的网站优化技巧，利用 HTTP 1.1 中引入的分块传输编码 Transfer-Encoding: chunked，将消息体拆成数量未定的块，并以最后一个大小为 0 的块为结束。据 Facebook 的测试表明，BigPipe 技术使其页面响应时间减少了约 50%（FireFox3.6 除外，使用 FireFox3.6 时响应时间减少约 22%），大大提高了 HTTP 的响应速度。

与传统的 Ajax 相比，BigPipe 具有如下特点。

- 需要服务器端配合，特别适合大型的、需要大量服务器运算的站点。
- 将多个模块更新、合并成一个请求，可减少 HTTP 请求数。
- 将多个传输块合并成一个请求，把请求由 Ajax 请求转为 Node.js 请求，进一步减少请求数。
- 通过页面链接使用真实地址，实现 URL 优雅降级。
- 页面加载时不动态刷新模块代码，可保证代码一致性。
- 部分搜索引擎支持分块传输编码的 SEO。对于不支持的情况，也有解决办法，此处不做详细说明。
- 与浏览器兼容良好，覆盖 IE 6 及更低版本。

BigPipe 最大的优点是降低开发管理成本。前端以最简单的方式接入 Node.js，无须多写 JavaScript 代码，模块更新由后端程序控制，前端的技术领域得以拓宽。很多人疑惑如何落地 Node.js，其实 BigPipe 就是最简单的落地方式，它不需要操作数据，最多通过组合 API 以控制前端模块如何输出内容。

下面我们来详细解释分块加载的好处。

如图 3-12 所示，假定有三个模块 A、B 和 C。每个模块实现服务器处理、网络传输、客户端呈现各需要 1s，该页面完全展示需要 9s，看到第一屏数据则需要 7s。

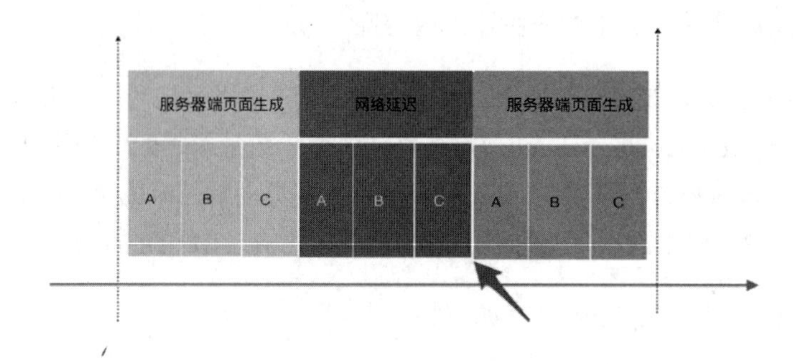

图 3-12

使用 BigPipe 后，采用分块加载技术，A、B、C 服务器端顺序执行，A、B、C 分块传输到浏览器以完成页面渲染，如图 3-13 所示。

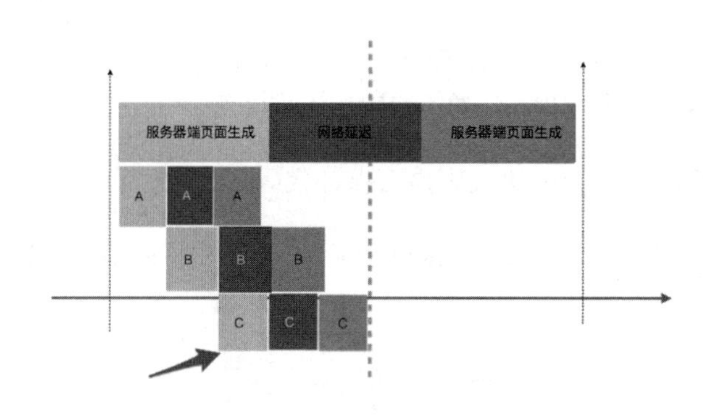

图 3-13

分块加载后，页面显示时间已明显缩短。然后，我们将服务器端顺序执行改为并行执行，如图 3-14 所示。

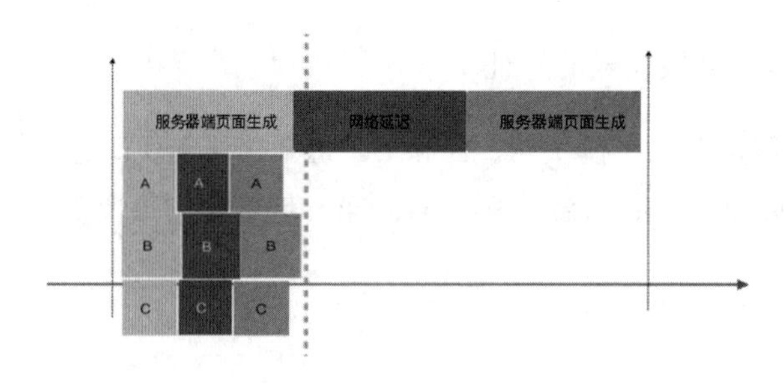

图 3-14

在 BigPipe 技术中，模块 A 处理完后立即向浏览器发送数据，浏览器接收数据后立即开始渲染，前后端并行处理。页面首屏渲染时间变为 3s，加载完成时间变为 5s，用户体验得到了极大提升！尤其对于复杂页面（页面模块复杂或 API 多），优化更明显。

我们之所以强调 BigPipe 的好处，是因为在大前端发展如此快速的今天，API Proxy 的确需要有 BigPipe 这样的“长”连接来支持，这也使得 BigPipe 迎来了第二春。

下面我们来看一下如何具体实现一个简单的 BigPipe 示例，代码如下。

```
'use strict'

var http = require('http')

const sleep = ms => new Promise(r => setTimeout(r, ms))

var app = http.createServer((req, res) => {
  res.writeHead(200, { 'Content-Type': 'text/html', 'charset': 'utf-8' })

  res.write('loading...<br>')

  return sleep(2000).then(function() {
    res.write('timer: 2000ms<br>')
    return sleep(5000)
  })
  .then(function() {
    res.write('timer: 5000ms<br>')
  }).then(function() {
    res.end()
  })
})

app.listen(3000)
```

以上代码的要点如下。

- 设置 Content-Type 为 HTML，告知浏览器如何解析。
- 通过 res.write()方法第一次向浏览器写入 loading...
。
- 延时 2s 后通过 res.write()方法再次向浏览器写入 timer: 2000ms
。
- 延时 5s 后通过 res.write()方法再次向浏览器写入 timer: 5000ms
。
- 最后通过 red.end()方法结束写入。

对于上述功能，我们也可以像下面这样实现 BigPipe 示例。

```
res.write('loading...<br>')
res.write('timer: 2000ms<br>')
res.write('timer: 5000ms<br>')
res.end()
```

应用 BigPipe 技术之后，页面渲染过程变得更加可控，尤其在页面非常大的情况下效果更好。

下面我们来实现一个 BigPipe 延时示例，步骤如下。

1. 写入布局 layout，包含引用的 jQuery、bigpipe.js、index.js 和 style.css 文件。

2. 延时 2s，写入模块 pagelet1，展示模块。

3. 延时 5s，写入模块 pagelet2，展示模块。

使用 koa-generator 生成项目时，需要做一些调整，具体如下。

- 移除 koa-views 模块，因为不需要 ctx.render。
- 使用 koa-bigpipe 模块，实现类似 res.write 和 res.end 方法的功能。

routes/index.js 文件的内容如下。

```
const bigpipe = require('koa-bigpipe')

router.get('/', bigpipe, async (ctx, next) => {
  let html = layout()

  ctx.write(html)

  return sleep(2000).then(function(){
    let a = pagelet1()
    ctx.write(a)
    return sleep(5000)
  }).then(function(){
    let b = pagelet2()
    ctx.write(b)
  }).then(function(){
    ctx.end()
  })
})
```

这段代码中值得注意的是，引入的 koa-bigpipe 模块在 ctx 上绑定了两个方法，其中 ctx.write

和 http 模块的 res.write 方法一样，ctx.end 和 http 模块的 res.end 方法一样，它们是实现 BigPipe 功能的核心。

- ctx.write()：向浏览器写入 HTML 代码块，保持连接不断，一般会提供多次调用。
- ctx.end()：结束向浏览器写入 HTML 代码块，并结束本次 HTTP 请求，只在结束时才会调用布局处理。

使用 koa-views 时可以通过 ctx.render()直接将模板编译成 HTML 并写入浏览器，它实际上完成了 ctx.write(all_html)、ctx.end()两步操作。

要想实现 BigPipe，需保证 HTTP 请求不能中断。然而，调用 ctx.end()方法会导致请求结束，后续无法再使用 ctx.render()方法。在这种情况下该如何渲染布局呢？其实，只要熟悉模板引擎原理，这个问题非常容易解决。具体编译代码如下。

```
function layout() {
  let options = {
    filename: 'pug',
    basedir: process.cwd() + "/views",
    title: "This is Koa bigpipe Demo"
  }
  let file = process.cwd() + "/views/index.pug"

  // 渲染函数
  let html =  pug.renderFile(file, options);

  return html;
}
```

这段代码中有两个要点，如下。

- pug 模板的路径即 file 对应的位置。
- 使用 pug.renderFile 可编译模板。

结合之前讲过的视图和模板原理，理解上述代码并不困难。这里采用 pug.renderFile 方法编译模板，可以省去文件读取和配置两步。

页面模块处理

整个页面的形成逻辑是，先写入布局和模块占位，等到 BigPipe 将具体模块写入页面时，再将对应的模块进行展示，所以上面代码中的 index.pug 中的 div#pagelet1 和 div#pagelet2 是占位用的。将其转化成对应的模板，写法如下。

```
extends layout

block content
  h1= title
  p Welcome to #{title}
  div#pagelet1.pagelet1 pagelet1 loading...wait 2s
  div#pagelet2.pagelet2 pagelet2 loading...wait 5s
```

此时页面模板引擎渲染之后的 HTML 如下。

```
<html>
 <head>
  <title>This is Koa bigpipe Demo</title>
  <link rel="stylesheet" href="/stylesheets/style.css" />
 </head>
 <body>
  <h1>This is Koa bigpipe Demo</h1>
  <p>Welcome to This is Koa bigpipe Demo</p>
  <div class="pagelet1" id="pagelet1">
   <h1>this is pagelet1</h1>
  </div>
  <div class="pagelet2" id="pagelet2">
   <h1>this is pagelet2</h1>
  </div>
  <script src="/javascripts/jquery.min.js"></script>
  <script src="/javascripts/bigpipe.js"></script>
  <script src="/javascripts/index.js"></script>
 </body>
</html>
```

请求发生后会立即写入布局，此时会看到这两个占位 div 模块。请求完成后，我们会发现 body 里增加了两个 script 标签，即 2s 后增加第一个，5s 后增加了第二个，它们的加载顺序是由服务器端决定的，具体内容如下。

```
<script charset="utf-8">bigview.view({"domid":"pagelet1","html":"<h1>this is pagelet1<
/h1>"})</script>
<script charset="utf-8">bigview.view({"domid":"pagelet2","html":"<h1>this is pagelet2<
/h1>"})</script>
```

那么 Koa 是怎样将页面模块写入浏览器的呢？代码如下。

```
function pagelet1() {
  let payload = {
    domid: "pagelet1",
    html: `<h1>this is pagelet1</h1>`
```

```
  }
  return `<script charset=\"utf-8\">bigview.view(${JSON.stringify(payload)})</script>`
}
```

在路由里加入以下代码。

```
let a = pagelet1()
ctx.write(a)
return sleep(5000)
```

这样就会向 body 里写入下面的内容。同理，pagelet2 也是这样的。

```
  <script charset="utf-8">bigview.view({"domid":"pagelet1","html":"<h1>this is pagelet
1</h1>"})</script>
```

浏览器端实现

在布局文件 layout.pug 里，实际上我们嵌入了三个 JavaScript 文件，如下。

```
doctype html
html
  head
    title= title
    link(rel='stylesheet', href='/stylesheets/style.css')
  body
    block content
    script(src='/javascripts/jquery.min.js')
    script(src='/javascripts/bigpipe.js')
    script(src='/javascripts/index.js')
```

这段代码的要点如下。

- jQuery 用来做 DOM 处理，主要实现 index.js 的 HTML 插写操作。
- bigpipe.js 是与前端配合使用的模块。
- index.js 是业务逻辑相关模块。

首先，服务器端会向浏览器写入以下内容。

```
<script charset="utf-8">bigview.view({"domid":"pagelet1","html":"<h1>this is pagelet1<
/h1>"})</script>
```

这里的 bigview 就是全局对象，由 bigpipe.js 文件提供。在具体的业务模块 index.js 里实现如下。

```
bigview.on('pageletArrave',function(payload) {
  $('#' + payload.domid).html(payload.html)
})
```

这里的 pageletArrave 事件是由 bigview 实现的，即在服务器端写入 bigview.view 时，会自动触发 pageletArrave 事件。

展示效果

初始化布局后，加载.js 和.css 文件，效果如图 3-15 所示。

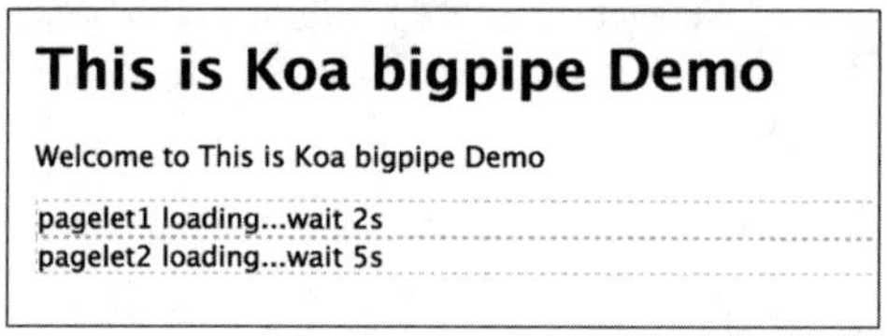

This is Koa bigpipe Demo
Welcome to This is Koa bigpipe Demo
pagelet1 loading...wait 2s
pagelet2 loading...wait 5s

图 3-15

2s 延时后，写入第一个模块 pagelet1 的效果如图 3-16 所示。

This is Koa bigpipe Demo
Welcome to This is Koa bigpipe Demo
this is pagelet1
pagelet2 loading...wait 5s

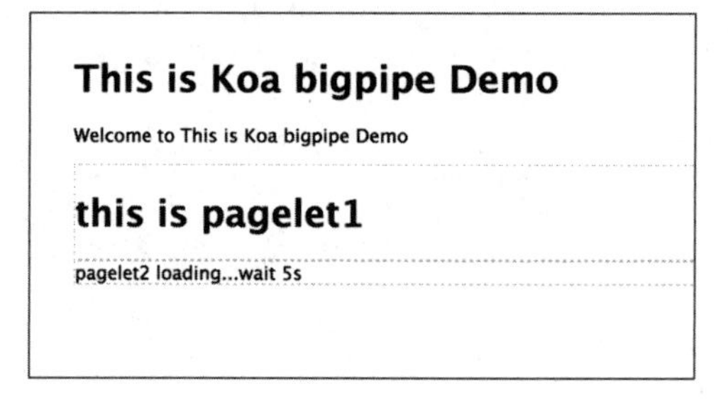

图 3-16

再经过 5s 延时，写入第二个模块 pagelet2 的效果如图 3-17 所示。

This is Koa bigpipe Demo
Welcome to This is Koa bigpipe Demo
this is pagelet1
this is pagelet2

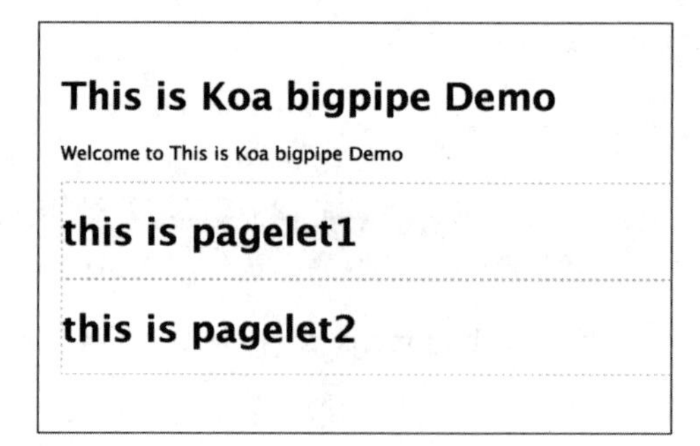

图 3-17

总结一下，BigPipe 的核心原理就是将原本一次显示的内容，由服务器端来控制，实现分块写入。完整的请求流程如下。

1. 请求开始。

2. 写入布局。

3. 浏览器渲染布局。

4. 通过 Koa 写入模块 pagelet1。

5. 浏览器 index.js 里的 pageletArrave 事件被触发（显示 pagelet1 模块）。

6. 通过 Koa 写入模块 pagelet2。

7. 浏览器 index.js 里的 pageletArrave 事件被触发（显示 pagelet2 模块）。

本节中示例的实现参照了微博的实现，bigview.view 的 API 与此类似，bigview.view 函数的定义如下。

```
<!--默认行为
1. 插写 HTML
2. 加载 js 和 css 模块
3. trigger 事件
-->
// 浏览器收到 pagelet 模块且 js 和 css 模块加载完成之后触发
// 默认为$(domid).html(html)
// payload 为额外信息，默认为{}
bigview.view(payload={
  domid='',
  js=[],
  css=[],
  html='',
  error=undefined
})
```

其中 payload 由五部分组成，具体如下。

- domid：页面中占位的元素标识。
- js：当前模块依赖的 JavaScript 模块数据。
- css：当前模块依赖的模块。

- html：当前模块需要插写到 domid 里的 HTML 片段。
- error：容错处理。

3.2.2 服务器端渲染（SSR）

很多客户端渲染的 JavaScript 文件有一定的体积，需要等到加载、解析完成才能显示首屏内容。加载过慢会影响用户体验，为了加快加载过程，可以在 Vue.js、React 中使用如下两种方法。

- 对组件进行预编译，直接将其转换成静态 HTML 并当作模板使用，这种方法也称为预渲染（Prerendering），是一种单页模板编译方法。
- 按照不同展示和依赖关系分别对组件进行分析，然后按需加载，这种方法就是服务器端渲染（Server Side Rendering，SSR）。

本节我们将介绍单页模板编译和服务器端渲染这两种方法。

单页模板编译

先来看一下单页模板编译的实现代码。

```
<!DOCTYPE html>
<html>
  <head>
    <!-- use double mustache for HTML-escaped interpolation -->
    <title>{{ title }}</title>

    <!-- use triple mustache for non-HTML-escaped interpolation -->
    {{{ meta }}}
  </head>
  <body>
    <!--vue-ssr-outlet-->
  </body>
</html>
```

具体的渲染过程如下。

```
const Vue = require('vue')
const app = new Vue({
  template: '<div>Hello World</div>'
})
```

```
const renderer = createRenderer({
  template: require('fs').readFileSync('./index.template.html', 'utf-8')
})

const context = {
  title: 'hello',
  meta: '
    <meta ...>
    <meta ...>
  '
}

renderer.renderToString(app, context, (err, html) => {

})
```

这段代码中有以下两个要点。

- 支持模板插写，通过 context 动态赋值。
- 指定<!--vue-ssr-outlet-->占位（最终会用编译后的 HTML 来替换）。

除此之外，这种模板还支持更多高级特性，具体如下。

- 自动注入*.vue 组件里的 CSS。
- 自动注入使用 clientManifest 注册的资源文件。
- 当浏览器端使用 Vuex 进行状态管理时，自动开启 XSS 防护。

服务器端渲染

如果前端的数据均来自 Ajax，那么初次加载时便要请求数据，这会影响响应时间和 SEO 性能。好在 Vue.js 的服务器端渲染技术越来越成熟，尤其在 Vue.js 2.3 和 2.5 版本中有了很大的性能提升。图 3-18 展示了服务器端渲染的流程。

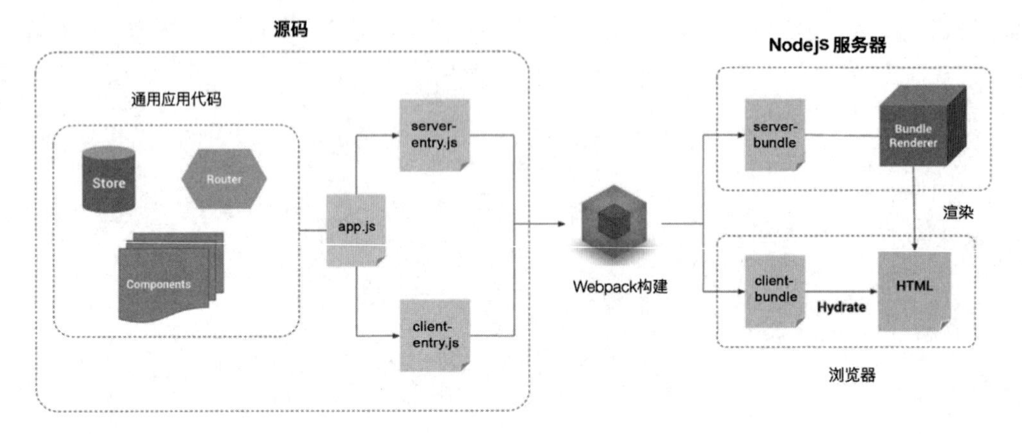

图 3-18

关于图 3-18，需要关注以下几个要点。

- app.js 是服务器端和客户端共用的。
- Webpack 会将 server-entry.js 和 client-entry.js 文件分别进行打包处理，形成两个相应的文件 server-bundle 和 client-bundle。
- server-bundle 用于后端渲染。

Vue.js 模板代码大部分都是指令式的伪代码，既不符合 HTML 语法，也不符合 JavaScript 语法，这也是 virtual-dom 类模板渲染比较复杂的原因之一。服务器端渲染的编译步骤如下。

1．模板字符串通过正则表达式被解析成 virtual-dom 对象。

2．生成绑定上下文对象的 render 函数（该函数被缓存）。

3．通过 _h ----> _createElement 执行 render 函数，返回内容中包含业务数据的 VNode 对象。

4．遍历 DOM 对象属性，拼接字符串，完成渲染。

具体到代码实现，如下。

```
// 步骤 1：创建 Vue.js 实例
const Vue = require('vue')
const app = new Vue({
  template: '<div>Hello World</div>'
})

// 步骤 2：创建 renderer
```

```
const renderer = require('vue-server-renderer').createRenderer()

// 步骤 3: 渲染 Vue.js 实例为 HTML
renderer.renderToString(app, (err, html) => {
  if (err) throw err
  console.log(html)
  // => <div data-server-rendered="true">hello world</div>
})

// 在 2.5.0 版本之后，如果没有传入回调函数，则返回 Promise

renderer.renderToString(app).then(html => {
  console.log(html)
}).catch(err => {
  console.error(err)
})
```

上述代码其实就是一个典型的 render 函数，通过 createRenderer 中的 template 参数，我们可以构建一个完整的渲染后的 HTML。

3.2.3 渐进式 Web 应用（PWA）

2017 年，前端圈有一则爆炸性新闻：Twitter Lite 团队使用 PWA 将性能提升了 75%，并且数据使用量明显减少。其采用的核心技术栈是 Node.js、Express 和 React PWA。图 3-19 是 Twitter Lite 团队对外公布这一消息的截图。

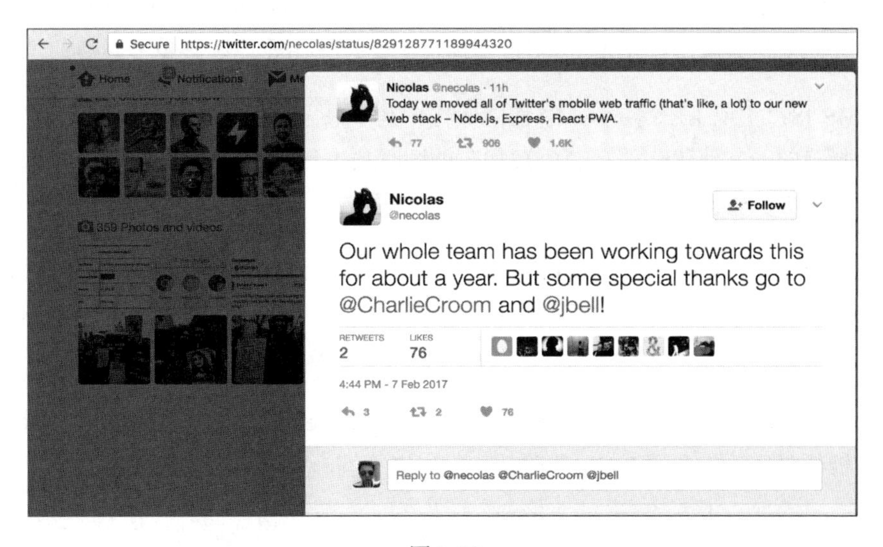

图 3-19

PWA 采用浏览器机制，原本和 Node.js 关系不大，但其与 Node.js 的 Web 框架或 React 组合，能形成极好的前端解决方案——使用 Node.js 实现 API 聚合输出，搭配 PWA 缓存，既能保证性能，又能让前端有足够的灵活性。

核心概念

Google 在 Web 方向上有两个重点布局：AMP 与 PWA，如图 3-20 所示。

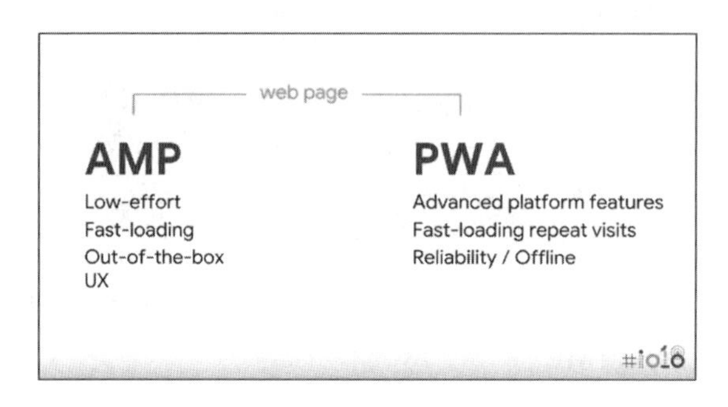

图 3-20

AMP（Accelerated Mobile Pages，加速移动页面）在为静态内容构建 Web 页面时可提供可靠和快速的渲染功能，以加快页面加载速度，在移动 Web 端查看内容时尤其有效。它包括三部分：AMP HTML、AMP JS 和 Google AMP Cache。

- AMP HTML：定义了一套 HTML 标签（tag），如 amp-img、amp-video。使用这些标签可以确保加载顺滑。AMP 也负责管理资源何时被加载，以避免不必要的流量损耗。
- AMP JS：实现了所有的 AMP 性能优化。其中最大的优化是保证外部所有资源都是异步加载的。其他优化包括在资源加载的同时预先计算出每一个元素的位置和大小，以及禁用显示较慢的 CSS 样式等。
- Google AMP Cache：Google 为了推动 AMP 而提供的免费全球 CDN 服务。它使用 HTTP2.0 保证缓存的高效率，可以用来缓存图片、静态文件等。而免费的代价是必须使用 AMP 格式。

相较而言，PWA（Progressive Web App，渐进行式 Web 应用）更具颠覆性，对于 HTML5 的体验提升极其明显。在介绍 PWA 之前，我们先来了解一下 HTML5 的缺点。

- 留白时间过长。由于移动端网络非常不稳定，经常会出现弱网环境，因此使用 HTML5 会导致资源加载速度慢，留白时间相对原生应用要长得多。

- 没有网络就无法响应，不具备离线能力。HTML5 的缓存用得极少，因为 HTML5 的资源都在线上服务器中，每次访问 HTML5 页面时都需要严重依赖网络，而原生应用的资源都在应用包中，就算断网也会提供相对友好的界面展示和用户提醒功能。
- 无法全屏访问。HTML5 绝大部分时候都在跟浏览器打交道，但是各种浏览器都会在页面中设置头部和尾部，导致用户的可视区域被压缩，无法全屏访问，而原生应用的可视区域能随意控制。
- 不能像 App 一样进行消息推送。
- 在手机上缺乏便捷的入口，没有 App 那样的桌面启动图标，每次访问都需要输入网址或者从搜索引擎中进入。

但 App 体积膨胀，动辄超过 50M，可能还不包含热更新内容，这让很多人重拾了对 HTML5 的热情，并期待 HTML5 能解决上述问题。PWA 就是用来解决这些问题的。打开 Chrome 的审查面板，如果当前打开的是 PWA 页面，在 Application 里能看到三个选项：Menifest、Service Workers、Clear storage（见图 3-21），它们是 PWA 的核心。

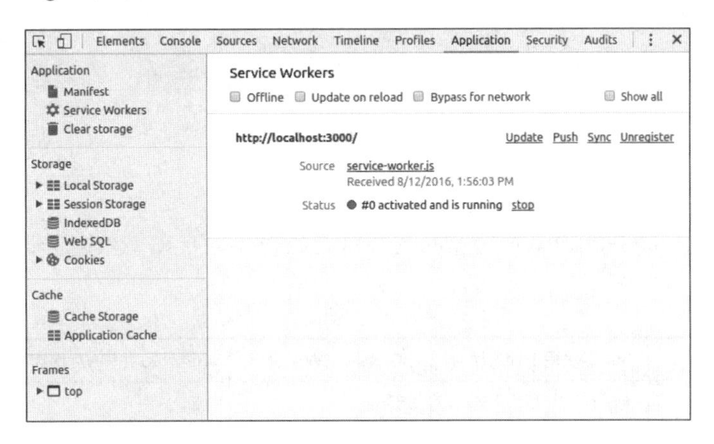

图 3-21

Service Workers 是独立于网页在后台运行的浏览器脚本，是一种 JavaScript 服务工作线程，它支持离线体验，并能让开发者全面控制这一体验。Service Workers 有以下特点。

- 无法直接访问 DOM 对象。Service Workers 通过响应 postMessage 接口发送的消息与其控制的页面通信，页面可在必要时对 DOM 对象进行操作。
- Service Workers 是一种可编程网络代理，用来控制页面所发送网络请求的处理方式。

- 在不用时会被中止，并在下次有需要时重启。因此，不能依赖 Service Workers 的 onfetch 和 onmessage 来处理程序中的全局状态。如果存在需要持续保存并在重启后加以重用的信息，Service Workers 可以访问 IndexedDB API。
- Service Workers 广泛利用了 Promise 方法。
- 用 Service Workers 同步的数据，在本地可通过 CacheStorage 进行存取。

启动 Service Workers 的安装文件时，需要在页面中对其进行注册，这将告知浏览器 JavaScript 文件的位置，代码如下。

```
if ('serviceWorker' in navigator) {
  window.addEventListener('load', function() {
    navigator.serviceWorker.register('/sw.js').then(function(registration) {
      // 注册成功
      console.log('ServiceWorker registration successful with scope: ', registration.sc
ope);
    }).catch(function(err) {
      // registration failed :(
      console.log('ServiceWorker registration failed: ', err);
    });
  });
}
```

此代码用于检查 Service Worker API 是否可用。如果可用，则会在页面加载后注册位于/sw.js 下的服务工作线程。

采用 PWA 缓存和不采用 PWA 缓存的效果对比如表 3-3 所示，速度提升相当明显。

表 3-3

	3G 不采用 PWA 缓存	3G 采用 PWA 缓存	4G 不采用 PWA 缓存	4G 采用 PWA 缓存
页面加载时间	4.16s	989ms	1.8s	975ms
单个资源的平均加载时间	1s 左右	60ms 左右	550ms 左右	60ms 左右

实现“添加到桌面”功能

想增加“添加到桌面”功能，网站需要满足以下三点要求。

- 包含一个 manifest.json 文件，文件中包含 short_name 及 icons 字段。
- 包含 Service Workers。

- 协议使用 HTTPS。

如果你的应用已经是一个 PWA 应用，那么只需满足上述三点中的后两点，实现“添加到桌面”功能时为项目添加一个描述性配置文件 manifest.json 即可。

浏览器兼容性

目前，80%的现代浏览器已支持 PWA，而且移动端浏览器对 PWA 的支持要好于 PC 端浏览器。

PWA 涉及安全、性能和体验等各方面的优化，想要一次性支持所有特性，代价很高，很多团队也不愿意一开始就投入大量人力来支持这项大工程。基于成本考虑，建议采取渐进方式，按照如下步骤来改造网站，使浏览器兼容 PWA。

1. 将全站 HTTPS 化，这是 PWA 的基础，没有 HTTPS 就没有 Service Workers。

2. 集成 Service Workers 来提升基础性能，离线提供静态文件，把用户首屏体验提升上来。

3. 尝试使用 App Manifest。

4. 考虑支持其他特性，如离线消息推送等。

未来展望

PWA 中涉及一些极具潜力的技术方案，值得关注，比如通用的本地存储解决方案 Workbox。

Workbox 是 Google Chrome 团队推出的一套对 Web App 静态资源和请求结果进行本地存储的解决方案，该解决方案包含一些 JavaScript 库和构建工具。Workbox 一直由 Service Workers 和 Cache API 等技术和标准在驱动。在这之前，Google Chrome 团队曾推出过 sw-precache 库和 sw-toolbox 库，但颇受非议，直到 Workbox 出现并成为处理离线能力的完美方案。

Workbox 可以方便地为站点提供离线访问能力，无论其由何种方式构建，就算不考虑离线能力，它也能提升站点的访问速度，而且几乎不用考虑太多具体实现，做一些必要配置即可。

在 2018 年的 Google IO 大会上，微软宣称 Windows 10 全力拥抱 PWA——用爬虫爬取 PWA 页面后将其转换为 Appx，进而在应用商店里提供应用，体验和原生应用非常相近。

最后我们来看一下 PWA 桌面版的发展过程，如图 3-22 所示。

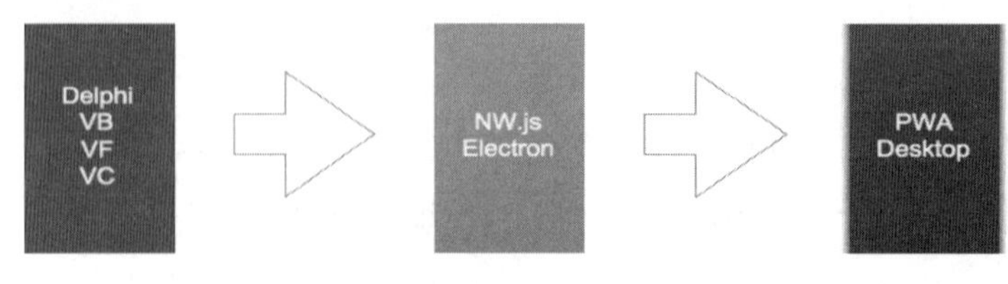

图 3-22

纵观桌面端应用发展过程，最早是基于 Delphi、VB、VF、VC 等的 C/S 架构，近年来 Atom、VSCode 的火爆带动了相关模块的爆发，比如 NW.js 和 Electron 等。通过 Web 技术来构建 PC 客户端应用（比如钉钉客户端、石墨文档客户端等）确实省时省力，用户体验也非常好，最主要的优势是可以统一技术栈，比如某些算法用 JavaScript 编写一次，可以在 Web 页面、Node.js 程序和桌面客户端等多处复用。

PWA 必然会改变前端与移动端的格局，加之 AOT（ahead-of-time）与 WebAssembly 带来的性能突破，JavaScript 将撼动各个领域。Google 大力推进 PWA 的桌面版，再加上 Windows 10 的加持，Web 应用无须经过打包加工就能拥有近乎原生应用的使用体验，前端领域将再一次被拓宽，未来不可限量。

3.2.4　同构开发

Web 开发的发展历程是很有趣的，在最初 PHP、ASP、JSP 的年代，一切内容都由服务器端渲染，再后来为了节省服务器资源，以及更大限度地利用客户端缓存，又出现了前后端分离的模式，从而有了前端开发和后端开发的专业分工。此时，JavaScript 和 HTML 文件放到静态目录下，也支持 CDN 扩散，并以 Ajax 方式获取后台数据。这种开发方式沿用至今，因为专业的人做专业的事的确是一个好的工作方式，非常有利于工作效率的提升。

随着 Node.js 的流行，前端开始尝试让前后端人员都开发 JavaScript 应用。从 MEAN 架构开始出现各种融合，比如用 mean.js、Express 做后端开发，用 Angular 写前端代码。这看起来很合理，但学习曲线极为陡峭，熟练以后才能体现优势。之后出现了 Meteor，它是一个构建在 Node.js 之上的、用来开发实时网页程序的开源框架，能用最少的时间完成开发。它最好的一点是将前后端代码都放到一起，为数据库和前端代码提供了非常强大的封装能力。但 Meteor 的学习成本同样较高，尤其是当遇到问题时，比如实时应用并发高的性能调优问题，开发人员很难下手。

在大前端领域，同构开发是指，用 JavaScript 开发应用并使其能够同时运行于客户端和服务器端。因此，只需要编写一次代码，便可以在服务器端执行代码渲染静态页面，也可以同时在客户端执行代码以实现快速交互。

既想充分拥抱同构，又想实现前后端分离，理想的做法如下。

- 用 app 目录存放后端代码。
- 用 public 或 www 目录存放前端代码。
- 同时启动两个服务，通过 Proxy 用前端服务代理后端服务。
- 独立部署，将前端程序部署到 CDN 上，将后端程序通过 Docker 部署到对应的服务器上。

这里以阿里巴巴开源的基于 React 服务器端渲染的高性能同构框架 Beidou 为例。在 Beidou 的定义中，有以下几个关键的知识点需要解释。

- 服务器端渲染：页面在服务器端渲染好后直接返回浏览器以提升展示性能。
- 同构：一套代码既可以在服务器端运行又可以在客户端运行的。
- 基于 React：组件定义必须使用 React，而且必须采用 React 支持的现代浏览器。
- 开源：基于 MIT 开源协议，用户可以随意使用。

Beidou 基于 Egg.js 框架，Egg.js 中的所有插件都能在 Beidou 中直接使用，无须做任何兼容处理。Beidou 还提供了丰富的插件给应用开发者使用，通过框架和独立的同构插件交互即可完成服务器端渲染。Beidou 的架构如图 3-23 所示。

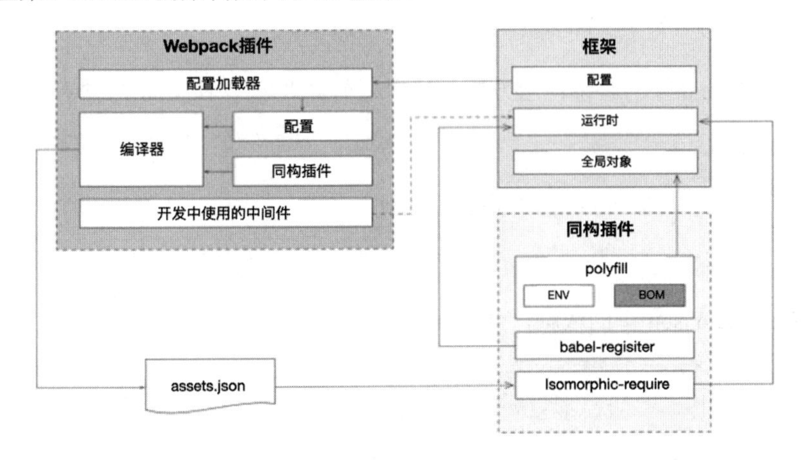

图 3-23

Beidou 中加入了可拔插的同构能力，通过几个 Egg.js 插件整合了 SSR 相关实现技术，使开发流程变得更为简单。

下面我们来介绍 Beidou 的性能。

性能是一个综合性的话题，不能简单断言同构应用一定比非同构应用性能好，只能说在合适的场景中合理运用时，同构应用确实能带来一定的性能提升。通常来说，网络状况越差，同构应用的优势越明显。图 3-24 展示了在不同网络状况下首屏渲染时间的对比情况。

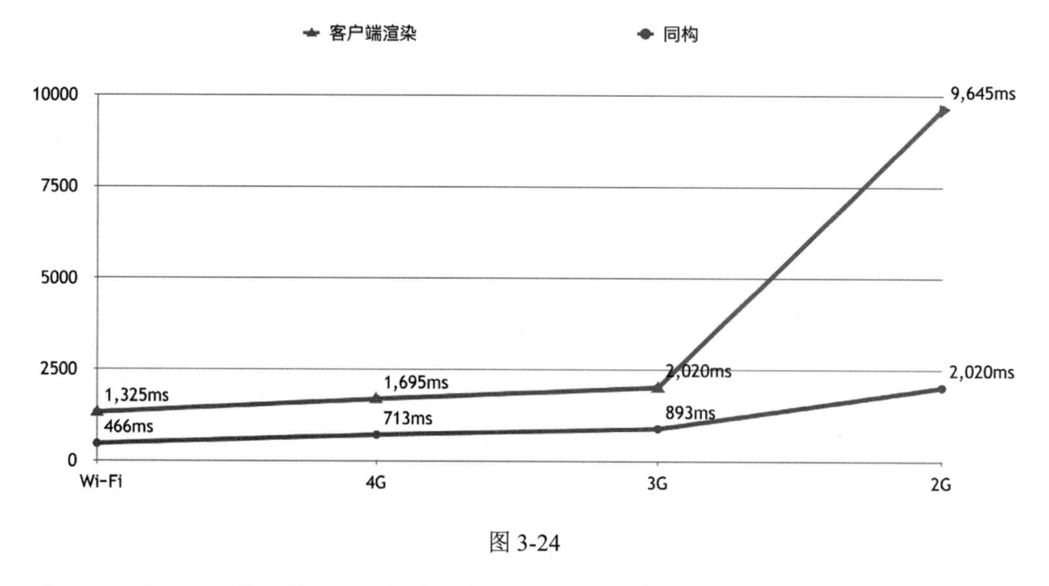

图 3-24

在 Wi-Fi 和 4G 网络环境下，同构应用的首屏渲染时间比客户端渲染节省了一半以上，而在 2G 弱网环境下，时间节省了 75%以上。

下面我们介绍 Beidou 的具体使用方法。使用之前需要安装 Beidou 的脚手架，命令如下。

```
$ npm install beidou-init -g
```

安装完成后，通过 beidou init 命令进行初始化。

```
$ beidou init
```

然后安装 package.json 里的依赖，通过 npm 命令启动即可。

```
$ npm install
$ npm run dev
```

启动成功后，可以直接在浏览器中访问 http://localhost:6001/。以下为 app 项目目录。

```
beidou-project
├── package.json
├── app.js (optional)
├── agent.js (optional)
├── app（按照 Egg.js 写法约定，自己创建）
|   ├── router.js (optional)
│   ├── controller (optional)
│   |   └── home.js
│   ├── service (optional)
│   |   └── user.js
│   ├── middleware (optional)
│   |   └── response_time.js
│   ├── schedule (optional)
│   |   └── my_task.js
│   ├── public (optional)
│   |   └── reset.css
│   ├── view (optional)
│   |   └── home.tpl
│   └── extend (optional)
│       ├── helper.js
│       ├── request.js
│       ├── response.js
│       ├── context.js
│       ├── application.js
│       └── agent.js
├── config
|   ├── plugin.js
|   ├── config.default.js
│   ├── config.prod.js
|   ├── config.test.js (optional)
|   ├── config.local.js (optional)
|   └── config.unittest.js (optional)
├── client
|   ├── index.jsx
|   └── page/index.jsx
└── test
    ├── middleware
    |   └── response_time.test.js
    └── controller
        └── home.test.js
```

其中需要注意的是，我们要在 beidou-core 模块的 lib/beidou.js 里指定 Egg.js 的加载路径。

```
const EGG_PATH = path.join(__dirname, '..');
```

虽然 Beidou 项目代码更新不那么活跃，但代码还是有一定的参考意义的，比如 beidou-core 模块对 Egg.js 的扩展是可圈可点的。当然，如果页面足够复杂多变，有很多 API 需要集成，那么是时候尝试页面即服务了。

3.3 页面即服务

对于复杂应用来说，前端越来越不可控，代码量极大，API 非常多，随着业务复杂度不断升高，维护也越来越难。为了解决这些问题，除了可以在框架层面实施模块化和抽象处理，也可以在架构层面做一些改变。

我们之前介绍过页面即服务（Page as Service，PaaS）这种新的前端架构方式，但不像微服务架构在后端已应用得相当广泛，前端组件化尚未统一，服务化任重道远。先来看一下如何识别页面即服务网站。

3.3.1 页面独立

下面用几个具体例子来展示“页面独立”思想的实现思路。

图 3-25 为天猫商城中某商品的详情（Detail）页面。

图 3-25

图 3-26 为该商品的预定（Booking）页面。

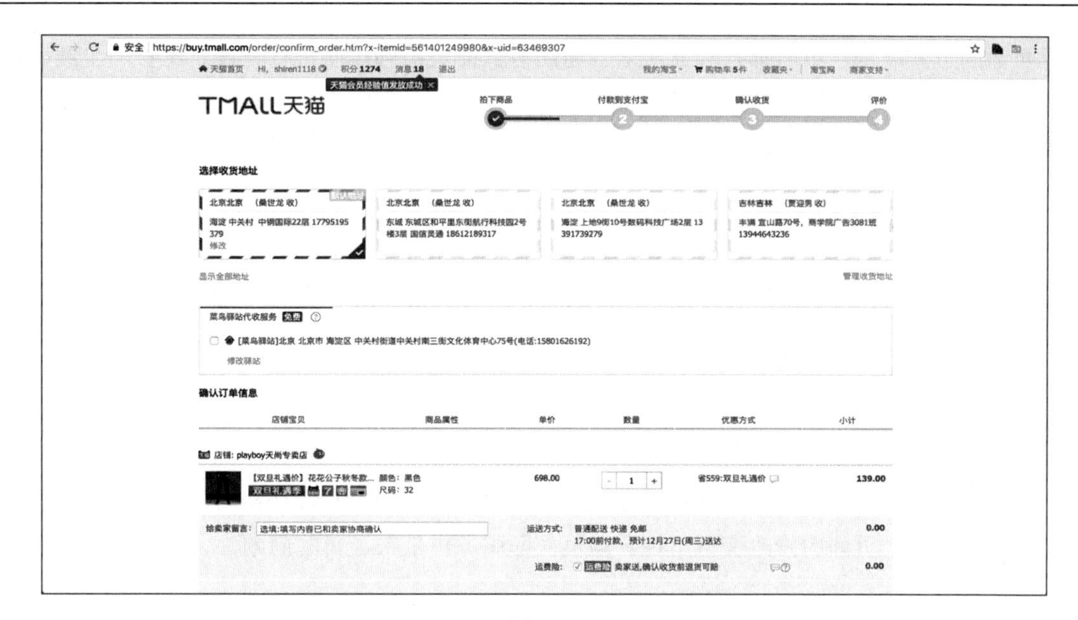

图 3-26

图 3-27 为在淘宝网中查看“所有订单”的页面。

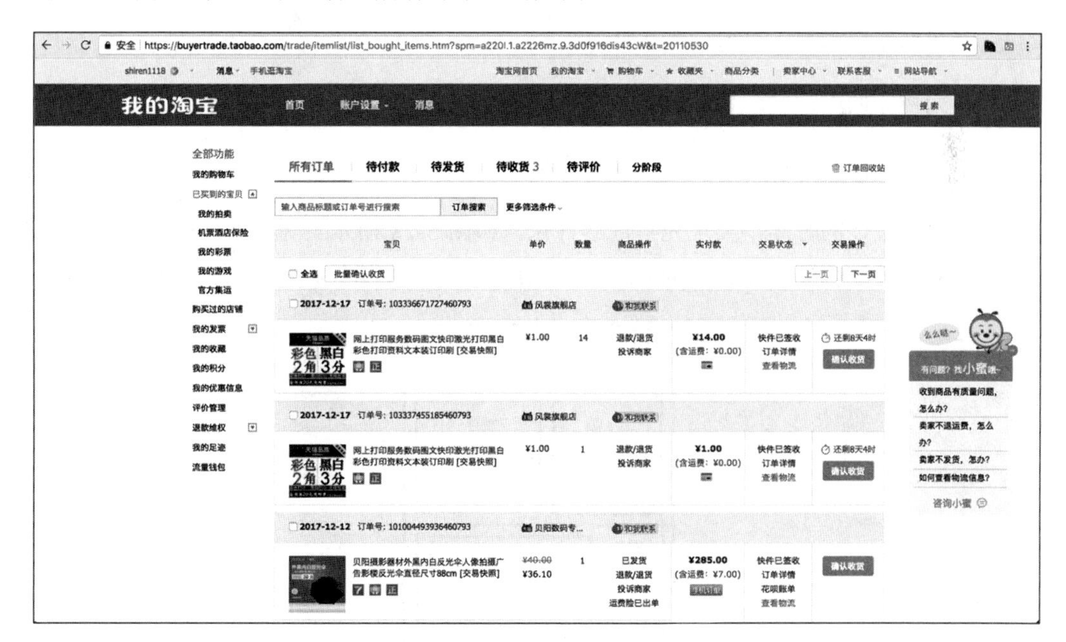

图 3-27

上面三个例子的“页面即服务”特性极为明显。一次完整购物流程中的每个步骤都以一个独立页面的形式展示，页面都有独立域名。将所有页面集中到一起进行开发、维护、上线确实在操作上会简单不少，但复杂度也会大幅提升。除复杂外，页面需求变动频繁是前端需要面对的常态。既然无法避免，就要考虑如何通过架构和代码进行改善。最简单的做法就是化繁为简，将多页面拆分为单一页面。

页面独立部署、采用独立地址域名，可以降低对技术栈及团队的要求，只要能确保实现结果即可。这是微服务架构的典型特征之一，故而称为前端服务化。“页面即服务”只是以页面为最小粒度进行服务拆分的具体体现。

3.3.2 模块拆分

使用页面即服务方案，在页面过于复杂时可使单个页面的复杂性变得可控，在页面需求多变时则可使对单个页面的修改变得可控。但页面即服务也带来了新的问题。

- 性能问题：首屏渲染速度不够。
- 接口过多问题：每个区域都有可能是独立的 API，甚至是跨部门提供的 API。
- 安全问题：爬虫、盗链、API 外露等。
- 多人协作问题：同一份代码多人修改。
- 页面代码组织问题：所有代码集中存放。

在进行架构设计的时候，要优先考虑组件化，如图 3-28 所示。无论是 PC 端还是 HTML5 端，都可以对页面进行区域划分。因此这里的组件完全可以理解为带有业务功能的区块。

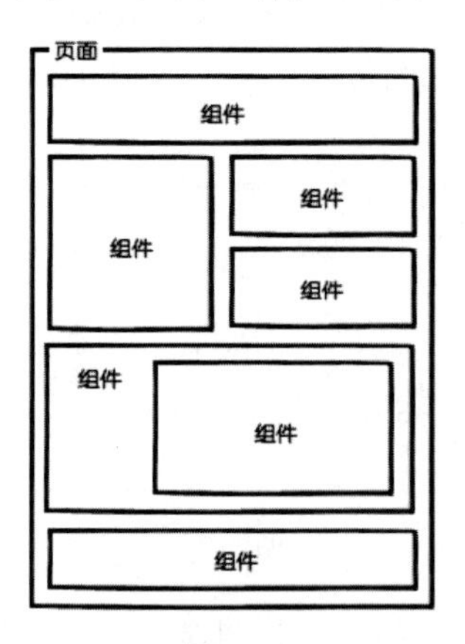

图 3-28

对于有业务功能的组件来说，通常都需要和 API 搭配来展现。当页面中有多个组件的时候，页面的 API 也会随之增多。Ajax 虽然可以很好地解决接口访问问题，但安全性较低，需要配备极强的安全校验才能保证数据的安全性。一般来说，部署到 CDN 上的静态页面形同“裸奔”，用 Charles、Fiddler 或 Wireshark 均可轻松抓取其中的内容。

组件化解决方法包括 JavaScript 和 CSS，前者需要考虑组件的写法及 Ajax 如何获取接口数据。也就是说，业务组件由三部分组成：组件定义、接口请求、样式定义。

一个页面包含这么多业务组件，每个业务组件又分为三部分，新的问题也随之而来——组件如何编排？组件编排可借助 Beidou 这样的同构框架来实现，但还有一种更好的实现方案：BigView。

3.3.3 BigView

BigView 是一款开源的 Node.js BigPipe 框架，由笔者在去哪儿网机票团队期间发起，之后进行页面生命周期改进，最终形成了一个通用的解决方案，如图 3-29 所示。

图 3-29

使用 Node.js 编写应用高效稳定，并且对前端友好。在模块化方面尤其如此，可以将 BigView 抽象为 bigview 和 biglet 两个模块以实现更好的控制。此外，npm 强大的生态有利于对模块和依赖进行管理、测试。

BigView 的主要特性如下。

- 支持模块化，可以将接口和模板独立成模块。
- 可对页面进行高度抽象，从布局到主模块再到其他模块，可按照不同策略进行加载。
- 支持 Koa 和 Express。
- 兼容低版本浏览器，比如 IE6 等。

带着下面几个疑问开始学习，有助于我们更好地理解 BigView。

- 既然 BigPipe 支持分模块输出，为何不能与 API 结合？
- API 能产生数据，“数据+模板”可编译成 HTML，那模块有什么公共特点呢？
- 需要考虑执行顺序吗？如果需要，该由模块负责吗？
- BigView 的生态应该如何建设？

渲染器

一个页面由 *N* 个模块组成，页面的生命周期就是当前视图的生命周期。对于页面的生命周期，我们通常关注首屏渲染、主模块展示及其他模块展示。

- 首屏渲染：在进行首屏渲染时需要优先考虑布局，而布局通常是指固定的静态内容。静态内容往往执行最快，因此如果有动态内容则需要继续拆分，并且确保其中的静态内容优先执行，余下的动态内容在静态内容后插入并执行。
- 主模块展示：模块通常需要区分主次，主模块中存放核心内容，要保证其优先展示。
- 其他模块展示：其他模块采用异步方式展示。

以图 3-30 所示的页面为例，Network 面板里将一次性展示所有内容。最初 153ms 展示的是布局，但只有头部信息，用来占据加载时间，最后展示出完整页面。

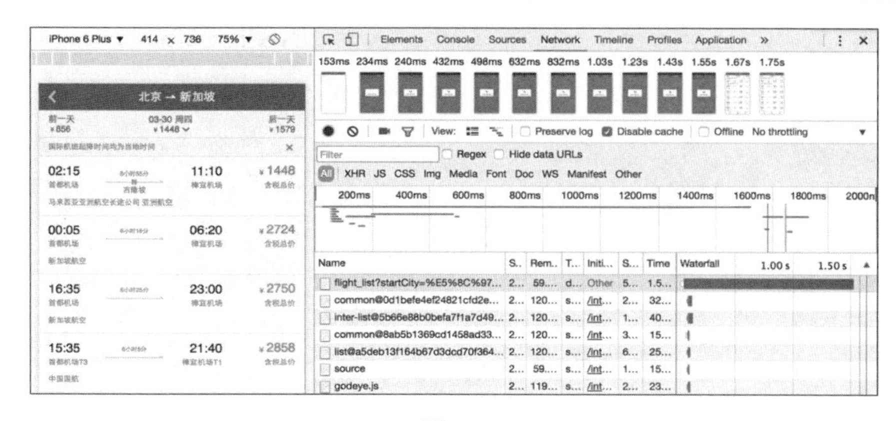

图 3-30

BigView 主要用于类似图 3-30 所示的场景，主要功能代码由生命周期、模块组装和渲染模式控制三部分构成。

第一部分：BigView 在源码中的生命周期如下。

```
before
.then(this.beforeRenderLayout.bind(this))
.then(this.renderLayout.bind(this))
.then(this.renderMain.bind(this))
.then(this.afterRenderLayout.bind(this))
.then(this.beforeRenderPagelets.bind(this))
.then(this.renderPagelets.bind(this))
.then(this.afterRenderPagelets.bind(this))
end
```

以上代码可精简为以下五个核心步骤。

1. before：渲染开始。

2. renderLayout：渲染布局。

3. renderMain：渲染主模块。

4. renderPagelets：渲染其他模块。

5. end：渲染结束，通知浏览器写入完成。

第二部分：模块组装的源码如下。

```
const BigView = require('bigview')
```

```
const a = require('./a')
const b = require('./b')
const c = require('./c')

module.exports = async (ctx, next) => {
   const bigView = new BigView(ctx)

   // 设置布局
   bigView.layout = a

   // 设置入口模块
   bigView.main = b

   // 设置其他模块
   bigView.add(c)

   // 此处可定制数据源
   bigView.dataStore = {}

   // bigView.mode = 'pipeline'
   await bigView.start()
}
```

这是一个 BigView 的简单示例，采用 Koa 中间件写法。首先，初始化 a、b、c 三个 biglet 模块，指定 a 为布局模块，指定 main 为主模块，通过 BigView 的实例对象 bigView 的 add 方法将 c 模块添加进去。

第三部分：渲染模式控制。

当页面中有很多模块时，控制布局和主模块外的模块是必要的。一般为了提升效率，这些模块最好并行执行。但如果需要考虑 SEO、演示效果或辅助测试等，则必须给 BigView 增加 mode 这个控制渲染模式的选项。

上面代码中的 bigView.mode 可用来设置页面展示模式，理解如下。

- bigView.layout 布局模块无须通过 mode 进行判定，直接写入浏览器。
- bigView.main 主模块无须通过 mode 进行判定，直接写入浏览器。
- bigView.pagelets 则需要通过 add 方法和 mode 来判定模块如何渲染。

比如，默认值是 bigView.mode = 'pipeline'时，表示首先向浏览器写入布局，然后写入主模块，再处理 pagelet 模块。pagelet 模块采用并行处理模式，相当于 promise.all(pagelets)，所有模块都渲染完成后再触发 end 方法。pipeline 并行处理模式外还有 render 模式，即将

layout\main\pagelets 里的模块编译后先存入缓存，最后一次性输出到页面。

渲染模块

biglet 是 BigView 的组成模块，也就是说，一个 BigView 实例中至少有一个 biglet 模块。

biglet 的生命周期如下。

```
before
.then(self.fetch.bind(self))  // 用于网络请求
.then(self.parse.bind(self))  // 用于对请求返回的数据进行处理，清洗转换
.then(self.render.bind(self)) // 用于网络请求
end
```

biglet 模块里定义了这些生命周期的默认实现方式，集成 biglet 时按需重写即可，这是典型的模板模式。

在布局中，将 biglet 作为静态模板使用极为简单，只需要指定 tpl 模板位置即可。

```
'use strict'

const BigLet = require('biglet')
const path = require('path')

class LayoutPagelet extends BigLet {
  constructor () {
    super()
    this.root = __dirname
    this.name = 'bpmodule-layout'
    this.tpl = path.join(__dirname, './index.nj')
  }
}

module.exports = LayoutPagelet
```

在主模块里，biglet 要复杂很多。数据可能是通过接口返回的，需要实现 fetch 方法，通过网络请求获取数据。然后在 parse 方法里，将请求的数据转换为模型并赋值，以便模板编译。

```
'use strict'

const Biglet = require('biglet')

const Model = require('./lib/model')
const fetch = require('./lib/fetch')

class MainPagelet extends Biglet {
```

```
  constructor () {
    super()
    this.root = __dirname
    this.tpl = './index.nj'
    this.name = 'bpmodule-main'
    this.domid = 'bpmodule-main'
  }

  async fetch () {
    // 网络请求数据
    this._data = await fetch()
    // 公共数据共享
    this.owner.dataStore.mainData = this._data
  }

  async parse () {
    // 模型转换
    const model = new Model(this._data)
    // 赋值，用于模板编译
    this.data = model.toJSON()
  }
}

module.exports = MainPagelet
```

通过 fetch/parse 这样的处理，我们对 API 请求有了更多的通用处理能力。

biglet 除了支持模块封装功能，还支持模块组装功能。常见场景是，有 d、e、f 三个模块，我们可以在 BigView 实例里分别通过 add 函数将其添加进来。另外一种做法是，在 bigView 实例里通过 add 函数添加模块 d，再将模块 e、f 加入模块 d 中作为模块 d 的子 biglet 模块。这样做的好处是，biglet 自身具有管理能力，可为模块划分提供更多的可操作空间。

```
class OtherPagelet extends Biglet {
  constructor () {
    super()
    this.root = __dirname
    this.tpl = './index.nj'
    this.name = 'bpmodule-other'
    this.domid = 'bpmodule-other'

    this.addChild(Other1)
    this.addChild(Other2)
  }
  ...
}

module.exports = OtherPagelet
```

通过 this.addChild()就可以添加子 biglet 模块。执行完当前模块会自动执行所有子模块，所以子模块也是有具有渲染模式 mode 的，复用的是 BigView 里的 mode，二者机制完全一样。

综上所述，biglet 的优点如下。

- 采用模板模式，简单易用。
- 实现 fetch、parse 方法可选，对于网络请求，模型转换更简单。
- 支持子 biglet 模块嵌套，具备独立管理能力。
- 独立，可以作为 Node.js 模块单独发布到 npm 上，以提高复用能力。

浏览器写入和接收

了解了 BigView 的实现原理，我们需要思考 Node.js 服务器端向浏览器写入了哪些内容，以及写入的内容如何被浏览器接收并处理。

先看 Node.js 服务器端，以 MainPagelet 为例，它其实向浏览器写入了以下两部分内容。

```
<div hidden>
    <code id="bpmodule-main-code">
        <h2>Main</h2>
        <img src="https://avatars2.githubusercontent.com/u/25895556?s=200&amp;v=4">
    </code>
</div>

<script type="text/javascript">
    bigview.view({ "domid": "bpmodule-main", "js": [], "css": [] })
</script>
```

biglet 渲染完成后会将这段 HTML 片段写入浏览器。code 标签里的是经过模板编译后的内容，核心是下面的 script。

```
bigview.view({ "domid": "bpmodule-main", "js": [], "css": [] })
```

bigview.view 中的方法如下。

- "domid": "bpmodule-main"：要替换的模板的位置，即布局占位。
- "js": []：JavaScript 文件。
- "css": []：CSS 文件。

在布局模板里引入 bigview.runtime.js，它提供了 bigview.view()等 API，用于将 HTML 片段和页面布局进行整合，其在 layout/index.nj 模板中的定义如下。

```
<div class="container bs-docs-container">
  <div class="row">
    <div class="col-md-9" role="main">
      {# Main Pagelet placeholder #}
      <div id="bpmodule-main"></div>
    </div>

    <div class="col-md-3" role="complementary">
      {# Other Pagelet placeholder #}
      <div class="jumbotron" id="bpmodule-other"></div>
    </div>
  </div>
</div>

<script src="/javascripts/bigview.runtime.js"></script>
```

bigview.runtime.js 里的具体实现如下。

```
// payload={domid, html='',}
this.view = function (payload) {
  self.trigger('pageletArrive', payload)
  if (payload.domid) {
    self.trigger(payload.domid, payload)
  }
}

this.on('pageletArrive', function (payload) {
  if (payload.lifecycle === 'end') {
    return this.endPagelets.push(payload)
  }
  this.handlePayload(payload)
})

this.handlePayload = function (payload) {
    ...
  // css -> html -> js
  if (payload.css) {
    ...
  }
  if (payload.domid && !payload.error && typeof document === 'object') {
    self.replaceHtml(payload.domid, payload.html, payload.attr)
  }
  if (payload.js) {
    ...
}
```

对于 HTML 片段来说，就是用 replaceHtml 将 HTML 写入对应的 domid。

对于开发者来说，只需要确保布局占位和 biglet 里的 domid 是对应的，然后在 biglet 模板里完成其他代码的编写即可。如果需要，也可以在模板里嵌入对前端 API 的调用。

为了更好地处理前端代码，bigview.runtime.js 还提供了很多 API。

1. ready 事件

```
// 布局输出完成时触发
bigview.ready(function(data){

})
```

2. end 事件

```
// 所有模块都输出完成时触发
bigview.end(function(data) {

})
```

3. pageletArrive 事件

```
// 当浏览器接收到 pagelet 模块时立即触发，可以进行定义处理
// 默认是$(domid).html(html)
// payload 为额外信息，默认为{}

bigview.on('pageletArrave',function(payload={
  domid='',
  js=[],
  css=[],
  html=''
}) {

})
```

4. domid 事件

```
bigview.on('domid',function(payload={
  domid='',
  js=[],
  css=[],
  html='',
  error=undefined
}) {

})
```

5. 错误处理

```
bigview.on('error',function(payload={
  domid='',
  js=[],
  css=[],
  html='',
  error=undefined
}) {

})
```

为了更好地查看 biglet 的加载速度，可以在浏览器中打开 localStorage._bigview=true 来查看性能统计数据，如图 3-31 所示。

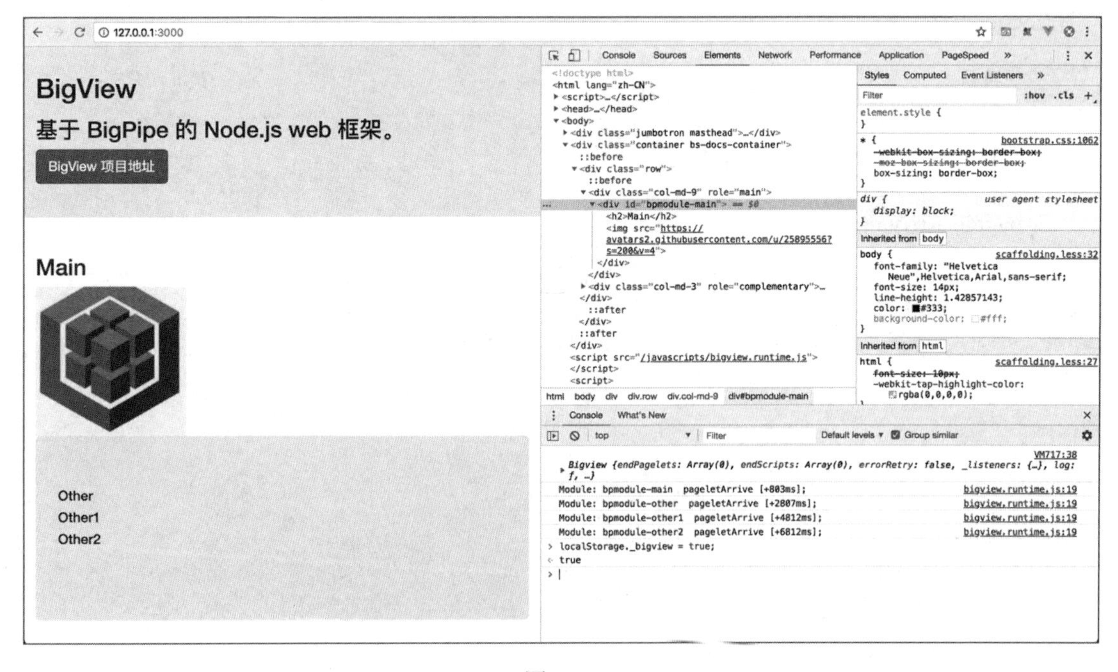

图 3-31

页面加载过程

了解 BigView、biglet 及浏览器处理方式，对使用来说已经足够。下面我们结合浏览器端看一下图 3-32 所示的页面加载过程，以深入理解其背后的实现原理。

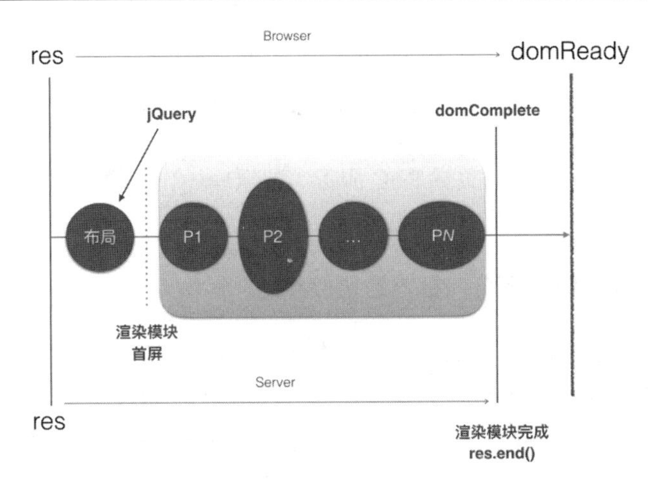

图 3-32

浏览器端的执行过程如下。

1. 从服务器端接收开始，首先接收布局模块，主要是首屏渲染。布局模块里如果有.js 或.css 文件，则立即进行加载。

2. 渲染主模块，即核心内容模块，以保证用户体验。

3. 接收 P1 到 P*N* 模块，开始渲染。

需要注意，当所有的模块都渲染完成后，服务器端对应的事件是 res.end()，浏览器端对应的事件是 domComplete，然后才是 domReady。因此，使用 DOM 事件时要小心。

在 Node.js 服务器端，从 res 到 res.end()，整个过程都需要开发人员有足够清晰的认知，步骤包括写入布局模块、写入主模块、写入其他模块，然后结束。

一次 HTTP 连接可能需要比较长的时间，比如 3~5 秒。通过 BigView 扩展，可以轻松应对各种复杂业务。如想具备更好的长连接能力，可以参考 socket.io、uws、mqtt 等解决方案。

3.3.4 API Proxy

对于复杂的前端项目，异构 API 的问题让人头痛不已。例如，一个页面的 API 数量众多、跨域、API 返回的数据对前端不友好、API 对需求的响应不及时等。

为此，笔者一直提倡在前端增加 API Proxy，原因如下。

- 产品需求改变时，后端不好变，前端改变起来更容易。
- 后端“讨厌”前端，懒得根据 UI、UE 去定制 API，BFF 最终还得要前端来实现。
- 基于专业化分工，后端只负责 RPC 服务、数据库操作和性能调优，拥有更大的发挥空间。
- 前端了解接口和 RPC 服务，更容易定位问题。

引入 API Proxy 也是有风险的，比如需要有足够的 Node.js 运维人力支撑。不同服务的请求方式不同，比如 HTTP 可以采用 request 模块，而 RPC 有不同 RPC 框架对应的 client 模块。这里以 HTTP 为例，看一下如何通过 request 获取 http://now.httpbin.org/接口里的 now 时间。

```
$ cat src/main/lib/fetch.js
const request = require('request-promise')

module.exports = async function fetch() {
  let res = await request('http://now.httpbin.org/')
  let _res = JSON.parse(res)

  let now = _res.now.rfc2822
  const logo = 'https://avatars2.githubusercontent.com/u/25895556?s=200&v=4'
  const headline = 'Main'

  // 返回模拟数据
  return { logo, headline, now }
}
```

这里只有一个接口，相对比较简单。如果有多个接口呢？此时需要结合业务场景进行分析：哪些接口没有依赖关系，哪些 UI 优先展示……梳理清楚后，再结合 BigView 机制进行模块拆分。

在优化过程中，要确保业务优先，之后再关注技术。同时，既不能只关注局部，也不能过早优化。此外，API 尽量和渲染分离，避免出现雪崩，这和前后端分离的情况类似。合并是为了简单、省事，拆分则是为了更灵活，二者各有利弊。

3.3.5 源码说明

本节主要讲解 BigView 源码相关内容，包括组件生态的组成及其所用的技术等。

组件生态

从 Node.js 后端模块到前端模块，再到脚手架，组件生态能够尽可能全面地覆盖，是开源项目好坏的重要衡量指标。BigView 组件生态的组成如下。

- 总导演 BigView：通过 Node.js 编写的模块，用于封装 BigPipe 实现，主要功能是模块组装和渲染模式控制、生命周期。
- 演员 biglet 模块：只需要准备 data 和模板，不用关注 (tpl + data) => html。
- 执行导演 bigview.js：前端才是真正的拍摄现场。
- 电影学院 bigview-cli.js：批量生成 biglet 模块（演员）。

所用技术

BigView 是开源项目，用到了以下四种技术。

- ES6 语法。
- Lerna：npm 多模块管理解决方案。
- Promise：异步流程控制核心。
- YDoc：去哪儿网发布的文档编写工具。

在这里需要讲一下 Lerna。Lerna 参照 Google 的做法，在一个大的 repo 里放置框架对应的多个模块，可以集中实现测试、开发、发布版本。

通过 lerna bootstrap 连接本地模块，便于进行开发测试，示例代码如下。

```
$ lerna bootstrap
lerna info version 2.11.0
lerna info Bootstrapping 7 packages
lerna info lifecycle preinstall
lerna info Installing external dependencies
lerna info Symlinking packages and binaries
lerna info lifecycle postinstall
lerna info lifecycle prepublish
lerna info lifecycle prepare
lerna success Bootstrapped 7 packages
```

通过 lerna publish 可统一发布版本，从整体上提升体验。在 packages 下建立 npm 模块的源码目录如下。

```
packages
├── biglet
```

```
├── bigview
├── bigview-base
├── bigview-cli
├── bigview-mode
├── bigview-runtime
└── bigview-utils
```

测试分为两种，单元测试一般在模块内部执行，集成测试可以建立在和 packages 同级的 test 目录下。

BigView 更多是基于 jQuery + Bigpipe 实践的，今天看来，使用 React 组件开发会更好。虽然 BigView 是比较过时的框架，但在某些场景下还是可圈可点的。

3.4　使用 Node.js 开发 RPC 服务

RPC（Remote Procedure Call，远程过程调用）是指调用非当前的其他进程或机器中的方法或函数。

单机版程序的逻辑都存放在同一个进程里，不同进程间相互调用即“进程间通信”。随着网络的出现，进程间的隔阂进一步被消除，资源间可以通过互联网在更大范围内实现调用，这就是 RPC。远程调用和本地调用的实现原理有很大区别，架构设计者的职责就是设计一个机制，让远程调用服务像本地调用服务一样简单，这种机制就是 RPC 框架。

3.4.1　RPC 原理

RPC 首要解决的是通信问题，主流 RPC 分为基于 HTTP 的 RPC 和基于 TCP 的 RPC 两种。

- 基于 HTTP 的 RPC：与访问网页一样简单，只是返回结果更单一（JSON 或 XML）。优点在于实现简单、标准化和跨语言，比较适合对外提供 OpenAPI 的场景；缺点是 HTTP 传输效率较低、短连接开销较大（HTTP 2.0 后有很大改进）。
- 基于 TCP 的 RPC：由于 TCP 处于协议栈的下层，这种调用能够更加灵活地对协议字段进行定制，减少网络开销，提高性能，实现更大的吞吐量和并发数。但是它需要更多地关注底层的复杂细节，跨语言和跨平台难度大，实现的代价更高，比较适合内部系统之间追求极致性能的场景。

本节将介绍的 RPC 都是基于 TCP 的，因为它是目前的主流调用方式。RPC 调用的基本流程如下。

1．服务调用方（Client）通过本地的 RPC 代理调用相应的接口。

2．本地代理将 RPC 的服务名、方法名和参数等信息转换成一个标准的 RPC Request 对象并交给 RPC 框架。

3．RPC 框架采用 RPC 协议（RPC Protocol）对 RPC Request 对象进行序列化处理，转换成二进制形式，然后通过 TCP 通道传递给服务提供方（Server）。

4．服务提供方接收到二进制数据后，将它反序列化成 RPC Request 对象。

5．服务提供方根据 RPC Request 对象中的信息找到本地对应的方法，传入参数后执行该方法，得到结果并将结果封装成 RPC Response 对象交给 RPC 框架。

6．RPC 框架通过 RPC 协议（RPC Protocol）对 RPC Response 对象进行序列化处理，转换成二进制形式，然后通过 TCP 通道传递给服务调用方。

7．服务调用方收到二进制数据后，将它反序列化成 RPC Response 对象，并且将结果通过本地代理返回业务代码。

3.4.2 通信层协议设计

TCP 通道传输的数据只能是二进制形式的，必须将数据结构或对象转换成二进制形式传递给对方，这个过程就叫“序列化”。而收到对方的二进制数据后把它转换成数据结构或对象的过程称为“反序列化”。序列化和反序列化的规则即为“协议”。

RPC 的协议可分成通信层协议和应用层协议两大类。

- 通信层协议一般是和业务无关的，它的职责是将业务数据打包后，安全、完整地传输给接收者，TB Remoting、HSF、Dubbo 都属于通信层协议。
- 应用层协议用来约定业务数据和二进制数据的转换规则，常见的有 Hessian、Protobuf 和 JSON。

这两类协议的关注点不同。对于一个 RPC 框架来说，通信层协议一旦确定就很少变化，这要求它具备足够好的通用性和扩展性；而应用层协议理论上可以针对业务自由选择，更多关注编码的效率和跨语言等特性。因此，RPC 框架的核心是通信层协议的设计，换句话说，理解了通信层协议中各个字段的含义，基本上便也理解了 RPC 的原理。

下面我们来尝试设计一个 RPC 通信协议。通常它由一个 Header 和一个 Payload（类似于 HTTP 的 Body）组成，合起来称为包（Packet）。之所以要有包，是因为二进制只完成 Stream 的传输，并不知道一次数据请求和响应的起始和结束，我们需要预先定义好包结构才能进行解析。

协议设计类似于把一个数据包按顺序切分成若干个单位长度的“小格子”，然后约定每个“小格子”里存储什么样的信息。一个“小格子”就是 1Byte，它是协议设计的最小单位，1Byte 等于 8Bit，可以描述 $0 \sim 2^8$ 字节，具体使用多少字节要看实际存储的信息。

收到一个数据包时应首先确定它是请求还是响应，所以需要用 1Byte 来标记包的类型，比如：0 表示请求，1 表示响应。知道包类型后，还需要将请求和对应的响应关联起来，通常的做法是在请求前生成一个“唯一”的 ID，置入 Header 传递给服务器端，服务器端返回的响应里也要包含同样的 ID，这个 ID 用一个 Int32 类型（4Byte）的自增数字表示。要实现包的准确切割，需明确包的长度。其中 Header 的长度通常是固定的，而 Payload 的长度是变化的，要在 Header 中留 4Byte 来记录 Payload 的长度。确定包长度后，我们就可以切分出一个个独立的包。Payload 部分编码规则由应用层协议决定，不同场景采用的协议可能不一样，那么接收端如何知道用什么协议去解码 Payload 部分呢？所以，在 Header 里还需要 1Byte 来标记应用层协议的类型，我们称之为 Codec。协议样式如下。

```
0      1      2      3      4      5      6      7      8      9     10
+------+------+------+------+------+------+------+------+------+------+------+
| type |          requestId          | codec|        bodyLength          |
+------+-----------------------------+------+----------------------------+
|                ...        payload                                        |
|                                           ...                             |
+--------------------------------------------------------------------------+
```

以上是一个基础的可以工作的 RPC 通信协议，但随着 RPC 功能的增加，可能需要记录更多的信息，比如：在请求头里存放超时的时长，告知服务器端，如果响应时间超过某个值就不用再返回；在响应头里存放响应成功或失败的状态等。另外，虽然通信层协议很少会变化，但是考虑到后期的平滑升级、向下兼容等，一般第一个 Byte 都用于记录协议的版本信息。

3.4.3　如何实现 RPC 通信协议

上面讲的是协议的设计原理，接下来介绍协议的具体实现，分为编码和解码两部分。下面两段代码分别实现了 3.4.2 节设计的通信协议的编码和解码过程。

```
// 编码
const payload = {
  service: 'com.alipay.nodejs.HelloService:1.0',
  methodName: 'plus',
  args: [ 1, 2 ],
};
const body = new Buffer(JSON.stringify(payload));

const header = new Buffer(10);
header[0] = 0;
header.writeInt32BE(1000, 1);
header[5] = 1; // codec => 1 代表是 JSON 序列化
header.writeInt32BE(body.length, 6);

const packet = Buffer.concat([ header, body ], 10 + body.length);

// 解码
const type = buf[0]; // => 0 (request)
const requestId = buf.readInt32BE(1); // => 1000
const codec = buf[5];
const bodyLength = buf.readInt32BE(6);
const body = buf.slice(10, 10 + bodyLength);
const payload = JSON.parse(body);
```

可以看出其核心就是对 Buffer 的操作，详细的 API 可以参考官方文档。

3.4.4 DNode

DNode 是一个非常灵巧的异步 RPC 系统，由知名 Node.js 专家 Substack 开发。它既可以运行在 Node.js 中，也可以通过 Browserify 运行在浏览器中。

DNode 是与传输协议无关的，尤其在 Node.js 中，任何支持 Stream 的传输协议都可以应用 DNode。除 JavaScript 外，DNode 也有 Perl、PHP、Ruby、Objective-C 和 Java 等不同语言的实现版本。它吸收了 JavaScript 的动态语言灵活性和 Node.js 的异步特性，简单轻巧，适用于大部分“现代”RPC 场景。

启动服务器端的代码如下。

```
var dnode = require('dnode');
var server = dnode({
    transform : function (s, cb) {
        cb(s.replace(/[aeiou]{2,}/, 'oo').toUpperCase())
    }
});
server.listen(5004);
```

为了测试服务器端是否启动成功，我们可以通过客户端调用来进行测试，具体测试代码如下。

```
var dnode = require('dnode');

var d = dnode.connect(5004);
d.on('remote', function (remote) {
    remote.transform('beep', function (s) {
        console.log('beep => ' + s);
        d.end();
    });
});
```

RPC 架构分为以下三部分。

- 服务提供者：运行在服务器端，提供服务接口定义与服务实现类。
- 服务中心：运行在服务器端，负责将本地服务发布为远程服务，管理远程服务并将其提供给服务消费者使用。
- 服务消费者：运行在客户端，通过远程代理对象调用远程服务。

代码中包含如下要点。

- 跨服务通过 TCP 来实现网络连接。
- 服务器端：启动 TCP 服务器，定义 transform 方法。
- 客户端：连接 TCP 服务器，调用 transform 方法。

DNode 是非常简单的 RPC 实现，其源码值得一看，尤其是 TCP 处理部分，很适合入门。

3.4.5 Senaca

Seneca 是 Node.js 微服务框架开发工具，能快速构建基于消息的微服务系统。无须知道服务部署在何处，具体有多少服务，以及服务各自的职责，因为业务逻辑之外的服务（如数据库、缓存或第三方集成等）都被 Senaca 隐藏在微服务之后。

Seneca 旨在复制架构师和开发人员的服务设想，设法把代码融入由模式所触发的逻辑行为中。这是根据用例定义的模型。一旦模型被定义，模式就可以轻松转为 API。使用用例和模式来定义消息内容，就可以在微服务之间传递消息，用微服务构建模块，进而以模块化方式构建一个大型系统。

这种解耦使应用系统易于连续构建与更新，Seneca 能做到这种解耦，原因在于具备三大核心功能。

- 模式匹配：不同于服务发现，模式匹配旨在告知外界你真正关心的消息是什么。
- 无依赖传输：可以以多种方式在服务之间传输消息。
- 组件化：表示为一组可以用来组成微服务的插件。

在 Seneca 中，消息就是一个可以自定义内部结构的 JSON 对象，可以通过 HTTP/HTTPS、TCP、消息队列、发布/订阅服务或任何能传输数据的方式进行传输。而对于作为消息生产者的用户来说，只要将消息发送出去即可，完全无须关心消息由哪些服务来接收。

当用户需要通知外界自己想要接收消息时，只需要在 Seneca 中配置匹配模式即可。匹配模式只是一个键值对列表，这些键值对被用于匹配 JSON 消息的几组属性。模式的匹配以消息为核心，服务之间的消息传递需要一个路径以便到达正确的目标服务，因此模式的匹配越简单越好。当然消息中可能并不包括所有属性，这时使用切面关注比较方便。消息传递过程中可以加入权限、缓存等机制，这些都不会影响服务。

接下来我们基于 Seneca 构建微服务，模式（Pattern）是其中的重点。我们将创建两个微服务，一个用于进行数学计算，另一个负责调用它。

```
const seneca = require('seneca')();

seneca.add('role:math, cmd:sum', (msg, reply) => {
  reply(null, { answer: ( msg.left + msg.right )})
});

seneca.act({
  role: 'math',
  cmd: 'sum',
  left: 1,
  right: 2
}, (err, result) => {
  if (err) {
    return console.error(err);
  }
  console.log(result);
});
```

将上面的代码保存至一个 JavaScript 文件中，执行后会在 console 中看到如下消息。

```
{"kind":"notice","notice":"hello seneca 4y8daxnikuxp/1483577040151/58922/3.2.2/-","le
vel":"info","when":1483577040175}
(node:58922) DeprecationWarning: 'root' is deprecated, use 'global'
{ answer: 3 }
```

到目前为止，由于没有网络流量产生，进程内的函数调用也是基于消息传递的。

seneca.add 方法可用于添加新的动作模式至 Seneca 实例中，它有两个参数，如下。

- pattern：用于匹配 Seneca 实例中 JSON 消息体的模式。
- action：当模式被匹配时所执行的操作。

seneca.act 方法同样有两个参数，如下。

- msg：纯对象提供的待匹配的入站消息。
- respond：用于接收并处理响应信息的回调函数。

重新观摩以下代码。

```
seneca.add('role:math, cmd:sum', (msg, reply) => {  reply(null, { answer: ( msg.left +
msg.right )}) });
```

其中 seneca.add 函数的第二个参数是一个 action 函数，计算了匹配到的消息体中两个属性 left 与 right 值的和。并不是所有的消息都会被创建响应，但是在绝大多数情况下是需要响应的，Seneca 提供了用于响应消息的回调函数。

在匹配模式中，role:math、cmd:sum 会匹配到下面这个消息体。

```
{
  role: 'math',
  cmd: 'sum',
  left: 1,
  right: 2
}
```

得到的计算结果如下。

```
{
  answer: 3
}
```

role 与 cmd 这两个属性并无特殊之处，只是恰好被用于匹配模式而已。

接着，seneca.act 方法发送一条消息，它也有两个参数，如下。

- msg：发送的消息主体。
- response_callback：如果该消息有响应，该回调函数会被执行。

响应的回调函数可接收两个参数：error 与 result，当有错误发生（比如，发送出去的消息未被任何模式匹配），但程序却能按照预期执行时，第二个参数将接收响应结果。在示例中，我们只是简单地将接收到的响应结果打印至 console 中而已。

```
seneca.act({
  role: 'math',
  cmd: 'sum',
  left: 1,
  right: 2
}, (err, result) => {
  if (err) {
    return console.error(err);
  }
  console.log(result);
});
```

总结一下，Seneca 其实是以“TCP+模式匹配”为底层核心技术的 RPC 框架。作为 RPC 框架，Seneca 已有超过 8 年的线上实践，整体表现良好。Seneca 官方将 Seneca 定义为微服务工具集，是因为它除了核心 RPC，还打造了服务发现、插件机制、运维部署等能够有效开发微服务的配套设施。

3.4.6 Moleculer

如果想在 Node.js 项目中使用微服务框架，当下最成熟的要属 Moleculer。它有丰富的功能、完善的文档、高性能和灵活的配置。推荐它的原因是微服务架构需要的相关基建设施比较多，一般基于 Java 语言实现，相关配套设施也非常成熟。

在 Node.js 的世界里，实现 RPC 比较容易，但真正愿意实现微服务周边配套设施的非常少。综合来看，Moleculer 是相对比较完善的框架，主要解决的是 Node.js 的微服务开发、部署和配套设施搭建问题。

Moleculer 由服务（Service）、节点（Node）、服务代理（Service Broker）三部分组成。服务

是一个独立的业务单元，本质上就是一个 JavaScript 对象，支持远程服务和本地服务。节点就是本地或网络上的一个 Node.js 进程，每个节点内部可以承载多个服务。服务代理是 Moleculer 框架的核心，负责服务之间的通信（包括本地服务和远程服务），每个节点都有一个服务代理。Moleculer 还支持中间件机制，框架有内置的中间件，也支持自定义中间件，具备非常强大的可扩展性。

在 Moleculer 中，从请求到节点间调用，流程如下。

- 用户请求通过 HTTP 到达 API 网关层。
- Gateway 服务解析请求并将数据和指令交给 Broker。
- Broker 通过 Transporter 调用微服务内部函数，返回处理后的数据。

Moleculer 接管了服务注册与发现、服务之间的消息通信及负载均衡等底层复杂逻辑，用户只需要编写业务逻辑即可，无须关注微服务相关内容，大大提高了开发效率。

Moleculer 除了核心功能，还有相关配套设施，具体如下。

- moleculer-web：Moleculer 服务，内部集成了 HTTP 或 WebSocket 功能，可将用户请求转发到内部服务。
- moleculer-repl：非常强大的命令行工具，采用约定大于配置的规范自动加载 services 目录下的 xxx.service.js 文件，在开发环境下支持热加载，也就是说可以自动监听代码变化，保存（即更新）服务，无须重启。
- moleculer-runner：运行器，可以直接在生产环境中使用，自带日志管理、错误调试、缓存、参数校验等功能。
- moleculer-db：Moleculer 封装的数据库模块，内含 CRUD 操作逻辑，并且对接了 Mongo、Mongoose 和 Sequelize ORM 框架，执行 CRUD 操作时不需要编写代码，只要引入相应的库和适配器即可。

Moleculer 性能非常好，其 QPS 远远高于 Nanoservices、Seneca，如图 3-33 所示。

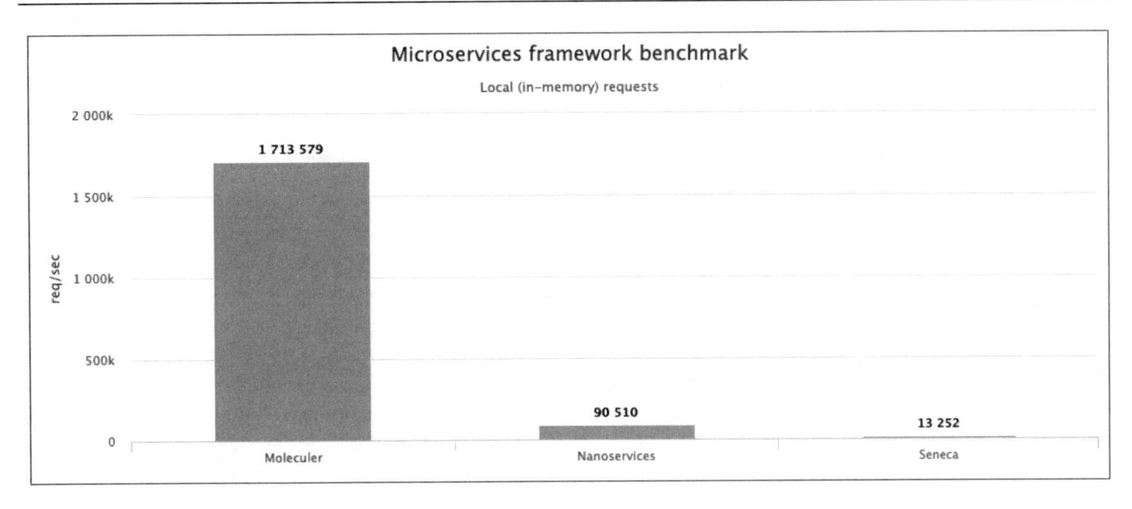

图 3-33

Moleculer 最简单、最常用的服务调用方法如下。

```
const { ServiceBroker } = require("moleculer");

// 创建 ServiceBroker
const broker = new ServiceBroker();

// 定义服务
broker.createService({
    name: "math",
    actions: {
        add(ctx) {
            return Number(ctx.params.a) + Number(ctx.params.b);
        }
    }
});

// 启动 Broker
broker.start()
    .then(() => broker.call("math.add", { a: 5, b: 3 }))
    .then(res => console.log("5 + 3 =", res))
.catch(err => console.error(`Error occured! ${err.message}`));
```

通过 broker.createService 创建服务，服务位于 actions 的 add 函数里。启动服务也是非常简单的，通过 broker.start()即可实现。如果想测试具体代码，则可以通过 broker.call("math.add", { a: 5, b: 3 }))函数实现。

整体来看，上述代码非常简单。当有两个以上节点的时候，需要为 Broker 指定 Transporter，

Moleculer 内置了七种常用通信方式（TCP、NATZ、Redis、MQTT、AMQP、Kafka、STAN），还支持自定义，功能非常强大，足以满足大型应用开发。

在实际项目中，Moleculer 往往会结合网关一起使用，下面是一个结合网关和 NATS 的例子。NATS 是一个开源、轻量级、高性能的分布式消息中间件，实现了高可伸缩性和优雅的 Publish/Subscribe 模型。

```
// index.js
const { ServiceBroker } = require("moleculer");
const HTTPServer = require("moleculer-web");

// 为 node-1 创建 Broker
// 定义 nodeID 并放到参数里
const brokerNode1 = new ServiceBroker({
  nodeID: "node-1",
  transporter: "NATS"
});

// 创建网关服务
brokerNode1.createService({
  // 定义服务名
  name: "gateway",
  // 加载 HTTP 服务
  mixins: [HTTPServer],

  settings: {
    routes: [
      {
        aliases: {
          // GET /products 请求发生时，触发 products 服务
          "GET /products": "products.listProducts"
        }
      }
    ]
  }
});

// 为 node-2 创建 Broker
// 定义 nodeID 并放到参数里
const brokerNode2 = new ServiceBroker({
  nodeID: "node-2",
  transporter: "NATS"
});

// 创建"products"服务
brokerNode2.createService({
```

```
  // 定义服务名
  name: "products",

  actions: {
    // 定义返回所有可用产品的服务行为
    listProducts(ctx) {
      return [
        { name: "Apples", price: 5 },
        { name: "Oranges", price: 3 },
        { name: "Bananas", price: 2 }
      ];
    }
  }
});

// 同时启动两个 Broker
Promise.all([brokerNode1.start(), brokerNode2.start()]);
```

3.4.7　通用 RPC

RPC 的实现不难，难的是实现如下配套设施。

- 拥有丰富的通信方式、多种协议、配置。
- 拥有完善的集群容错、负载均衡机制。
- 可搭配多种服务注册中心。
- 支持不同序列化方式、异步调用、OpenTracing。
- 拥有网关、服务发现、配置中心。

就基础服务的适用面而言，RPC 的实现主要是基于 Java 的。当然，C/C++也是不错的选择，通用性强，效率高。

在 Java RPC 框架中，Dubbo 这一高性能、轻量级的开源项目很具有代表性，它提供了三大核心能力：面向接口的远程方法调用、智能容错和负载均衡，以及服务自动注册和服务发现。

基于 C/C++实现的典型代表是 gRPC 。它支持 HTTP/2 和 TLS，允许路由 gRPC 请求，支持高级 RPC 机制，如双向流、流程控制和结构化数据负载等。

其他常见的通用 RPC 包括 Sofa、Motan、Tars 等。

图 3-34 展示了工具选型依据。从左上到右下，使用难度依次加大，但成熟度越来越高，故而推荐程度也逐步增加。事实上，RPC 如何实现不重要，有对应的客户端可供调用即可。

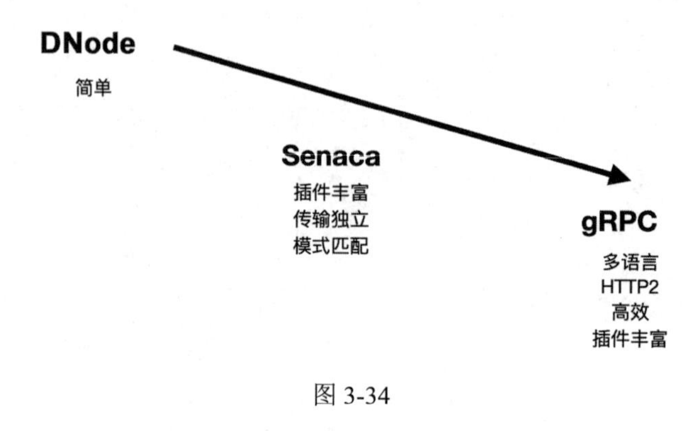

图 3-34

3.4.8　服务发现与治理

gRPC 开源组件官方并未直接提供服务注册与服务发现功能，但其设计文档中提供了实现思路，并在不同语言的 gRPC 代码 API 中提供了命名解析和负载均衡接口供用户扩展，如图 3-35 所示。

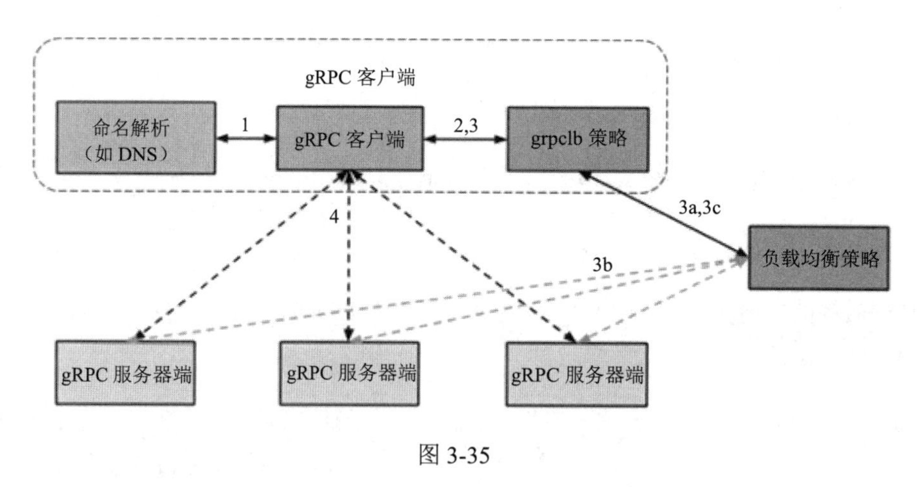

图 3-35

其基本实现原理如下。

- 服务启动后，gRPC 客户端向命名服务器发出命名解析请求，服务名称将被解析为一个或多个 IP 地址，并标明是服务器地址还是负载均衡器地址，以及要使用哪个客户端负载均衡策略或服务配置。

- 客户端实例化负载均衡策略。如果解析返回的地址是负载均衡器地址，则客户端将使用 grpclb 策略，否则客户端使用服务配置请求的负载均衡策略。
- 负载均衡策略为每个 gRPC 服务器端创建一个子通道（channel）。

有 RPC 请求时，负载均衡策略决定哪个 gRPC 服务器端将接收请求，当可用服务器空闲时，客户端的请求将被阻塞。

根据 gRPC 官方提供的设计思路，基于进程内的负载均衡方案（Dubbo 也采用类似机制），结合分布式一致组件（如 ZooKeeper、Consul、etcd），可找到 gRPC 服务发现和负载均衡的可行解决方案。

以 etcd 为例，etcd 是一个高可用的键值存储系统，主要用于共享配置和服务发现。etcd 由 CoreOS 开发并维护，灵感来自 ZooKeeper 和 Doozer，使用 Go 语言编写，通过 Raft 一致性算法处理日志复制操作以保证强一致性。Raft 是一个新的一致性算法，适用于分布式系统的日志复制场景，通过选举的方式来实现一致性。Google 的容器集群编排工具 Kubernetes、开源 PaaS 平台 Cloud Foundry 和 CoreOS 的 Fleet 都广泛使用了 etcd。在分布式系统中，如何管理节点间的状态一直是一个难题，etcd 像是专门为集群环境的服务发现和服务注册而设计的，提供了数据 TTL 失效、数据改变监视、多值、目录监听、分布式锁原子操作等功能，可以方便地跟踪并管理集群节点的状态。etcd 的特性如下。

- 简单：支持用户 API（HTTP+JSON）。
- 安全：具有可选的 SSL 客户端证书认证。
- 快速：单实例每秒可完成 10 000 次写操作。
- 可靠：使用 Raft，可保证一致性。

对于开发 Node.js RPC 服务来说，无须关注 etcd 如何实现、服务如何部署，只需要完成开发 RPC 服务和集成 etcd 的客户端这两件事，其他的事情交给基础服务即可。

node-etcd 是 Node.js 版本的 etcd，用法和 Redis 类似，能提供常见的 set、get、del、watch 等方法，一般用它来实现自动降级非常方便，示例如下。

```
var Etcd = require('node-etcd');
var etcd = new Etcd();
etcd.set("key", "value");
etcd.get("key", console.log);
```

```
watcher = etcd.watcher("key");
watcher.on("change", console.log); // 触发所有变化
```

3.4.9 典型用法

RPC 有很多典型的用法，具体如下。

- 用 Nginx 实现负载均衡。
- 将请求发送到 API 网关。
- 实现具体的 RPC 服务，可以考虑使用 SenecaJS、gRPC、Dubbo 等。
- 用 Redis 实现分布式缓存。
- 用 Consul 作为配置中心。
- 用 RabbitMQ 实现不同服务之间的通信。

多个 RPC 服务当然会有多个数据库和表，此时可通过 MQ、日志（Kafka）、ETL MySQL Binlog 等来实现数据同步，将分散的数据汇集起来供进一步处理，如图 3-36 所示。

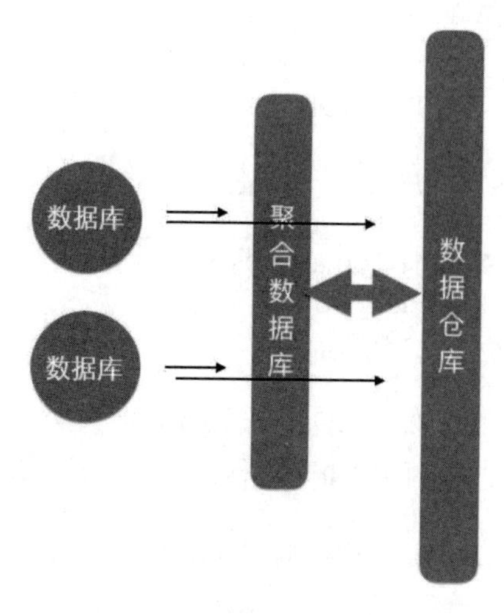

图 3-36

无论采用哪种方式，最终将数据聚合到一起即可。数据处理的过程虽然较为复杂，但对开发效率的提升，对并发、容灾等的贡献，是非常明显的。

目前，上述典型用法均可通过 Node.js 的功能实现，但 Nginx、网关类工具、Redis、MQ 等已非常成熟，没有必要使用 Node.js 重写同样的功能，Node.js 只用来编写 RPC 服务，其他功能使用现成的工具来完成更好。

总结一下，虽然实现微服务架构的技术栈主要基于 Java，但其实与语言无关。对于其他语言来说，有对应的客户端和 RPC 实现方案即可，语言不同并不影响微服务的快速落地，这也是微服务的优势之一。

3.5　使用 Node.js 开发独立的 API 层

Node.js 采用异步机制，最擅长的就是 I/O 密集型任务处理，即在开发过程中使用最多的 HTTP API。HTTP API 有为直接访问数据库而提供的，也有为异构数据源而提供的，无论哪种，使用 Node.js 来实现都是非常合适的。

本节首先讲解独立 API 层和 BFF 网关模式，之后介绍最流行的通过 Node.js 实现独立 API 层开发的方法（以专属框架 Micro 为例）。

3.5.1　GraphQL

GraphQL 是 Facebook 于 2012 年在公司内部开发的数据查询语言，于 2015 年开源，旨在提供 RESTful 架构体系的替代方案。它既是一种图表化（可视化）查询语言，也是一个满足数据查询需求的运行时方案。

GraphQL 查询命令是一个字符串，它被发送给一个与数据模式无关的服务器，然后服务器返回 JSON 数据。GraphQL 是强类型的，避免了版本控制，同时提供了随着数据演进可轻松改进查询语句的能力。

GraphQL 的灵活性让我们可以灵活、动态地选择一个大型 Schema 中的一些子集，实现按需计算、按需获取，降低服务器资源消耗，提高应用系统的即时响应能力，进而提供更好的用户体验。不断提升用户体验对实现用户增长来说异常重要。

传统 Web 应用通过开发服务向客户端提供接口，这是很常见的场景。当需求或数据发生变化时，应用需要修改或重新创建接口，长此以往会造成服务器代码不断增加，直至接口内部逻辑复杂到难以维护。而 GraphQL 则通过以下特性解决了这个问题。

- 声明式：查询的格式由请求方（即客户端）而非响应方（即服务器端）决定，无须编写额外的接口来适配客户端请求。
- 可组合：可以自由组合 GraphQL 的查询以满足需求。
- 强类型：只有强类型的 GraphQL 查询才会被执行。

只要具备这三个特性，当需求发生变化时，客户端仅需要编写能满足新需求的查询结构即可，如果服务器端提供的数据满足需求，服务器端代码几乎不需要做任何修改。

先看一个简单的入门示例，代码如下。

```
const express = require('express');
const graphqlHTTP = require('express-graphql');
const { buildSchema } = require('graphql');

const schema = buildSchema(`
  type Query {
    hello: String
  }
`);

const root = { hello: () => 'Hello world!' };

const app = express();
app.use('/graphql', graphqlHTTP({
  schema: schema,
  rootValue: root,
  graphiql: true,
}));

app.listen(4000, () => console.log('Now browse to localhost:4000/graphql'));
```

该示例首先定义了一个 Schema。其顶层有一个 Query 类型，所有查询都是从这一层开始的。Query 类型里面可以嵌套要查询的其他字段。用一个 Schema、一条查询及一个 Resolver 就能查询出{ data: { hello: 'Hello world!' } }的结果。可以看出，GraphQL 虽然主要用在 HTTP 场景中，但其实无须关注协议，它可以被应用在任何场景下。

启动 Express 服务器，访问 http://localhost:4000/graphql，在界面左侧输入{hello}，单击左上角的执行按钮（播放器图标），界面右侧即返回对应的结果，如图 3-37 所示。

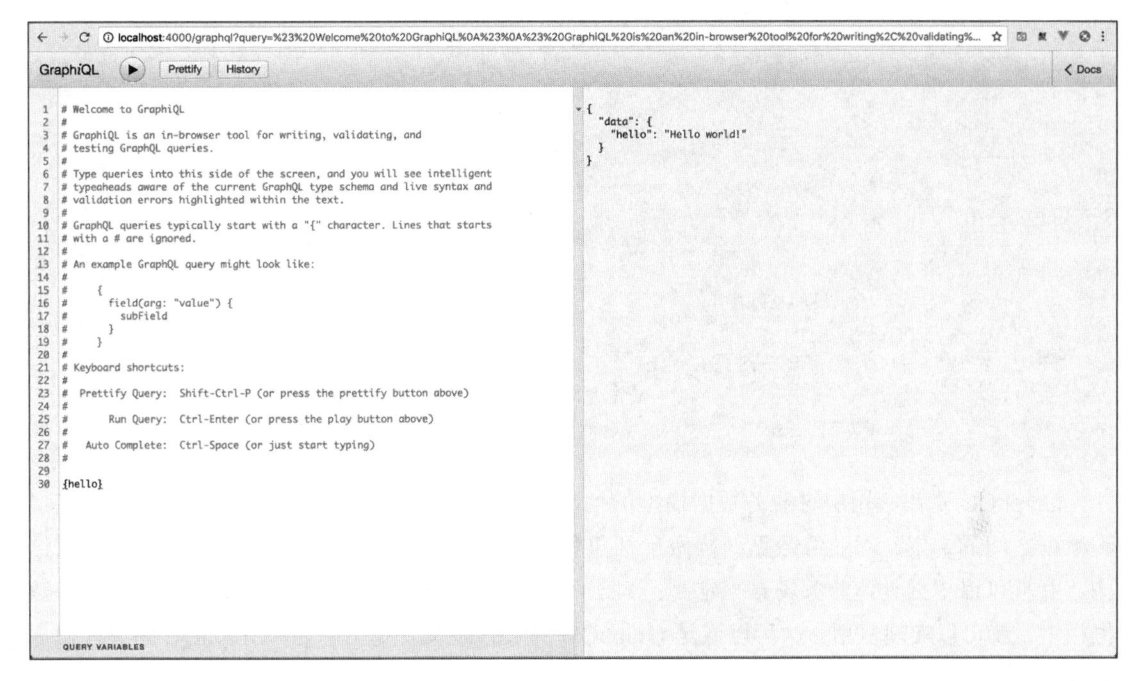

图 3-37

前端开发接口的时候，编写好 Schema 和 Mock 数据，就实现了常见的静态 API。下面再看看如何将其和后端 API 打通。通过 HTTP 请求提供 API 的代码如下。

```
// 定义 GraphQL schema
const typeDefs = '
  type User {
    id: ID!
    name: String
    age: Int
  }
  type Query { user(id: ID!): User }
  schema { query: Query }
';

// 解析器
const resolvers = {
  Query: { user({id}) { return http.get(`/users/${id}`)}}
};
```

通过 Mongoose 数据模型打通前后端 API 的代码如下。

```
import mongoose from 'mongoose'
```

```
const Schema = mongoose.Schema
const InfoSchema = new Schema({
  hobby: [String],
  height: String,
  weight: Number
})
mongoose.model('Info', InfoSchema)
```

```
export const infos = {
  type: new GraphQLList(InfoType),
  args: {},
  resolve (root, params, options) {
    return Info.find({}).exec()
  }
}
```

GraphQL 是在应用层对业务数据模型的抽象，是对数据请求定制的 DSQL，它解除了接口和数据之间的绑定，对业务数据结构做了抽象和整理。业务逻辑中的数据依赖于底层数据库结构，并且可以根据具体业务场景来定制。对于不同的业务场景，只要基于同样一套基础业务数据模型，就可以实现复用。这可以说是 GraphQL 带来的最大改变和益处。GraphQL 的实现原理如图 3-38 所示。

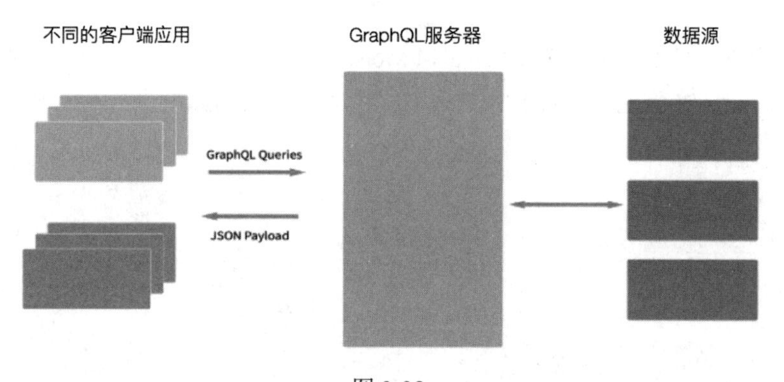

图 3-38

如果 GraphQL 中只是加了一个有类型的 Model 层，对开发的优化作用并不明显。直到 Apollo GraphQL 出现，GraphQL 对架构演变的价值才被进一步确认。Apollo 提供的从客户端到服务器端的一套完整工具链，是当前最流行的 GraphQL 解决方案，其中包含如下内容。

- Client：提供各种主流平台和框架的客户端，如 iOS、Android 等平台，以及 React、Vue.js 等框架。
- Engine：提供性能监控和缓存功能等。

- Server：负责服务器端实现，确保用户无须再关注后端实现。

GraphQL 的出现使得 API Mock 和 API 的具体实现变得更加容易，其在架构的演进和优化方面体现的价值远远超出预期。更先进的架构已渐渐成形，服务器端用 Egg.js + Apollo Graphql-tools 实现，前端用 React/Vue.js + Apollo Graphql-client 实现，这样的架构选型可大幅提升开发迭代效率。

3.5.2　Micro 框架

Micro 是 Node.js 社区中专门用来开发微服务的框架。它专注于服务，精简了很多 Web 框架的多余特性，只保留简单、快速、轻量、体积小、敏捷、直接、标准化等特性。

首先，在终端里安装 Micro。

```
$ npm install --save micro
```

Micro 的简单示例如下。

```
import { send } from 'micro';
import sleep from 'then-sleep';
export default async function (req, res) {
  await sleep(500);
  send(res, 200, 'Ready!');
}
```

为了在 3000 端口下运行微服务，可使用如下命令。

```
$ micro -p 3000 sleep.js
```

3.5.3　API 网关

在 API 时代，我们需要编写大量 API，这使得管理 API 成为问题。基于此，API 网关应运而生。

API 网关，即 API Gateway，是为了保护大型分布式系统中的内部服务而设计的一道屏障。它可以提供高性能、高可用的 API 托管服务，从而帮助服务开发者便捷地对外提供服务，而不用考虑安全控制、流量控制、审计日志等问题，统一在网关层将安全认证、流量控制、审计日志等功能实现。

网关的下一层是内部服务，内部服务只需要关注和开发具体业务。网关可以提供 API 发布、管理、维护等主要功能。开发者只需要掌握简单的配置操作即可将自己开发的服务发布出去，同时置于网关的保护之下。

API 网关可简单地等同于一个服务器，是系统的唯一入口，封装了系统的内部架构，为每个客户端提供了一个定制的 API，最典型的例子是 Kong。

Kong 由 Mashape 公司开源，是一款基于 Nginx + Lua 编写的高可用、易扩展的 API 网关项目。由于 Kong 是基于 Nginx 的，因此，我们可以水平扩展多个 Kong 服务器，通过前置的负载均衡配置将请求均匀地分发到各个服务器，以应对大批量的网络请求。Kong 的实现原理如图 3-39 所示。

以前的 API 大多围绕业务进行拼凑，完成鉴权、限流、缓存等功能后就仓促上线。很明显，代码越多，质量越低下，且无法复用。Kong 采用插件化结构解决了这个问题，为不同的 API 提供不同的与之匹配的插件，管理起来更加简单。对于大多数项目，Kong 的社区版本足够使用，当然，也有更好用的高性能、可扩展的云原生微服务版本：APISIX。

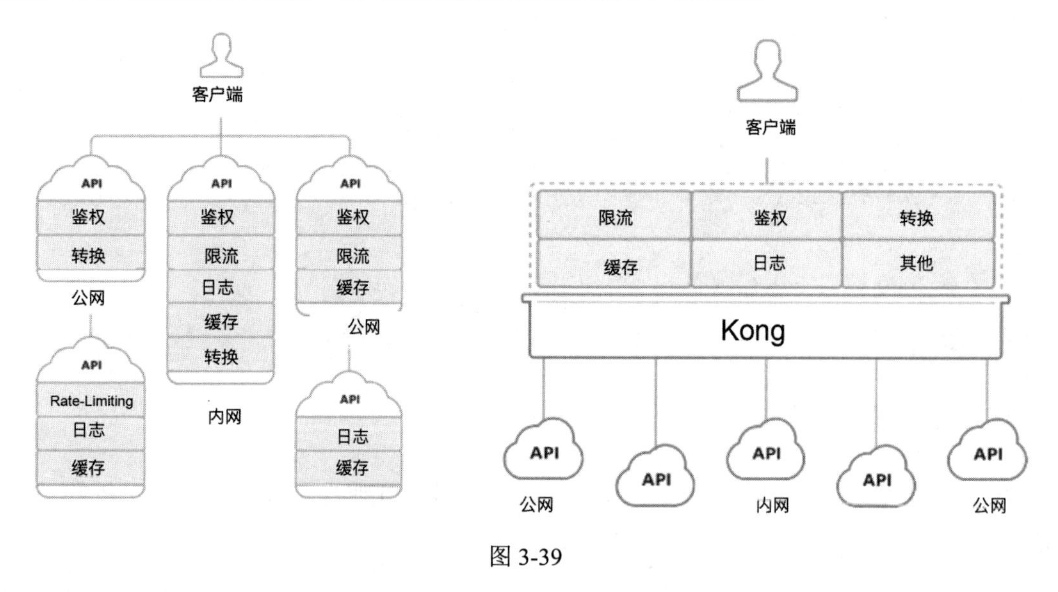

图 3-39

那么，Node.js 能编写网关吗？

答案是能。Microgateway 就是其中的典型项目。网关主要是 I/O 密集型应用，使用 Node.js 来实现和使用 Nginx、Go 来实现是没有本质区别的，只要内存管理、GC、网关优化等方面没有明显的瓶颈即可。

3.5.4 在线服务

Facebook 于 2013 年收购了 Parse，Parse 提供了开发移动应用的后台服务，包括数据存储、消息推送及用户管理等，使开发者可以专注于客户端开发，而不用操心太多服务器端的问题。Parse 结合 SDK 堪称快速开发的利器。

国内也有类似的在线服务，比如 APICloud 的数据服务，支持自动生成 RESTful API，在移动场景中为 App 提供了灵活的数据服务支持，让开发者仅需少量（甚至不需要）编写服务器端代码就可以自动生成移动应用所需的各种云服务接口。

3.6 本章小结

本章主要讲解了页面即服务概念、使用 Node.js 开发独立的 API 层，以及使用 Node.js 开发 RPC 服务。

- 页面即服务概念：为调整前端架构提供了解决方案。
- 使用 Node.js 开发独立的 API 层：对 RPC 服务进行组装后返回 JSON API 的思路和 BFF 是一样的。有了独立的 API 层，前后端能更好地进行协作，后端有 API 或 RPC 服务就直接使用，没有则模拟实现。
- 使用 Node.js 开发 RPC 服务：在微服务架构下，通过 Node.js 开发 RPC 服务非常简单方便，对数据库、MQ、缓存等的操作也非常成熟。

通过学习以上三部分内容，希望读者能够理解 Node.js 后端应用架构，在实际开发中举一反三。

第4章

服务器部署与性能调优

常见的开发流程一般是这样的：首先创建 Git 仓库，然后编码、构建、测试，测试通过后将代码部署到服务器上，最后监控服务器数据，根据监控数据不断优化性能。

开发者每天做得最多的事就是编码、测试、部署，很多时候开发体验并不好，开发效率也不高。为了提升效率，我们选择了 Node.js，但 Node.js 的部署、运维给很多人带来了困难，这该怎么办呢？本章将解决与部署和性能调优相关的问题。

4.1 服务器部署

Node.js 应用是典型的 Web 应用，需要部署到服务器上。虽然部署是运维人员的工作，但对于绝大部分开发人员来说，这也是必备的技能。简单来说，部署服务器的步骤如下。

1. 登录远程服务器。

2. 在云服务器上搭建 Node.js 环境。

3. 上传 Node.js 代码并启动。

目前各大厂商的云服务器都支持Node.js应用服务，云服务器（Elastic Compute Service，ECS）是一种简单高效、安全可靠、处理能力可弹性伸缩的计算服务器，其管理方式比物理服务器更简单、高效。用户无须提前购买硬件即可迅速创建或释放任意多台云服务器，对于企业应用、个人学习来说都是非常划算的，只有公司达到相当大的规模才需要自建机房。

4.1.1 服务器选购

阿里云是比较早的云服务器供应商，也是目前最成熟的供应商之一。阿里云对 Node.js 的支持非常好，从 ECS 云服务器，到 Docker 部署、项目管理，再到 Alinode 性能优化监控，阿里云都提供了非常完备的基础设施。本节将主要讲解通过阿里云部署 Node.js 应用的方法。

注册域名

比如，笔者的常用名是 i5ting，所以选择了 i5ting.com 作为域名。

选好域名后，注册并完成支付即可，一般注册域名的费用在 100 元左右。在阿里云上注册域名是需要备案的，这一点请注意。

购买云服务器

购买云服务器的原则如下。

- 如果是短时间使用，则按需结算合适；如果是长时间使用，则包月结算合适。另外，如果有虚拟机，就使用虚拟机。
- 设置自动释放，不使用服务器的时候自动销毁，这也有助于“强迫”自己快速完成任务。
- 如果是进行大规模测试，选择按需结算还是有优势的，测试并发、高可用性将非常好。

注册阿里云账户并登录，选择 ECS 云服务器，路径为“产品”→“弹性计算”→“云服务器 ECS”，如图 4-1 所示。

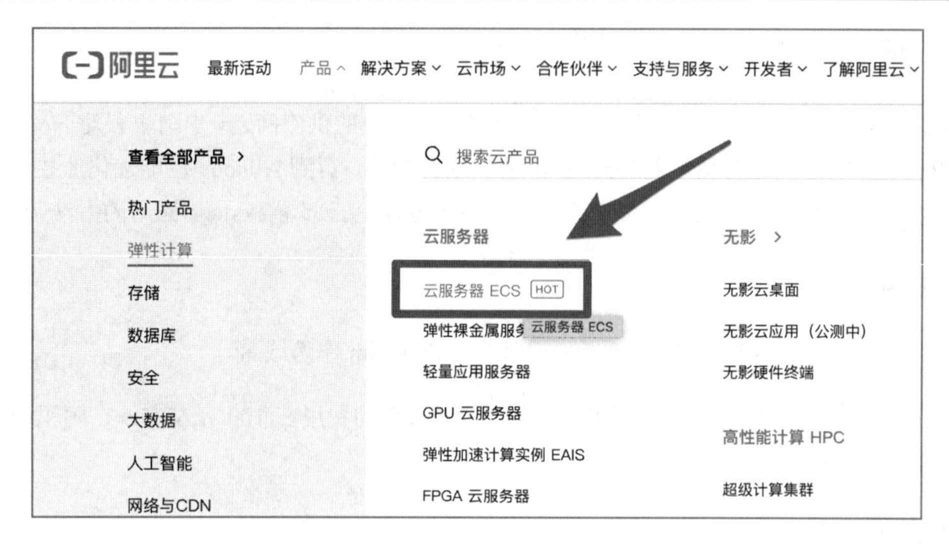

图 4-1

在“云服务器 ECS”界面中单击“立即购买”按钮，如图 4-2 所示。

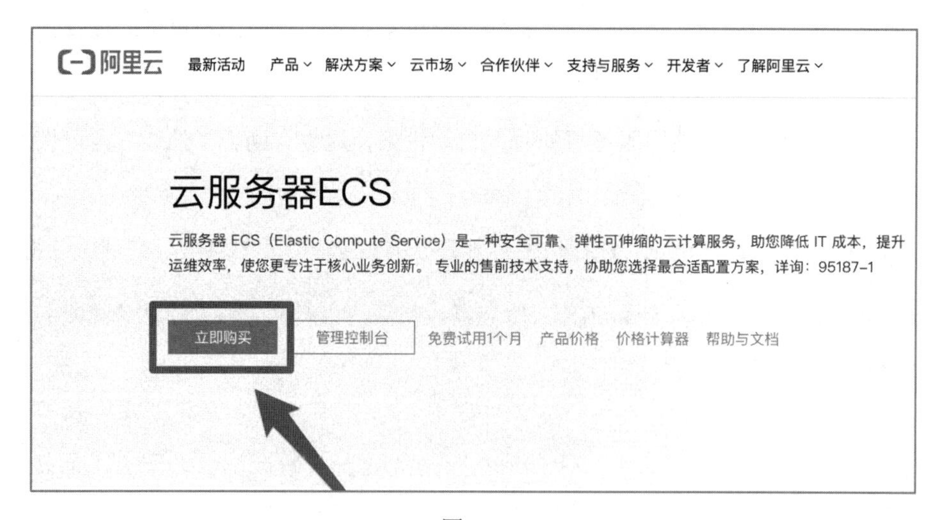

图 4-2

阿里云服务器有两种购买方式，一种是包年包月，另一种是按量付费。包年包月最少要买 1 个月，费用为 100 元/月，如果只是为了学习，这种购买方式并不划算；而按量付费是根据服务器使用时长收费的，用多久就收多久的使用费。实际使用中，很多公司为了压力测试，也会购买大量的按量付费云服务器，测试完成后停用，成本非常低。个人学习建议选择按量付费方式，如图 4-3 所示。

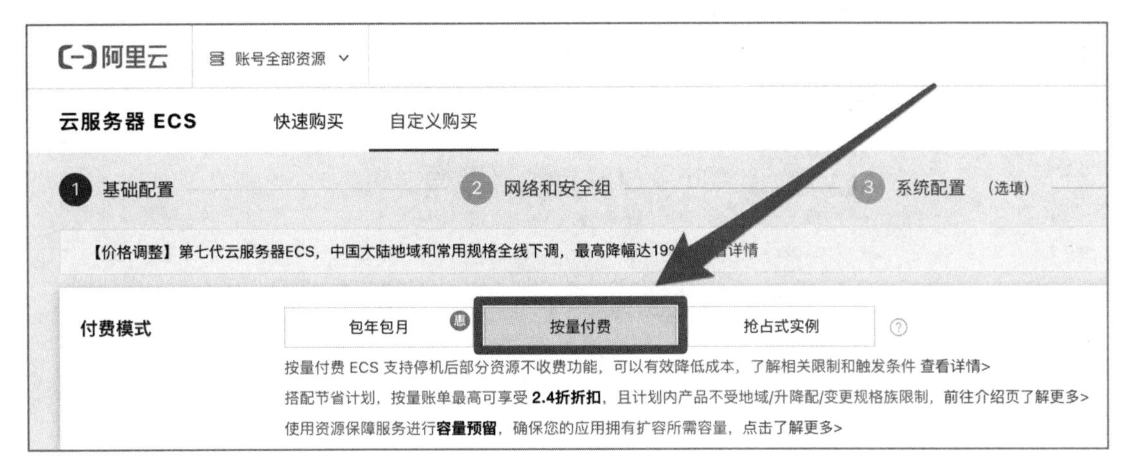

图 4-3

选择机器

需要注意影响费用的因素，比如 CPU 和内存，阿里云最小内存是 1 核 1GB，最便宜的配置如下。

- 可用区：华北 2 可用区 C。
- 实例规格：2 核 8GB（通用型 sn1ne，ecs.sn2ne.large）。
- 公网带宽：按使用流量。
- 带宽峰值：1Mb/s（默认 5Mb/s）。

选择操作系统，设置 root 用户密码

在生产环境中，绝大部分情况下使用的是 Linux 服务器，具体以 CentOS 和 Ubuntu 为主。它们的差别不大，Ubuntu 相对简单一些，有桌面版，在日常开发中使用也是非常好的。一般推荐自定义密码，主机名可自行设置，具体如图 4-4 所示。

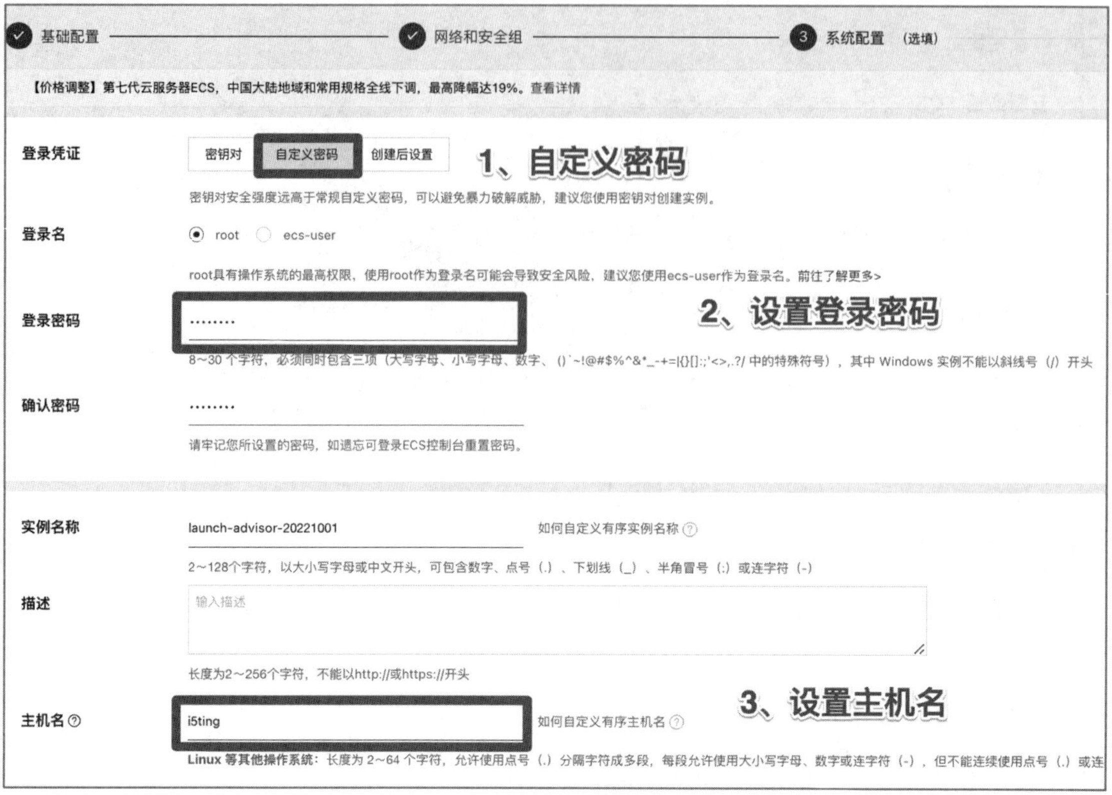

图 4-4

按上述步骤进行配置，价格是 1.01 元/小时。另外，还有公网流量费用 0.8 元/GB。

大家可能还会担心在服务器上安装软件会消耗大量流量，但其实可以使用阿里云内网的镜像，内网流量不收费且速度快。

完成上述所以操作，我们就可以开始学习了！

4.1.2　手动部署

手动部署是一种比较老旧的方式，从 Java 诞生之日起一直沿用至今。一般先使用 SSH 连接到服务器，然后部署 Node.js 应用、数据库、SLB 负载均衡器、监控等。

这种方式虽然不那么高大上，但对于理解 Linux 操作系统和应用部署原理是非常有好处的，笔者认为学会手动部署是 Node.js 开发的必备技能。

基本服务器操作

登录远端服务器，命令如下。

```
ssh root@ip
```

创建用户，命令如下。

```
# sudo useradd -m -d /home/sang -s /bin/bash -c "the sang user" -U sang
# passwd sang
Enter new UNIX password:
Retype new UNIX password:
passwd: password updated successfully
```

其中，useradd 为创建用户命令，passwd 为设置用户登录密码命令。

接下来赋予 sudo 权限。如果有必要使用 sudo 权限，需要通过下面的命令来设置。

```
# sudo vi /etc/sudoers
```

复制 root 行，将 root 改为 sang。

```
# User privilege specification
root    ALL=(ALL:ALL) ALL
sang    ALL=(ALL:ALL) ALL
```

切换用户，命令如下。

```
# su - sang
$ ls
$
$ pwd
/home/sang
$
```

安装必备软件

安装 Git。如果没有赋予 sang 用户 sudo 权限，请切换到 root 操作。

```
$ sudo apt-get update
$ sudo apt-get install git
```

安装 Nginx，命令如下。

```
$ sudo apt-get install nginx
```

开机启动，命令如下。

```
$ sudo apt-get install sysv-rc-conf
$ sudo sysv-rc-conf nginx on
```

安装 Node.js。一般应安装统一版本，避免出现问题时不容易排查，最好使用 LTS 版本（所有服务器最好能统一版本，以降低管理成本）。

```
$ sudo apt-get install nodejs
```

准备工作目录，命令如下。

```
$ mkdir -p workspace/github
$ cd workspace/github
```

部署 Node.js 应用

很早之前的 PM2 服务器的部署流程如图 4-5 所示。

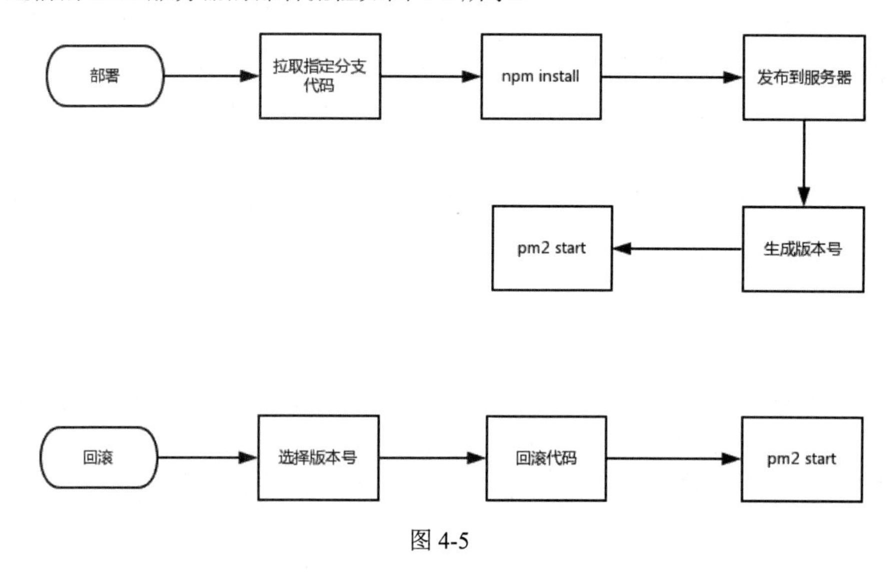

图 4-5

其中主要有三个基本步骤。

- 拉取指定分支代码：使用 git 命令克隆代码，存放到指定位置。
- 通过 npm install 命令安装依赖模块。
- 通过 pm2 start 命令启动服务器。

完成上述步骤后，我们需要修改 Nginx 的配置，一般应用不直接开启 80 端口，需要通过 Nginx 使用具体的 Node.js 应用端口代理 80 端口。

修改 Nginx 配置如下。

```
cat /etc/nginx/sites-enabled/default

upstream backend_nodejs {
   server 127.0.0.1:3019 max_fails=0 fail_timeout=10s;
   #server 127.0.0.1:3001;
   keepalive 512;
}

server {
    listen 80 default_server;
    listen [::]:80 default_server ipv6only=on;

    #root /usr/share/nginx/html;
    root /home/sang/workspace/oschina/base2-wechat-jssdk/public;
    index index.html index.htm;

    # 使站点可通过 http://localhost/被访问
      server_name nodeonly.mengxiaoban.cn at35.com;
    client_max_body_size 16M;
    keepalive_timeout 10;
    location / {
        proxy_set_header X-Real-IP $remote_addr;
        proxy_set_header X-Forwarded-For $proxy_add_x_forwarded_for;
        proxy_set_header Host $http_host;
        proxy_set_header X-NginX-Proxy true;
        proxy_redirect off;
        proxy_next_upstream error timeout http_500 http_502 http_503 http_504;
        proxy_set_header  Connection "";
        proxy_http_version 1.1;
        proxy_pass http://backend_nodejs;
    }
}
```

以上代码中有三项注意事项，具体如下。

- upstream backend_nodejs 定义代理转发的 API 地址。
- location 后面的 proxy_pass 从 upstream 里获取。
- root 下面存放的是静态资源，比如，Express 下存放的 public 目录。

重启 Nginx，命令如下。

```
$ sudo nginx -s reload
```

创建 SLB 集群

部署单台机器是非常少见的情况，一般至少会部署两台以上机器。道理很简单，一台机器“挂”了，还有另一台机器可以用，以保证应用的可用性。

SLB 是对多台云服务器进行流量分发的负载均衡集群。SLB 可以通过流量分发扩展应用对外的服务能力，通过消除单点故障提升应用的可用性。SLB 通过 Tengine 实现，Tengine 是由淘宝网发起的 Web 服务器项目，其在 Nginx 的基础上针对大访问量网站需求添加了很多高级功能和特性。

2022 年，最新的阿里云平台将 SLB 细分成了 ALB（应用型负载均衡）、NLB（网络型负载均衡）和 CLB（传统型负载均衡，原 SLB），推荐使用 ALB 替代 CLB。

创建 SLB 集群很简单，这里直接给出创建后的 SLB 实例详情页面，可以看到实例基本信息和付费信息，如图 4-6 所示。

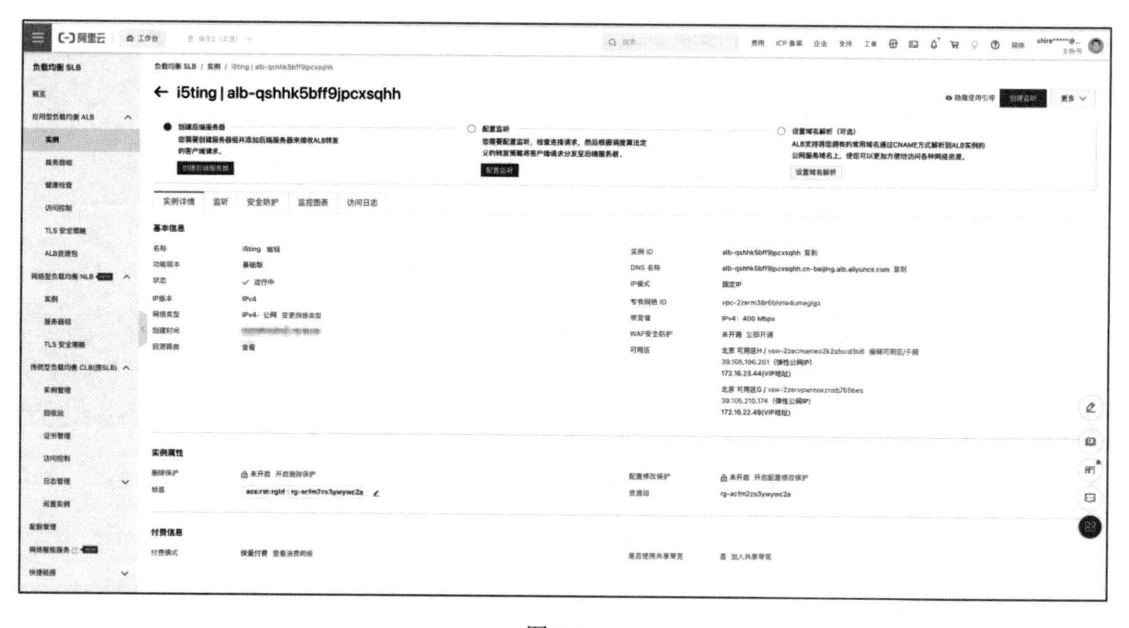

图 4-6

然后创建服务器组，如图 4-7 所示。选择后端协议（如 HTTP、HTTPS、gRPC 等），选择调度算法（默认选择加权轮询）。对于其他配置，建议开启健康检查，对监控报警十分有必要。

图 4-7

目前 SLB 支持三种转发规则：加权轮询、加权最小连接数、一致性哈希。

轮询规则和 HAProxy 的 Round Robin 调度算法基本一致，表示简单轮询。在加权最小连接数规则下，SLB 会自动通过当前 ECS 的请求数判断是否转发。一致性哈希调度算法可以实现 UDP 的会话保持，同时支持 QUIC 协议调度。

再进入服务器组页面，如图 4-8 所示。

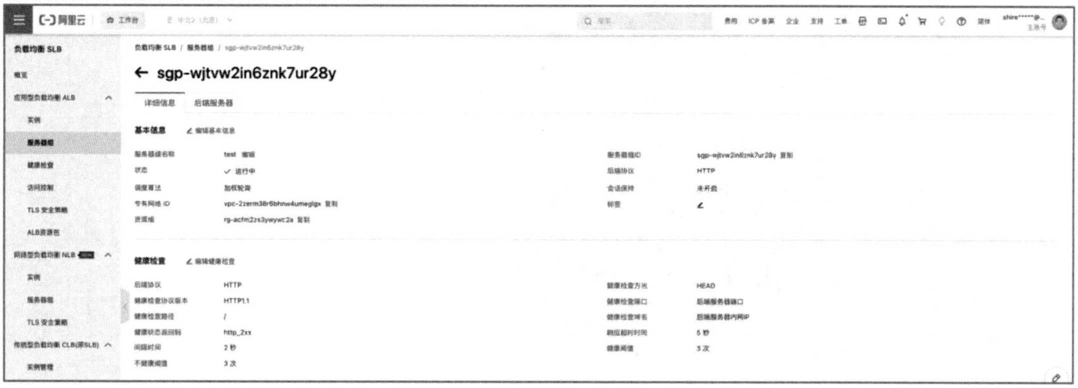

图 4-8

保持默认设置，直接查看后端服务器可了解如何配置 SLB 集群，如图 4-9 所示。

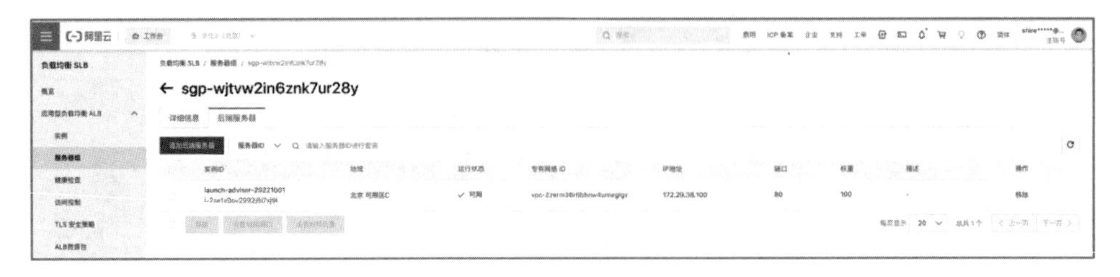

图 4-9

配置完 SLB 集群，下一步要设置具体的 SLB 规则，明确要将请求转发给哪台机器，这也是最核心的配置。先来查看服务器组信息，如图 4-10 所示。

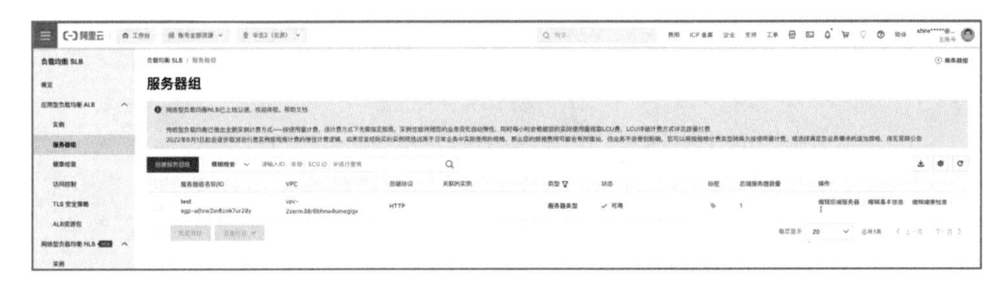

图 4-10

单击“添加后端服务器”按钮，会弹出具体的配置页面，如图 4-11 所示。

图 4-11

在对话框中配置端口和权重，性能越好的机器，应将其权重配置得越高，可选值为 0~100。配置完成后，添加后端服务器选项里会显示服务器信息，如图 4-12 所示。

图 4-12

保证服务器都已启动（80 端口都可正常使用），此时需要将域名解析到 SLB 服务器的 IP 地址上，至此部署完成。

4.1.3　通过 Docker 部署

对于 Node.js 应用来说，Node.js 运行时、应用启停脚本、环境依赖等的迭代非常频繁，这与运维标准化的原则存在一定程度上的冲突，但这是 Node.js 应用走向成熟的必经之路。从打包到部署，Docker 可以帮助我们在 DevOps 方面提升效率。

Docker 化之后带来了如下变化。

- 开发测试、预发布、线上，这三种环境使用同一个镜像，最大限度上减少了环境不一致带来的潜在问题。
- 执行包与配置的分离，让开发人员和运维人员可以更好地合作。
- 镜像通过 Dockerfile 声明式构建，所有的环境变更都可以通过 Dockerfile 的版本管理进行回溯和审查，敏感信息也能得到更好的处理。
- 以完整的可运行实例作为回滚单位，不用担心线上的本地配置变更导致回滚失效。
- 应用的环境依赖交由开发人员通过 Dockerfile 来定义和维护，运维人员则专注于更上层的容器标准化。

图 4-13 是阿里云官方提供的，主要展示了开发人员、测试人员、运维人员、发布人员之间

的职责与协作关系。有了 Docker，各自负责的区域更加清晰，整个流程也更加流畅。

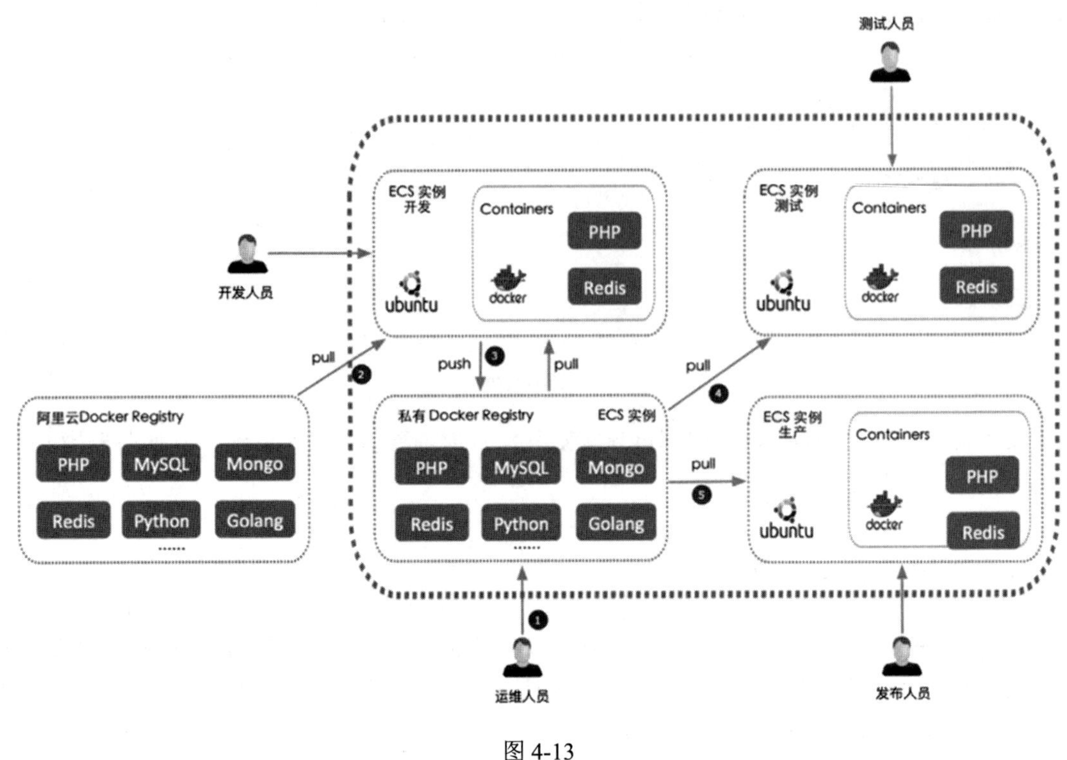

图 4-13

具体部署方式

这里以一个简单的应用开发、测试和发布案例来说明 Docker 在阿里云 ECS 云服务器上的运行过程。

步骤 1：运维人员在 ECS 云服务器上搭建私有的 Docker Registry。

步骤 2：开发人员在开发 ECS 云服务器上从阿里云或私有 Docker Registry 中获取应用需要的基础镜像。

步骤 3：开发人员在开发 ECS 云服务器上构造应用容器，先自行测试后提交容器为新的镜像并推送到私有 Docker Registry 中，通知测试人员进行测试。

步骤 4：测试人员在自己的测试 ECS 云服务器上启动容器，测试后若发现问题则执行步骤 4-a，没有问题则执行步骤 4-b。

4-a. 通知开发人员修复，回到步骤 3。

4-b. 推送至私有 Docker Registry，准备发布。

步骤 5：发布人员下载最新版本镜像并在生产 ECS 云服务器上启动容器。

由于网络原因造成的镜像拉取困难，给创建 Kubernetes 集群制造了不小的麻烦，好在阿里云一直在致力于解决这个问题，为用户提供了镜像拉取加速服务及重要镜像的镜像仓库。镜像仓库类似于 GitHub，是分发镜像的工具。阿里云的镜像仓库可以从 GitHub 仓库中获取镜像，然后我们就获得了某个仓库的 URL。在构建时可以指定版本号（和 Git 里的 tag 对应），这样在部署时就可以部署这个镜像的某个版本。

（1）配置镜像加速器

登录阿里云，依次选择“容器镜像服务”→“镜像加速器”，复制专属加速器地址，如图 4-14 所示。打开 Docker-Preference-Daemon，需在“Registry mirrors”下添加同样的地址。

图 4-14

然后创建命名空间。命名空间是一组仓库的集合，应以公司、组织或团队等的名称命名，不建议使用系统名称进行命名。创建命名空间的过程比较简单，这里不再详细说明。

（2）创建镜像仓库

按照“容器镜像服务”→“实例列表”→“镜像仓库”路径，进入如图 4-15 所示的页面。

图 4-15

单击“创建镜像仓库”按钮，弹出“创建镜像仓库”对话框，如图 4-16 所示。

图 4-16

一个镜像仓库是一组镜像的集合，在如图 4-16 所示的页面上完成配置后，单击“下一步”按钮，出现的页面如图 4-17 所示。

图 4-17

此时绑定 GitHub 账户即可。注意，在“构建设置”中，选择“代码变更自动构建镜像”复选项，也就是说，我们只需要配置一次，后续可由镜像仓库的 Git Webhook 进行触发构建，如图 4-18 所示。

图 4-18

（3）发布镜像

镜像仓库管理页面里有详细的发布镜像的操作流程，大致步骤如下。

- 通过 docker build 命令打包镜像。

- 通过 docker run 命令进行本地测试。
- 通过 docker login 命令登录，并通过 docker push 命令发布镜像。

Docker 结合 package.json 实现管理也是非常不错的选择。使用 package.json 里的 name 和 version 作为镜像名称和版本，使二者统一，可便于管理。

比如，启动脚本可以像下面这样编写，构建成功后，可以基于新镜像运行一个容器。

```
#! /bin/bash

name=$(node -e "console.log(process.env.npm_package_name)")
version=$(node -e "console.log(process.env.npm_package_version)")

echo $name
echo $version

fullname=$name":"$version

docker ps -a |grep $fullname | awk '{print $1}' | xargs docker stop
docker ps -a |grep $fullname | awk '{print $1}' | xargs docker rm

docker build . -t $fullname

docker run -p 8888:3000 --name $name $fullname
```

以上代码中的要点如下。

- 首先在一个镜像的基础上创建一个容器，然后运行 docker run 命令。
- 对容器里的文件进行修改，改好之后退出登录。
- 使用 docker commit 命令提交构建行为，其中[namespace]、[repository]、[ImageId]、[镜像版本号]等信息需要根据自己的镜像信息进行填写。

```
$ docker commit -m "Added files" -a "${作者}" ${容器id(前几位就可以)} ${名称}:${版本号}
```

对于镜像的创建和发布，还可以通过 Dockerfile 来实现，下面具体说明。

使用上面的 docker commit 命令比较麻烦，团队成员间不容易共享开发过程，不如使用配置文件的形式，用一组指令来创建新镜像。

首先创建并编辑 Dockerfile 文件。然后到 Dockerfile 文件所在目录下运行命令以构建镜像。-t 参数用于给镜像添加标签，这是为了让我们在 docker images 命令中更容易查找到它。

下面把镜像发布到内网阿里云平台上。先创建镜像仓库，创建链接。然后在镜像仓库管理页面中按照步骤提示完成操作。

登录阿里云 Docker Registry，命令如下。

```
$ sudo docker login --username={阿里账号} registry.cn-qingdao.aliyuncs.com
$ sudo docker tag [ImageId] registry.cn-hangzhou.aliyuncs.com/[namespace]/[repository]:[镜像版本号]
```

用户名是阿里云账号全名，密码是开通服务时设置的密码。可以在镜像仓库页面单击右上角的按钮修改登录密码。

从 Registry 中拉取镜像，如下。

```
$ docker pull registry.cn-qingdao.aliyuncs.com/i5ting/koa2-demo:1.01
```

将镜像推送到 Registry，如下。

```
$ docker push registry.cn-qingdao.aliyuncs.com/i5ting/koa2-demo:1.01
```

关于此时的网络环境，需要注意以下几点。

- 当从 ECS 云服务器中推送镜像时，可以选择经过内网，这样速度将大大提升，并且不会损耗公网流量。
- 如果申请的机器运行在经典网络下，请使用 registry-internal.cn-qingdao.aliyuncs.com 作为 Registry 的域名和镜像名空间前缀。
- 如果申请的机器运行在 VPC 网络下，请使用 registry-vpc.cn-qingdao.aliyuncs.com 作为 Registry 的域名和镜像名空间前缀。

通过 Docker，开发者可以方便地描述如何将一组容器组合成一个完整的应用程序。如果想构建大型集群，推荐使用 Docker Swarm 与 Kubernetes 这样的集群管理工具，Swarm 是 Docker 原生的工具，Kubernetes 是 Google 项目下的容器编排工具，但其复杂程度较高，需要有专业的运维人员参与。

容器服务

Kubernetes 是非常流行的容器编排工具，为了让 Kubernetes 更深度地集成阿里云的计算、存储和网络服务，以提供更佳的性能和网络特性支持，阿里云容器服务团队为 Kubernetes 提供了基于阿里云服务的 CloudProvider 插件。

同时，基于阿里云提供的资源编排服务 ROS 的应用部署能力，阿里云用户可以非常方便、快速地部署 Kubernetes 集群。接下来我们会详细介绍 Kubernetes 集群的部署过程。

根据使用场景的不同，我们提供开发测试集群和高可用集群两种 Kubernetes 集群部署方案，其特性对比如下。

开发测试集群	高可用集群
单 Master 节点	三个 Master 节点提供高可用性
可配置 Worker 节点数	可配置 Worker 节点数
支持按需扩容、缩容	支持按需扩容、缩容
支持按需启动和销毁集群	支持按需启动和销毁集群

能够部署 Kubernetes 集群是 Node.js 开发者的一个重要技能，下面我们来看一下 Kubernetes 集群的具体部署和使用方法。

（1）创建集群

打开阿里云，进入集群列表，创建集群。

按照步骤依次操作，配置集群信息，如图 4-19 所示。

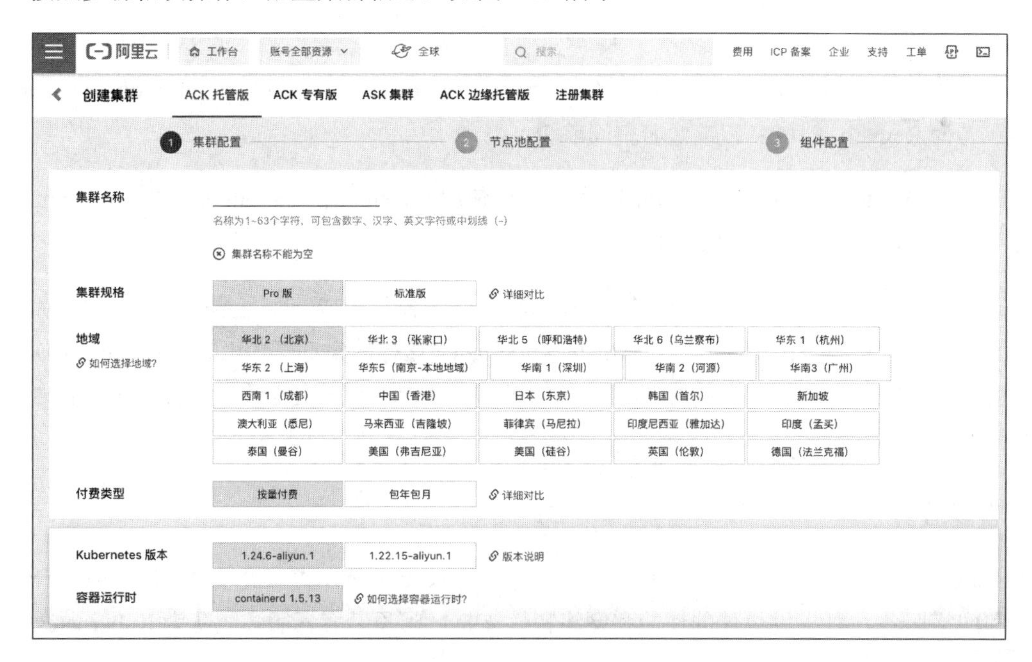

图 4-19

基于容器服务创建集群的过程中会涉及如下操作。

- 创建 ECS，配置管理节点到其他节点的 SSH 的公钥登录方式，通过 CloudInit 安装和配置 Kubernetes 集群。
- 创建安全组，该安全组允许 VPC 网络里全部 ICMP 端口被访问。
- 如果用户不使用已有的 VPC 网络，则会为用户创建一个新的 VPC 及 VSwitch，同时为该 VSwitch 创建 SNAT 网络。
- 创建 VPC 路由规则。
- 创建 NAT 网关和共享带宽包（或 EIP）。
- 创建 RAM 子账号和 AK，该子账号拥有 ECS 的查询功能、实例创建和删除权限、添加和删除云盘权限、SLB 的全部权限、云监控的全部权限、VPC 的全部权限、日志服务的全部权限、NAS 的全部权限。Kubernetes 集群会根据用户部署相应地动态创建 SLB、云盘、VPC 路由规则。
- 创建内网 SLB，暴露 6443 端口。
- 创建公网 SLB，暴露 6443 端口。若选择开放公网 SSH 访问权限，则暴露 22 端口。

创建 Kubernetes 集群需要约 10 分钟的时长，如图 4-20 所示，可以跳转到“集群列表”查看状态。

集群创建中

Kubernetes 集群创建需要约 10 分钟，您可以跳转到 集群列表 查看状态

容器服务将使用ROS资源栈部署集群，手动删除相关资源将导致集群不可用，请谨慎操作

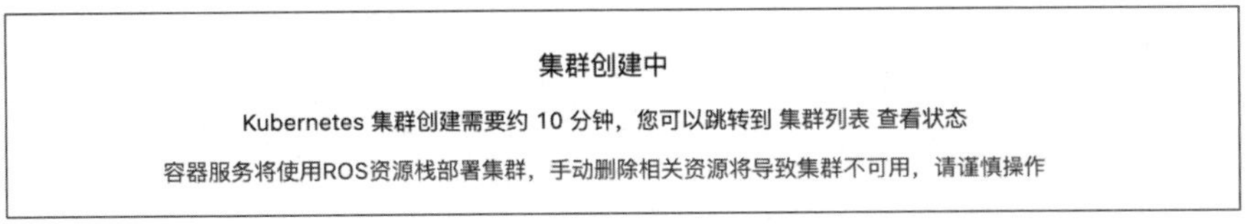

图 4-20

刚入门的时候，该步骤不需要深究，了解如何发布即可，后期做性能优化时再考虑集群扩容也来得及。

（2）部署

下面以最简单的 Nginx 镜像为例，其部署过程如图 4-21、图 4-22、图 4-23 所示。

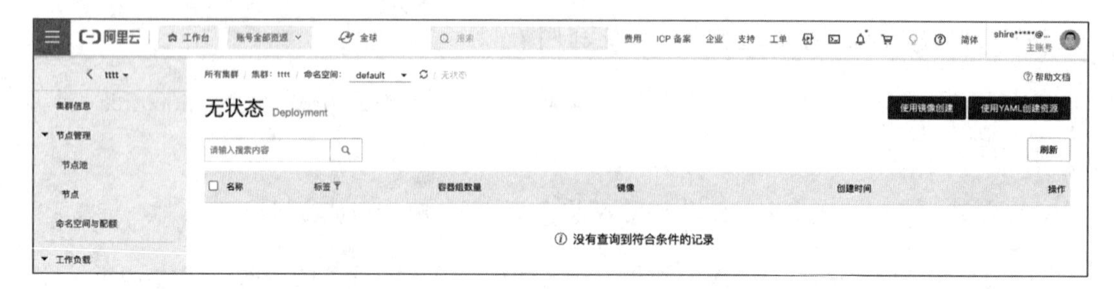

图 4-21

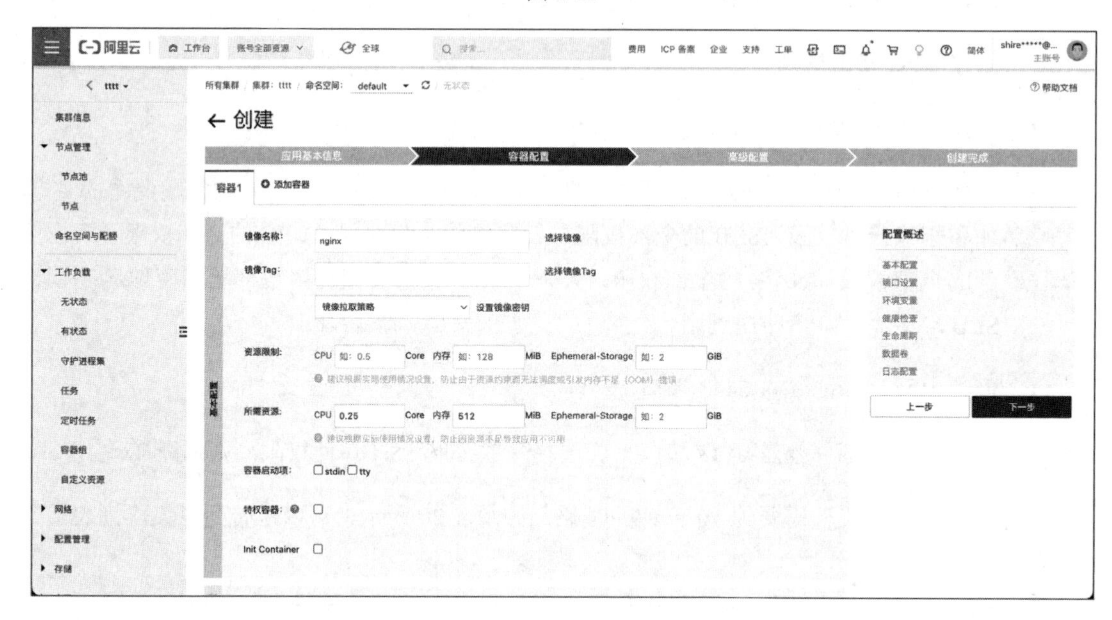

图 4-22

镜像选择

容器镜像服务 | Docker官方镜像 | 用户收藏 | 搜索

nginx

nginx
类型：公开 来源：DOCKER_HUB ★
Official build of Nginx.
详情 收藏

共有 1 条，每页显示 30 条 « ‹ 1 › »

确定 取消

图 4-23

（3）健康检查

这里的部署方式支持存活检查（Liveness）和就绪检查（Readiness）。存活检查用于检测何时重启容器；就绪检查用于确定容器是否已经就绪，且可以接收流量。

健康检查默认由负载均衡系统通过后端 ECS 内网 IP 地址向服务器应用配置的默认首页发起 HTTP 请求，然后按需配置，如图 4-24 所示。线上应用是一定要配置的。

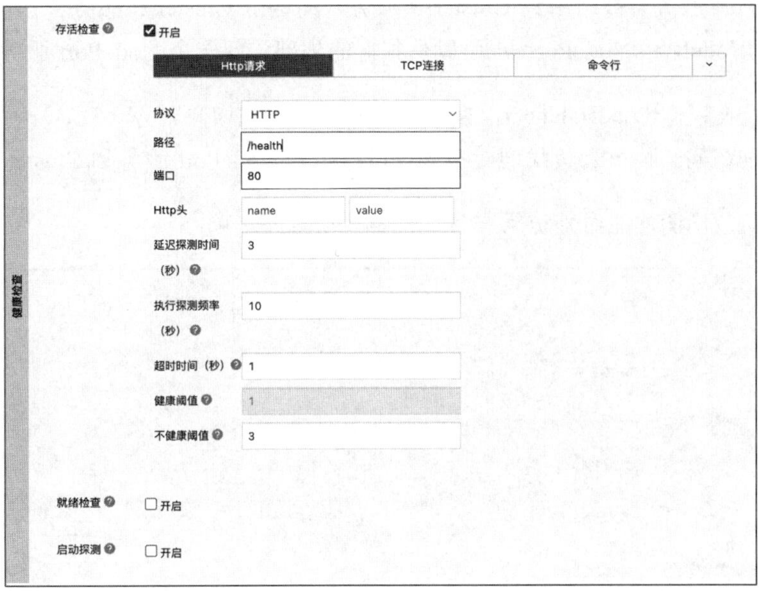

图 4-24

伸缩配置是为了满足应用在不同负载下的需求，容器服务支持容器的弹性伸缩，即根据容器 CPU 和内存资源占用情况自动调整容器数量，如图 4-25 所示。线上应用建议配置。

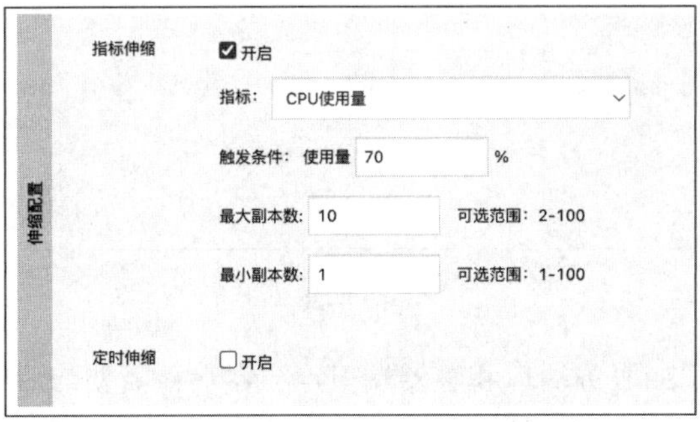

图 4-25

进入如图 4-26 所示的“创建服务”页面，需在页面中选择服务类型，即服务访问的媒介，有如下几种。

- 虚拟集群 IP 地址：即 ClusterIP，指通过集群的内部 IP 地址暴露服务，选择该方式时，服务只能在集群内部被访问，这也是默认的服务访问方式。
- 节点端口：即 NodePort，通过每个节点上的 IP 地址和静态端口（NodePort）暴露服务。NodePort 服务会被路由到 ClusterIP 服务，而这个 ClusterIP 服务会被自动创建。通过请求<NodeIP>:<NodePort>，可以从集群的外部访问一个 NodePort 服务。
- 负载均衡：即 LoadBalancer，指阿里云提供的负载均衡服务（SLB），可选择公网访问或内网访问。阿里云负载均衡服务可以路由到 NodePort 服务和 ClusterIP 服务。

只有借助负载均衡才能对外访问服务，一定要注意此选项。

图 4-26

对于端口映射，要添加服务端口和容器端口，容器端口需要与后端服务中暴露的容器端口一致。这里默认 Nginx 镜像暴露的是 8080 端口（见图 4-26）。

完成上述设置后，单击页面右下角的“创建”按钮。创建完成后可在服务列表中查看外网可访问的 IP 地址，如图 4-27 所示。

容器组 | 访问方式 | 事件 | 容器伸缩 | 历史版本 | 日志

名称	镜像	状态 (全部)	监控	重启次数	Pod IP
nginx-5f96fcfdc8-79w28	nginx:latest	Running		0	172.16.23.74
nginx-5f96fcfdc8-g8pdq	nginx:latest	Running		0	172.16.23.73

图 4-27

单击 IP 地址对应的 URL，会出现 Nginx 的欢迎页面，如图 4-28 所示。

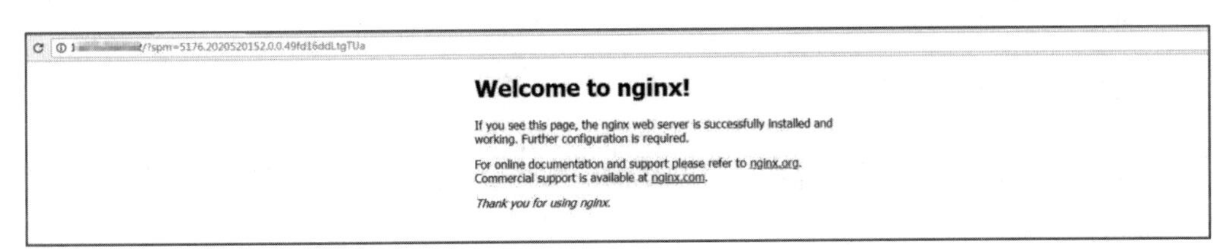

图 4-28

这里使用的是 Nginx 官方镜像，如果想定制里面的内容，可以自己编写 Dockerfile 并构建对应的镜像。

如果换成 koa2-demo，使用之前编写完成的镜像即可。另外，注意使用 SLB 时暴露的是 3000 端口，配置时需要修改。

目前，Kubernetes 这种级别的软件是由专门的系统管理员来负责的。开发者只要将镜像仓库的地址和 Tag 告诉系统管理员即可。系统管理员会在集群上更新并部署新版本。当然，如果能够自己搞定，这充分说明开发者的能力较强。

RDC（R&D Collaboration）是阿里巴巴研发的一站式企业协同研发云（一站式的企业级协同研发平台），为企业用户提供了遵循“需求→编码→测试→发布→反馈”路径的端到端持续交付服务，并解决了研发过程中跨角色、跨组织、跨地区协作等问题，在此基础上通过数据驱动、度量分析为组织效能提升提供了决策依据。

简单来讲，RDC 是目前阿里巴巴内部使用的项目管理软件，内部对应的名称是 AOne，RDC 是 AOne 的外部版本。RDC 适用面非常广，尤其是对有阿里巴巴背景或想进入阿里巴巴的人来说，是非常不错的选择。RDC 界面如图 4-29 所示。

图 4-29

在功能上，RDC 提供了项目管理、应用管理、代码托管、自动化测试、持续交付、运营反馈六大功能服务。对 Scrum 项目、大型项目管理都有很好的支持。

4.1.4　自动部署

前面讲的部署方式对单机来说是没有问题的，但是，如果你手上有成百上千台服务器呢？比尔·盖茨曾说过：

> "任何技术在一个业务中使用的第一条规则就是，将自动化应用到一个高效的操作上将会放大高效。第二条就是将自动化应用到一个低效操作上则放大了低效。"

对部署过程的每一个步骤都实施自动化，可以带来包括效能在内的显著好处。手动完成这些操作很耗时，二者的生产效率差异很大。目前，部署过程中涉及应用、环境和部署流程的主要模型，都要实现自动化，首先要做的是对需要部署的应用、环境和流程建模，所以还需要一个自动化部署系统来支撑。Node.js 应用可以通过现有的各种自动化部署工具来部署，也可通过一些基于 Node.js 实现的很有特色的工具来部署，本节将主要讲解这些工具。

（1）FTP

很早之前，在 Windows 系统下进行 Java 开发都是通过 PuTTY 或 SecureCRT 等 SSH 客户端软件连接服务器的，这种方式比较原始。后来使用了 FTP 服务，通过 FTP 客户端进行操作比较简单、直接，对于简单项目来说是非常实用的。在使用 FTP 前，需要安装和部署 FTP 服务器，安装命令如下（具体部署配置，此处不做详细讲解）。

```
$ yum -y install vsftpd
```

使用 Gulp 和 FTP 解决部署问题非常简单，推荐使用 gulp-sftp 模块。

```
var gulp = require('gulp');
var sftp = require('gulp-sftp');

gulp.task('default', function () {
    return gulp.src('src/*')
        .pipe(sftp({
            host: '192.168.0.1',
            user: 'i5ting',
            pass: '1234'
        }));
});
```

FTP 的关注要点主要是上传代码、Gulp 任务管理，以及 PM2 部署和代码变动重载。

在执行 gulp 命令后，src 下的所有文件都会被同步到具体的 FTP 服务器上。同步完成后会触发 PM2 文件更改监察功能，进而重启 Node.js 服务。

（2）Shipit

部署单台服务器相对比较容易，对于具有多台服务器的场景，上述操作肯定是不行的，最好可以同时部署多台服务器，具体需求如下。

- 一键部署多台服务器。
- 一键回滚多台服务器。
- 本地操作，无须登录服务器。
- 方便定制扩展，实现全流程自动化。

为了实现上述需求，可以使用通过 Node.js 实现的 Shipit 工具。Shipit 是一个强大的自动化部署工具。Shipit 在很多地方非常类似于 Gulp，其核心特性如下。

- 完全通过 JavaScript 开发。
- 任务流基于 Orchestrator（Gulp 的核心）。
- 官方提供对核心部署流程的支持。
- 具有极具交互性的 SSH 命令。

❍ 具有很好的扩展性，除官方插件外，还支持第三方插件。

全局安装 Shipit 的命令如下。

```
$ npm install --global shipit-cli
```

第一次使用时必须创建 shipitfile.js 文件，如果你使用过 Grunt 或者 Gulp，入门将很容易。

创建 shipitfile.js 文件，命令如下。

```
module.exports = function (shipit) {
  shipit.initConfig({
    staging: {
      servers: 'myproject.com'
    }
  });

  shipit.task('pwd', function () {
    return shipit.remote('pwd');
  });
};
```

启动 Shipit，命令如下。

```
$ shipit staging pwd
```

执行以上命令相当于执行了远程服务器 myserver1 和 myserver2 两台机器上的 pwd 命令。

```
module.exports = function (shipit) {
  require('shipit-deploy')(shipit);
  shipit.initConfig({
    default: {
      workspace: '/tmp/github-monitor',
      deployTo: '/tmp/deploy_to',
      repositoryUrl: 'https://github.com/user/repo.git',
      ignores: ['.git', 'node_modules'],
      keepReleases: 2,
      deleteOnRollback: false,
      key: '/path/to/key',
      shallowClone: true
    },
    staging: {
      servers: ['user@myserver1.com', 'user@myserver2.com'],
      branch: 'master'
    }
  });
};
```

这里定义了 Git 仓库信息、服务器信息、部署目录等，然后执行以下命令即可实现一键部署、回滚，上面的代码配置了 stating.servers，可用于直接操作 myserver1 和 myserver2 两台机器。

```
//部署
$ shipit staging deploy
//回滚
$ shipit staging rollback
```

Shipit 的核心依赖是 OpenSSH 和 Rsync，即支持所有的 SSH 功能，并通过 Rsync 来进行代码 diff 同步。

使用 shipit-deploy 来实现代码同步，用插件和脚本来完成启动等额外工作，那么 shipit-deploy 就不仅可以用来部署 Node.js 项目，其他语言项目也可以按照这个套路来自动化部署。借助 Shipit，一个人可以轻松搞定多台服务器，也可以搞定多语言项目部署。

（3）PM2

PM2 是一个带有负载均衡功能的 Node.js 应用进程管理器。PM2 通过 Node.js 内置的 Cluster 模块充分利用所有 CPU 资源，可将 Node.js 服务器端性能发挥到极致，并保证进程永远都“活”着，保障零秒重载。可以说，PM2 是 Node.js 应用部署场景下使用最多的模块之一。

PM2 的主要特点如下。

- 内置负载均衡功能。
- 后台运行。
- 零秒重载，大概意思是维护升级的时候不需要停机。
- 具有 Ubuntu 和 CentOS 的启动脚本。
- 可停止不稳定的进程（避免无限循环）。
- 支持控制台检测。
- 提供 HTTP API。
- 提供远程控制和实时接口 API（允许和 PM2 进程管理器交互）。

安装 PM2，命令如下。

```
$ npm install -g pm2
```

使用 PM2 部署简单的项目，命令如下。

```
$ pm2 start app.js --name "heheda" -i 0 --watch
```

上述命名中的参数解释如下。

- pm2 start app.js：使用 PM2 启动 app.js 文件。
- -i 0：使用最大进程数启动。
- --name：指定一个名字。
- --watch：开启监视模式，如果代码有变动，PM2 会自动重启。

查看 PM2 部署，命令如下。

```
$ pm2 ls
```

之前我们部署服务器的方式是使用 OSCHINA 托管项目，在服务器中安装 Git 将项目复制到服务器中，然后使用 PM2 部署项目。如果项目有改动，则需要到多台服务器中拉取代码，然后由 PM2 重载项目，部署体验是非常糟糕的。下面我们使用 PM2 的远程部署方式来解决这个问题。

首先，在本地机器和线上服务器间建立 SSH 信任，实现免密码登录，具体步骤如下。

- 生成 Git SSH 公钥

```
$ git config --global user.name "heheda"
$ git config --global user.email "heheda@mail.com"
$ ssh-keygen -t rsa -C "heheda@mail.com"
```

连续按三次回车键，将生成的 SSH 公钥添加到 GitHub 中。

- 查看生成的 SSH 公钥

```
$ ls ~/.ssh/
authorized_keys id_rsa          id_rsa.pub      known_hosts
```

用户主目录下的.ssh 文件中的 id_rsa.pub 就是生成的 SSH 公钥。authorized_keys 文件是经过授权的 SSH 公钥，在使用 SSH 协议进行远程访问的时候，如果该机器的 SSH 公钥在这个文件中，则表示可以直接访问。

- 将 SSH 公钥复制到服务器

执行以下命令将本地 id_rsa.pub 复制到服务器的.ssh/目录下并命名为 authorized_keys，这样就能免密码访问远程服务器。上一步已经将服务器的 SSH 公钥添加到 GitHub 中了，此时在服务器中使用 Git 克隆项目代码时也不需要输入密码了。

```
$ scp ~/.ssh/id_rsa.pub username@ip:用户主目录/.ssh/authorized_keys
```

然后，编辑 ecosystem.json 文件，该文件是 PM2 的配置文件。

这里给出官方部署文档。

```
{
  /**
   * Deployment section
   * http://pm2.keymetrics.io/docs/usage/deployment/
   */
  "deploy" : {
    "yourprojectname" : {
      "user" : "node",
      "host" : ["ip"],
      "ref"  : "origin/master",
      "repo" : "git.oschina.net",
      "path" : "/your/deploy/folder/",
      "post-deploy" : "npm install ; pm2 start bin/www --name 'hz-frontend' --watch",
      "env"  : {
        "NODE_ENV": "dev"
      }
    }
  }
}
```

以上代码中的参数解释如下。

- user：登陆到远程主机的用户名。
- host：服务器的 IP 地址，注意此处是数组，支持多台服务器部署。
- ref：部署分支。
- repo：GitHub 或 OSCHINA 中托管的地址。
- path：部署到服务器的目录。
- post-deploy：部署时的命令。

接下来执行部署。

首次在服务器中部署（这时服务器中没有需要部署的项目，需要将代码复制到服务器），命令如下。

```
$ pm2 deploy ecosystem.json yourprojectname setup
```

以上命令的作用是将项目代码从 GitHub 或 OSCHINA 中复制到指定路径，需要注意的是，PM2 将目录结构划分为以下状态。

```
|current | shared  |source |
```

复制完毕，执行安装和启动命令。

```
$ pm2 deploy ecosystem.json yourprojectname
```

官方推荐在部署的项目中也使用 ecosystem.json 来启动项目。

```
{
  "apps" : [{
    // Application #1
    "name"        : "hz-mq",
    "script"      : "index.js",
    "args"        : "--toto=heya coco -d 1",
    "watch"       : true,
    "node_args"   : "--harmony",
    "merge_logs"  : true,
    "cwd"         : "/Users/zxy/work/hz-mq",
    "env": {
      "NODE_ENV": "development",
      "AWESOME_SERVICE_API_TOKEN": "xxx"
    },
    "env_production" : {
       "NODE_ENV": "production"
    },
    "env_staging" : {
       "NODE_ENV" : "staging",
       "TEST"     : true
    },
    "exec_mode"  : "cluster_mode"
  }]
}
```

可以看到，一般能用到的配置几乎都能覆盖。然后执行持续交付操作。

Shipit 和 PM2 已经足够好用，可以轻松管理多台服务器，但它们最大的问题是，发布需要人为操作。那么，能否由我们来制定规则，从而做到真正的持续交付呢？

实现持续交付的核心原理如下。

- 通过 Jenkins 进行持续集成（CI）和持续交付（CD）。
- 通过 Git Web Hook 触发 CD。
- 进行部署。

Jenkins 是一个广泛用于持续构建的可视化 Web 工具，持续构建说得更直白点就是各种项目的“自动化”编译、打包、分发、部署。Jenkins 可以很好地支持各种语言（如 Java、C#、PHP、Node.js 等）的项目构建，也完全兼容 npm、Ant、Maven、Gradle 等多种第三方构建工具，同时能跟 SVN、Git 无缝集成，也支持直接与知名源码托管网站（如 GitHub、Bitbucket）直接集成。

在 GitHub、GitLab 上配置 Jenkins 的 Webhook 地址，Git Webhook 变动时会通知 Jenkins 请求地址，假设 Jenkins 所在服务器的地址是 192.168.0.1，端口为 8080，那么 Webhook 地址就是 http://192.168.0.1:8080/github-webhook。

部署操作步骤使用手动部署或通过 Docker 部署的方式都可以，参加 4.1.2 和 4.1.3 节内容。

最后，我们要进行配置管理。如果机器非常多，推荐使用 Puppet、Ansible 等通用配置软件。

Puppet 是一种 Linux、UNIX、Windows 平台的集中配置管理系统，使用自有的 Puppet 描述语言，可管理配置文件、用户、Cron 任务、软件包、系统服务等，Puppet 将这些系统实体称为资源，Puppet 的设计目标是简化对这些资源的管理及妥善处理资源间的依赖关系。

Ansible 是比较常用的自动化运维工具，基于 Python 开发，集合了众多运维工具（Puppet、CFEngine、Chef、Func、Fabric）的优点，实现了批量配置系统、批量部署程序、批量运行命令等功能。Ansible 是基于模块工作的，本身没有批量部署的能力。真正具有批量部署能力的是 Ansible 所运行的模块，要想了解详细信息，可查阅官方文档。

4.1.5　APM 与监控

APM（Application Performance Management，应用性能管理）是检测和解决应用软件问题的实践，旨在确保用户获得高质量的体验。随着应用和平台越来越复杂，开发人员对于 APM 解决方案的需求也变得越来越迫切。这些解决方案通过衡量用户、应用组件和特定事务的响应时间，监控并管理整个生命周期内应用的性能、可用性和安全性。

比如，一个新项目上线时有许多功能，开发人员和运维人员可能很想知道各个功能运行得怎么样，是否有内存泄漏，响应是否迅速，各个功能的用户使用频率如何……另外，如果发现使用某一个功能时运行特别慢，那我们能否快速确定到底是数据库执行慢，还是代码性能有问题，又或者是服务器内存不足？直接查看日志很麻烦，日志记录也可能很难看懂。这时候就需要一个日志分析查询工具来帮助我们找出问题所在。除了查看错误日志，还可以分析其他日志，从中得到一些有趣的信息。

这个日志分析查询工具可用于查询如下内容。

- Nginx 错误日志、个人错误日志：排除故障。
- Nginx 访问日志中信息：统计出哪些站点访问量更大，访问的人群地理分布如何等。
- 手动引入的请求及 API 调用记录、调用时间日志：找到性能瓶颈。
- 系统信息（包括 CPU、内存、网络消耗等）：完全掌握软件运行状态。

对于上述需求，我们可以通过 APM 实现。无论大小应用，稳定性都是基础要求，一些性能问题也能够通过 APM 暴露出来，尤其是应对突发流程时，如果没有 APM，很难做到实时监控，故障等级也会上升。这里我们以一款开源的工具 Elastic APM 为例进行介绍。

Elastic APM 的前身是 Opbeat，其简单、UI 整洁、可以和 Git 集成、方便查看版本发布后的性能变化、支持错误日志采集。后来，Opbeat 被 Elastic 收购，演变成 Elastic APM。

我们通过 Docker 部署一个用于本地开发的环境。

- 使用 Node.js 构建微服务。
- 使用 Elasticsearch、Logstash 和 Kibana（ELK）堆栈构建 Docker 容器内的集中化日志。

Elastic APM 的架构如图 4-30 所示。

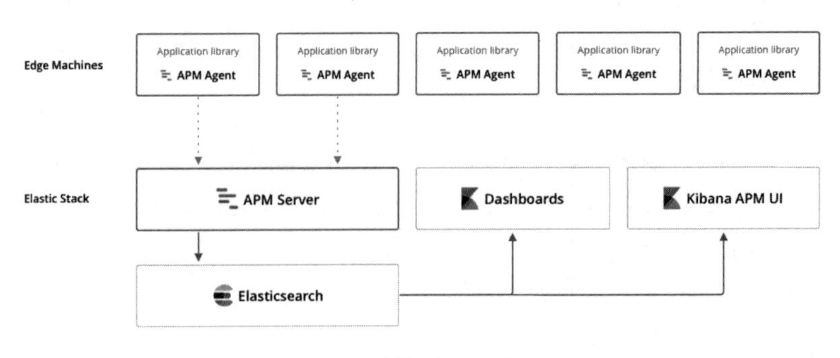

图 4-30

在开发端，我们只需要关注 APM Agent 部分，APM Agent 会将数据上报给 APM Server，APM Server 再将数据存储到 Elasticsearch 中，然后通过 Kibana APM UI 和 Dashboards 展示。

下面我们来介绍 ELK 和 APM 搭建的具体步骤。

ELK 搭建

Elasticsearch+Logstack+Kibana 是整套的开源日志管理方案，该方案常常被简称为 ELK（取三者首字母）。但是这三者是相互独立的，各自的功能不同。

- Logstash 负责文本数据的收集、处理、存储，是一个数据处理管道，其转换的日志消息被发送到 Elasticsearch 中存储。
- Elasticsearch 负责数据的检索，是一个构建于 Apache Lucene 之上的开源搜索引擎，它充当着日志消息的无模式 JSON 数据库。
- Kibana 负责数据的可视化。

我们通过 Docker 来启动 ELK 服务，具体命令如下。

```
$ git clone git@github.com:deviantony/docker-elk.git
$ cd docker-elk
$ docker-compose up [--force-recreate]
```

如果没有 Docker，使用起来可能会非常麻烦。

默认占用的端口及其说明如下。

- 5000：Logstash TC 端口。
- 9200：Elasticsearch HTTP 端口。
- 9300：Elasticsearch TCP 端口。
- 5601：Kibana 端口。

启动成功后，在浏览器中打开 http://127.0.0.1:5601/，界面如图 4-31 所示。

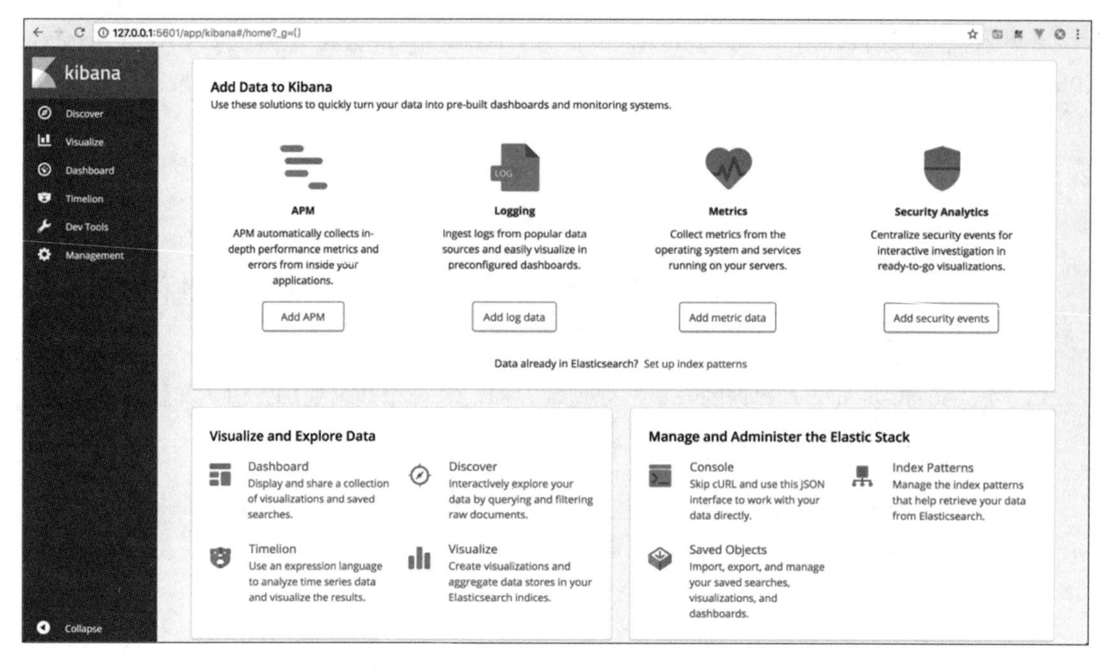

图 4-31

ELK 搭建成功后，我们就可以进行 APM 安装了。

APM 安装

单击图 4-31 中的“Add APM”按钮，可以看到具体的安装步骤。

```
$ curl -L -O https://artifacts.elastic.co/downloads/apm-server/apm-server-6.3.2-darwin
-x86_64.tar.gz
$ tar xzvf apm-server-6.3.2-darwin-x86_64.tar.gz
$ cd apm-server-6.3.2-darwin-x86_64/
$ ./apm-server setup
Loaded index template
Loading dashboards (Kibana must be running and reachable)
Loaded dashboards
```

执行 setup 命令，初始化 APM 数据，自动添加如图 4-32 所示的面板。

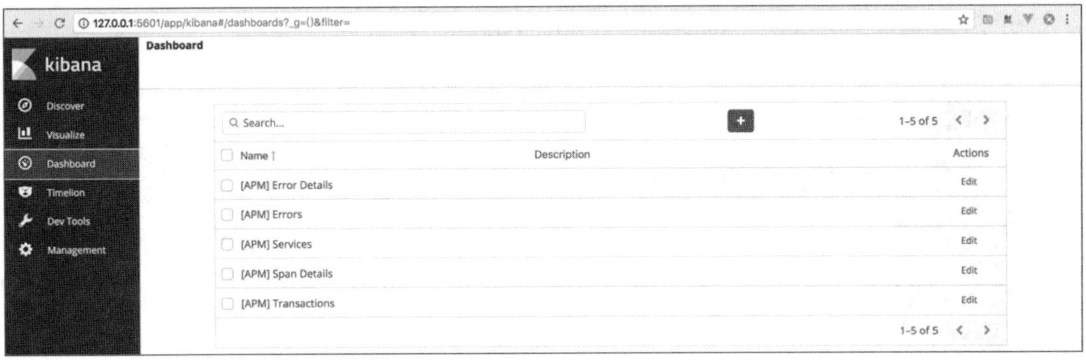

图 4-32

启动 APM 服务器，命令如下。

```
$./apm-server -e
```

修改 Koa 应用代码，添加 APM 探针，在 koa-generator 生成的代码 bin/www 的最上面添加如下代码。

```
global.apm = require('elastic-apm-node').start({
  serviceName: 'koa2-demo'
})
```

Elastic APM 中有两个术语，分别解释如下。

- trace：一个事件及其持续时间，如 SQL 查询。
- transaction：一组 trace 集合，如 HTTP 请求。

在 app.js 中修改 logger 中间件，设置 transaction 名称，代码如下。

```
// logger
app.use(async (ctx, next) => {
  const start = new Date()
  await next()
  const ms = new Date() - start
  console.log(`${ctx.method} ${ctx._matchedRoute} ${ctx.url} - ${ms}ms`)

  apm.setTransactionName(`${ctx.method} ${ctx.url}`)
})
```

然后通过 npm start 命令启动 HTTP 服务，通过 curl 命令测试如下请求。

```
$ curl http://127.0.0.1:3000/
$ curl http://127.0.0.1:3000/users
```

在可视化面板中可以看到 koa2-demo，如图 4-33 所示。

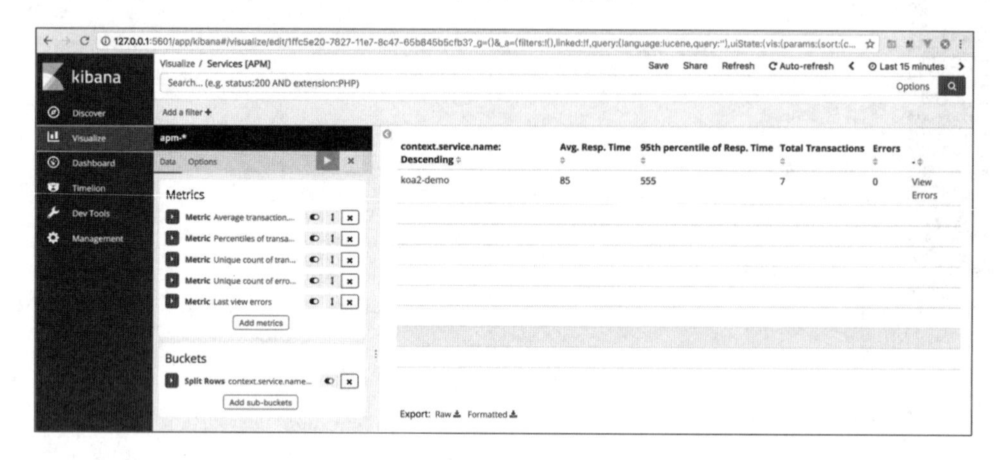

图 4-33

单击“koa2-demo”链接，进入详情页面，如图 4-34 所示。

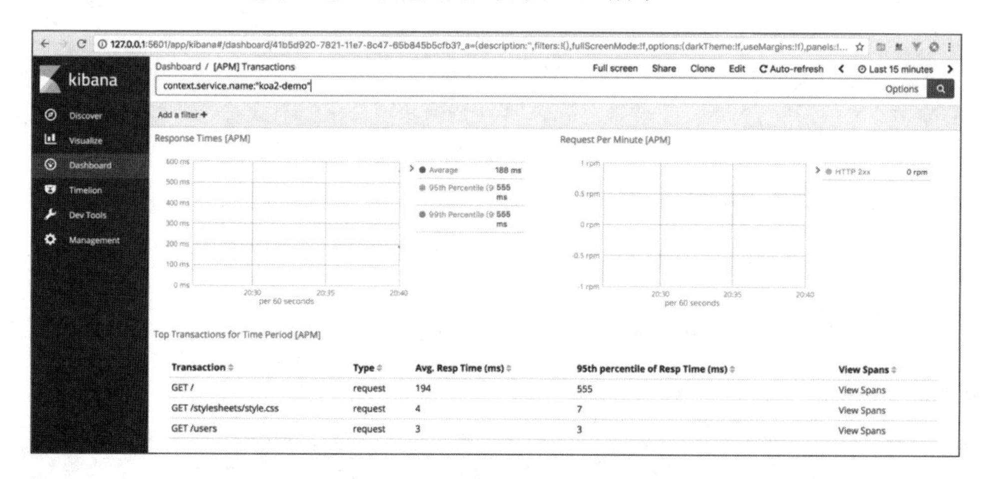

图 4-34

至此，你已经可以看到平均响应时长、请求数量、均值水位线等信息，满足日常监控需求。

追踪错误信息也是非常简单的，在 router/index.js 里增加如下代码。

```
router.get('/error', function (ctx, next) {
  let err = new Error('apm.captureError(err)')
  apm.captureError(err)
  throw err
})
```

重启测试程序，发起请求 http://127.0.0.1:3000/error。回到 Kibana 界面，按照“Dashboard”→“[APM] Errors”次序进行选择，即可看到错误日志记录（自动聚合）和图表。错误日志中展示了错误代码及行数、上下几行代码、父级函数名和所在文件等信息，如图 4-35 所示。

图 4-35

峰值 QPS 估算

性能测试是稳定性评估非常重要的一个环节，不同系统服务的业务是不一样的，用户也是不一样的，所以性能测试需要从业务和用户角度出发。这里渐进式列举三种情况。

- 一名用户能正常使用我们的系统，这是从功能层面要达到的。
- 10 万名用户能正常使用我们的系统，这时要开始考虑性能问题。
- 1000 万名或更多名用户能同时访问且能像一名用户那样正常使用我们的系统，这是开发者追求的价值与目标。

性能测试就是要做到投入更少的人力、物力、财力，支持更多的用户优雅地使用系统。在估算之前，我们要了解一些简单的概念，比如系统吞吐量（TPS）、每秒查询数（QPS）等。

- QPS：单个进程每秒请求服务成功返回的次数，或者服务器每秒处理的请求数。
- QPS（单台机器的 QPS）＝总请求数/（进程数×请求时间）。
- 每天 80%的访问量集中在 20%的时间内，这 20%的时间叫作峰值时间。

- 峰值 QPS =(单日总 PV 数的 80%)/(每天秒数的 20%)。
- 需要的机器数量 = 峰值 QPS/单台机器的 QPS。

亿级流量真的很大吗？其实，亿级流量和亿级并发根本不是一回事。对于精细化的性能评估过程，需要结合业务架构评估出流量的分布，大致步骤如下。

- 将业务目标转化为技术目标，能够评估出总流量。
- 精确拆分，通过总流量与流量分布数据，评估出各入口流量。
- 根据入口流量与用户行为，评估压力测试模型。
- 依照压力测试模型创建相应的数据。

评估分析其实非常复杂，峰值 QPS 只是最简单的指标，更多的是要从业务指标开始评估性能，进而实现性能测试。

全链路压力测试

随着业务的快速发展，系统性能压力问题也逐渐出现，我们甚至会在部分场景下会遇到一些突发的高流量营销活动，导致系统性能压力突然暴涨，造成系统瘫痪。比较典型的场景是活动、秒杀等。在复杂系统里，哪怕一个 API 也可能调用几个 RPC 服务，经过几次封装才能得到最终返回结果。

日常监控使用基本的 APM 功能即可。如果想更好地应对高流量、大并发场景，进行适当的攻防演练是必要的。全链路压力测试涉及三个核心元素：压力测试环境、压力测试数据、压力测试流量。进行压力测试前，准备如下。

- 技术架构梳理：梳理架构的分层结构、模块划分方式，了解 RPC、消息、缓存、数据库驱动等中间件的使用情况。
- 业务梳理：梳理业务链路，厘清各个模块间的调用关系。
- 中间件升级：解决绝大部分 RPC、消息、缓存、数据库驱动、压力测试标识透传的问题，拦截非法流量。
- 系统改造：业务系统需要做必要的改造，解决小部分压力测试丢标问题、压力测试流量不可重复运行的问题，以及针对压力测试流量做特殊的降级措施。

- 建影子表：为压力测试流量构建影子表。
- 业务联调：在构建好基础环境和业务数据之后，通过单元测试跟踪压力测试流量的去向，验证功能是否可用，流量是否路由到影子表等。
- 正式进行压力测试。

Node.js 服务器端在压力测试过程中专注于以下功能：优化业务流程、优化单个系统性能、优化关联路径。其中无难点，比拼的是细节和内功，这里就不一一展开说明了。正所谓："谋定后动，不打无准备之仗。"

4.2 性能调优

Node.js 已日渐成为主流，且企业也开始使用 Node.js 来构建关键业务的后端服务和 Web 端应用程序，因此，提高 Node.js 应用性能对企业来说变得至关重要。

4.2.1 基础知识

众所周知，Node.js 是单线程服务器，新事件会触发代码的执行，执行一系列 I/O 操作，并在完成后执行回调代码。对于 I/O 密集型应用，例如 Web 和移动应用程序，这种事件驱动异步调用的计算模型非常有用，不过要在一个关键事务里同时跟踪多个异步调用是一项艰巨的任务。

Node.js 的性能问题也非常明显，一般来说如下。

- EventLoop 是"黑盒"。
- JavaScript 代码由 V8 引擎执行，我们不清楚细节，内存管理是"黑盒"。
- Node.js 本身是用 C/C++语言开发的，个别 API 可能存在风险。

Node.js 即使不经过优化也具有非常好的性能，但对于开发人员来说，追求极致是必要的。另外，真的遇到问题也要有"抓手"，避免故障。本节将从基础知识讲起，介绍基准测试、压力测试、内存与 GC、探针原理，以及如何进行 Profile 采样，这些对于性能调优是极其重要的。

基准测试

在前端开发中，掌握好浏览器的特性并进行有针对性的性能调优是一项基本工作，同时，比较不同代码的执行速度也是一项关键工作。

比如，当我们想比较 RegExp 的 test 方法和 String 对象的 indexOf 方法查找字符串的速度哪个更快时，最好借助基准测试。由于 JavaScript 代码在不同的浏览器、不同的操作系统环境下的运行效率可能不一样，因此需要对其进行基准测试。在基准测试的技术选型上，我们可以使用 Benchmark.js 和 jsPerf（一个基于 JSLitmus 的基准测试库）。下面以使用 jsPerf 做基准测试为例，代码如下。

```
var suite = new Benchmark.Suite;

// 通过 add 方法增加测试
suite.add('RegExp#test', function() {
  /o/.test('Hello World!');
})
.add('String#indexOf', function() {
  'Hello World!'.indexOf('o') > -1;
})
// 增加事件监听
.on('cycle', function(event) {
  console.log(String(event.target));
})
.on('complete', function() {
  console.log('Fastest is ' + this.filter('fastest').map('name'));
})
// 判断是否以异步形式运行
.run({ 'async': true });

// 输出日志:
// => RegExp#test x 4,161,532 +-0.99% (59 cycles)
// => String#indexOf x 6,139,623 +-1.00% (131 cycles)
// => Fastest is String#indexOf
```

压力测试

压力测试（Stress Testing）也被称为强度测试，通过模拟实际应用的软硬件环境及用户使用过程的系统负荷，长时间或超大负荷地运行测试软件，以此测试被测系统的性能、可靠性、稳定性等。压力测试需要确定一个系统的瓶颈或不能接受的性能点，以获得系统能提供的最大服务级别。通俗地讲，压力测试是为了发现在什么条件下应用程序的性能会变得不可被接受。

压力测试有两个目的：获得性能数据，以便服务器进行估算；将压力测试的结果作为性能调优的依据。

知名的压力测试工具有 AB、WRK、LoadTest 等，下面将介绍一个极好用的通过 Node.js

编写的压力测试工具 AutoCannon。

安装 AutoCannon 的命令如下。

```
$ npm i autocannon -g
```

测试命令如下。

```
$ autocannon -c 100 -d 5 -p 10 localhost:3000
Running 5s test @ http://localhost:3000
100 connections with 10 pipelining factor

Stat         Avg    Stdev   Max
Latency (ms) 207.1  657.07  4310
Req/Sec      326.4  98.75   391
Bytes/Sec   123 kB 36.6 kB 147 kB

2k requests in 5s, 614 kB read
```

该工具的参数说明如下。

- p：线程数量。
- d：时间，单位可以是 s 或 min。
- c：同时最大链接数量。

上述代码中的核心概念及解释如表 4-1 所示。

表 4-1

名　词	解　释	描　述
吞吐率（Req/Sec）	对服务器并发处理能力的量化描述，指的是在某个并发用户数下单位时间内能处理的请求数，其中能处理的最大请求数被称为最大吞吐率	计算公式：总请求数/处理完请求数所需时间
响应时间（Latency）	系统对请求做出响应的时间	

数据对比情况如表 4-2 所示。

表 4-2

项　目	名　称	说　明
Avg	平均值	每次测试的平均值
Stdev	标准偏差	结果的离散程度，越高说明越不稳定
Max	最大值	值最大的结果

除了上面的命令行用法，AutoCannon 更强大的功能是可以以编码的方式进行测试。下面是以编码方式对 localhost:3000 进行压力测试的示例。

```
'use strict'

const autocannon = require('autocannon')

const instance = autocannon({
  url: 'http://localhost:3000',
  setupClient: setupClient
}, (err, result) => handleResults(result))
// 压力测试完成时，触发 done 事件
instance.on('done', handleResults)

instance.on('tick', () => console.log('ticking'))

instance.on('response', handleResponse)

function setupClient (client) {
  client.on('body', console.log) // 请求成功时，打印响应的 body 内容
}

function handleResponse (client, statusCode, resBytes, responseTime) {
  console.log(`Got response with code ${statusCode} in ${responseTime} milliseconds`)
  console.log(`response: ${resBytes.toString()}`)

  // 更新 body 或 headers 内容
  client.setHeaders({new: 'header'})
  client.setBody('new body')
  client.setHeadersAndBody({new: 'header'}, 'new body')
}

function handleResults(result) {
  // ...
}
```

内存与垃圾回收

V8 虚拟机的开发者是 Lars Bak，Sun 公司前工程师，也负责 Java 虚拟机的开发。所以，在 V8 虚拟机设计里面可以看到很多与 HotSpot 虚拟机类似的设计，其基本上可以看成一个简单版的 JVM。只不过，Java 虚拟机本身是为服务器运行而开发的，针对不同的服务器类型可以提供很多优选方案，所以设计得比较复杂。而 Node.js 的 V8 引擎本身是为浏览器运行而设计的，所以比较简单。V8 虚拟机垃圾回收机制中的核心概念如下。

- 新生区：大多数对象被分配在这里。新生区是一个很小的区域，在这个区域中，垃圾回收频繁发生，与其他区域相独立。
- 老生指针区：该区域内包含很多对象，这些对象中可能存在指向其他对象的指针。大多数在新生区存活一段时间后的对象都会被挪到这里。
- 老生数据区：这里存放只包含原始数据的对象（这些对象没有指向其他对象的指针）。字符串、封箱的数字及未封箱的双精度数字数组等在新生区存活一段时间后会被移动到这里。
- 大对象区：这里存放“体积”超越其他区中对象的对象。每个对象都有自己的 mmap 产生的内存。垃圾回收器从不移动大对象。
- 代码区：该区域内存放代码对象，也就是包含 JIT 之后指令的对象。这是唯一拥有执行权限的内存区（不过如果代码对象因过大而被存放在大对象区，则该大对象所对应的内存区也是可执行的，但大对象区本身不是可执行的内存区）。

每个区域都由一组内存页构成。内存页是一块连续的内存，经 mmap 由操作系统分配得到。除大对象区的内存页较大外，其他区的内存页大小均为 1MB，且按 1MB 内存对齐。除了存储对象，内存页中还含有一个页头（包含一些元数据和标识信息）及一个位图区（用以标记哪些对象是活跃的）。

在 V8 虚拟机里面，所有的 JavaScript 对象都是通过堆来直接分配内存区的。Node.js 也提供了查看方式，代码如下。

```
$ node
> process.memoryUsage();
{ rss: 21368832,
  heapTotal: 8368128,
  heapUsed: 3901368,
  external: 8733 }
```

总的堆容量为 800MB，已使用 390MB，RSS 为进程的常驻内存。

在 V8 中进行堆设计时，会限制堆的大小，64 位系统下堆最大为 1.4GB、32 位系统下堆最大为 0.7GB。初始申请的堆大小不够时可以继续申请，直到申请至最大容量。至于为什么限制容量，是因为 V8 虚拟机最初为浏览器使用而设计，很少会遇到使用大量内存的场景。而且，如果内存申请比较多会导致垃圾回收时停止的时间变长，影响正常的服务运行。

垃圾回收是一把双刃剑，简化内存管理的同时也失去了对内存的控制权。

Core Dump

一般在做 Linux 开发时，经常会与 Core 文件打交道，从 Core 文件中分析原因，通过 GDB 看出程序的问题出在哪里，分析前后的变量，找出问题所在。在程序运行的过程中，如出现异常终止或崩溃，操作系统会将程序当时的内存状态记录下来，保存在一个文件中，这种行为被称作 Core Dump。我们可以认为 Core Dump 是“内存快照”，但实际上，除了内存信息，一些关键的程序运行状态也会同时被“Dump 下来”，例如，寄存器信息（包括程序指针和栈指针等）、内存管理信息、其他处理器及操作系统的状态和信息。Core Dump 对于编程人员诊断和调试程序来说是非常有帮助的，因为有些程序错误（如指针异常）是很难被重现的，而 Core Dump 文件可以再现程序出错时的情景。

我们一般会借助 GDB、LLDB 等工具来诊断程序崩溃的原因，但这些工具都只能帮助我们回溯 C++层面的堆栈信息，下面看一个简单的例子。

```
// crash.js
const article = { title: "Node.js", content: "Hello, Node.js" };

setTimeout(() => {
  console.log(article.b.c);
}, 1000);
```

在命令行里执行 ulimit-n 65535 命令，然后执行 node --abort-on-uncaught-exception crash.js，可以看到当前目录下会生成一份 core.格式的文件（macOS 系统下通常存在于 cores/目录下），接着尝试使用 LLDB 进行分析。

```
$ lldb node -c core.<pid>
```

找到文件中 JavaScript 调用栈的语句，结合代码找出错误原因。很明显，这对 Node.js 开发者来说有些麻烦。于是就有了 llnode 模块，它是基于 LLDB 的一个插件。

LLDB 是类似于 GDB 的调试器，llnode 主要用于输出 JavaScript 调用栈信息。简单理解，llnode 借助 LLDB 暴露出来的 API，经过转换后还原 JavaScript 栈和 V8 虚拟机对象。

```
$ npm install -g llnode
$ llnode `which node` -c /path/to/core/dump
```

Profile 采样

console.profile()和 console.profileEnd()方法一般成对出现，用于分析程序各个部分的运行时间，以便分析性能，找出问题，从而进行优化。示例如下。

```
console.profile([NAME])
// 前端的逻辑
console.profileEnd([NAME])
```

Node.js 的 CLI 已经内置了采样功能，只需要通过以下四步就可以轻松完成采样和分析。

第 1 步：通过 prof 参数启动 Node.js 应用。

```
$ node --prof index.js
```

第 2 步：通过压力测试工具 LoadTest 向服务施压。

```
$ loadtest  http://127.0.0.1:6001 --rps 10
```

第 3 步：处理生成的 log 文件。

```
$ node --prof-process isolate-0XXXXXXXXXXX-v8-XXXX.log > profile.txt
```

第 4 步：分析 profile.txt 文件。

我们主要分析 profile.txt 文件里的 JavaScript 和 C++代码各消耗多少执行循环，具体分析方法详见 Node.js Profile 文档，这里不进行详细讲解。

探针原理

探针插桩的概念最早是由 J.C. Huang 教授提出的，是指在保证被测程序原有逻辑完整性的基础上向程序中插入一些探针（也称为“探测仪”），探针会被执行并抛出程序运行的特征数据，通过对这些特征数据的分析，可以获得程序的控制流和数据流信息，进而得到逻辑覆盖等动态信息，实现测试目的。

在运行时动态修改代码，类似于 AOP（面向切面编程），可以在无侵入的情况下拦截很多用于判断性能的信息。

以 alert 为例，实现一个最简单的探针示例，代码如下。

```
var _original=window.alert;
window.alert=function(){
    console.log('in');
    var result=_original.apply(this,arguments);
    console.log('out');
    return result;
}
```

我们可以得到新的 alert 方法，保持用法和功能不变，同时在真正的 alert 方法前后做拦截，这对于统计性能来说已经足够了。下面再以 setTimeout 为例实现一个稍复杂的探针示例。

```
var _original_sett = window.setTimeout;
window.setTimeout = function () {
    console.log('enter');
    var args = [].slice.apply(arguments);
    var _original_callback = args.shift();
    var callback = function () {
        console.log('exit');
        _original_callback.apply(this, arguments);
    }
    args.unshift(callback);
    var result = _original_sett.apply(this, args);
    return result;
}
```

上面的两个例子都是在浏览器中运行的 API，换成 Node.js 代码，实现方式也是一样的。

```
const http = require('http');
http.createServer((req, res) => {
  res.end('hello world')
}).listen(8080)
```

这是 JavaScript 里的逻辑，但 Node.js 源码里还有很多 C/C++代码，那该怎么办呢？其实原理是一样的。因为 alinode 对 Node.js 源码做了大量定制，同时包含了对 C/C++和 JavaScript 源码的定制。

4.2.2 立体分析

为了能够更好地进行性能调优，我们可以对问题的生命周期进行分析，这个过程称为立体分析。立体分析是十分必要的，大概的流程分为事前跟踪、开启防护、事后分析三步，下面我们具体介绍。

事前跟踪

如果对内存增长有疑问，可以事前开启 GC 日志，内容如下。

```
$ node --trace_gc --trace_gc_verbose bin/www
[5551:0x102804c00]       64 ms: Scavenge 3.2 (9.0) -> 2.8 (10.0) MB, 0.9 / 0.0 ms  alloca
tion failure
[5551:0x102804c00] Memory allocator,   used:  10220 KB, available: 1456148 KB
[5551:0x102804c00] New space,         used:    573 KB, available:    433 KB, committed:
  2048 KB
[5551:0x102804c00] Old space,         used:   1345 KB, available:      0 KB, committed:
 1944 KB
[5551:0x102804c00] Code space,        used:    767 KB, available:      0 KB, committed:
 2048 KB
[5551:0x102804c00] Map space,         used:    171 KB, available:      0 KB, committed:
 1108 KB
[5551:0x102804c00] Large object space, used:      0 KB, available: 1455107 KB, committe
d:      0 KB
[5551:0x102804c00] All spaces,        used:   2858 KB, available: 1455541 KB, committe
d:   7148 KB
[5551:0x102804c00] External memory reported:      8 KB
[5551:0x102804c00] Total time spent in GC  : 0.9 ms
```

开启防护

通过 node-memwatch 监听垃圾回收情况，命令如下。

```
memwatch.on('leak', function(info) {
  ...
});
```

配合压力测试，在终端执行 wrk -t8 -c1000 -d10 http://127.0.0.1:3000 命令，结果如图 4-36 所示。

```
Running 10s test @ http://127.0.0.1:3000
  8 threads and 1000 connections
  Thread Stats   Avg      Stdev     Max   +/- Stdev
    Latency   613.76ms   76.61ms 856.69ms   89.10%
    Req/Sec    76.59     84.69   404.00     80.56%
  3806 requests in 10.10s, 1.35MB read
  Socket errors: connect 755, read 76, write 1, timeout 0
Requests/sec:    377.01
Transfer/sec:    136.59KB
```

图 4-36

如果出现内存泄漏，则会输出如下信息。

```
{ start: Fri, 29 Jun 2012 14:12:13 GMT,
  end: Fri, 29 Jun 2012 14:12:33 GMT,
```

```
  growth: 67984,
  reason: 'heap growth over 5 consecutive GCs (20s) - 11.67 mb/hr' }
```

通过 memwatch.on('stats', function(stats) { ... });还可以看到更多信息，功能非常强大。

事后分析

Node.js 底层是通过 Google V8 引擎驱动的，内存也是通过 V8 进行分配的，自动回收垃圾内存同样通过 V8 实现。官方推荐了一个免费查看内存消耗的工具 heapdump，安装这个工具花了不少时间，以下分享安装过程中碰到的问题和解决的方法。先执行以下安装命令。

```
var heapdump = require('heapdump');
heapdump.writeSnapshot(function(err, filename) {
  console.log('dump written to', filename);
});
```

允许对 V8 堆内存抓取快照，用于事后在 Chrome Profiles 里进行分析，每隔 3 秒写入一次快照的代码如下。

```
var app = require('express')()
var http = require('http').Server(app)
var heapdump = require('heapdump')
var leakObjs = []

function LeakClass() {
    this.x = 1
}

app.get('/', function (req, res) {
    for (var i = 0; i < 10000; i++) {
        leakObjs.push(new LeakClass())
    }
    res.send('<h2>Hello world</h2>')
})

setInterval(function () {
    heapdump.writeSnapshot('.' + Date.now() + '.heapsnapshot')
}, 3000)

http.listen(3000, function () {
    console.log('listening on port 3000')
})
```

将快照导入 Chrome 里进行分析，如图 4-37 所示。

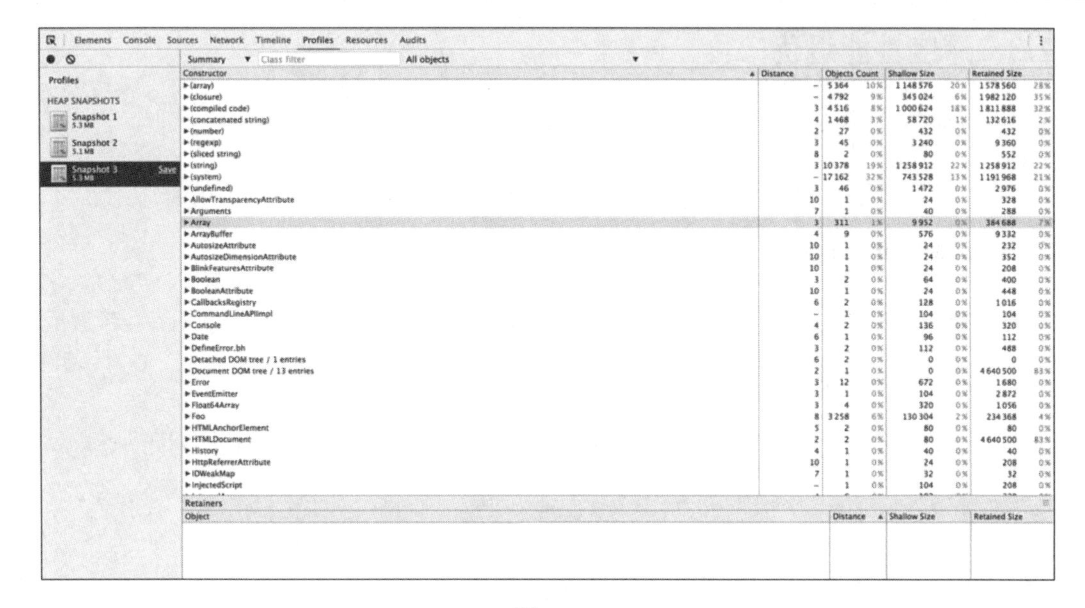

图 4-37

至此，我们可以看到对应的调用树，并以此作为排查依据，如图 4-38 所示。

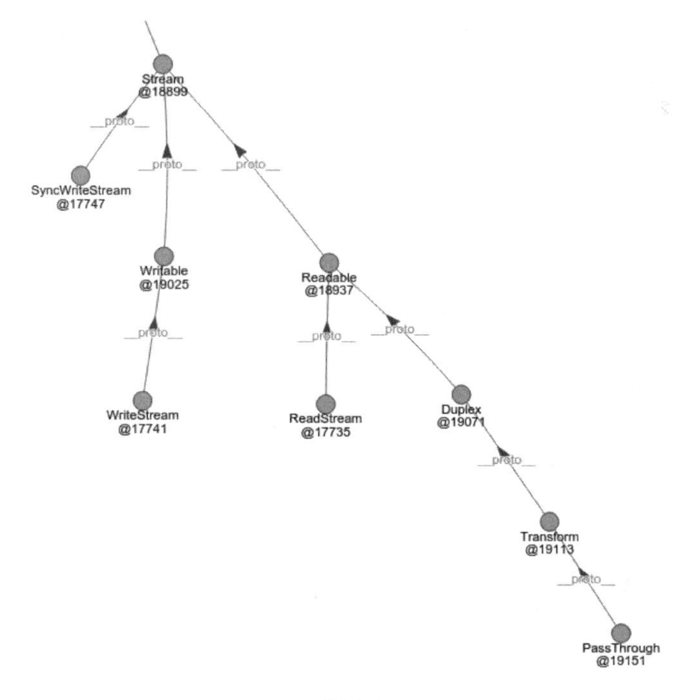

图 4-38

4.2.3　深度性能调优

对于 Node.js 应用层的性能分析，常用的工具有以下几种。

- v8-profiler：对 V8 堆内存抓取快照和对 CPU 进行分析。
- node-heapdump：对 V8 堆内存抓取快照。
- node-mtrace：分析堆栈使用情况。
- node-memwatch：监听垃圾回收情况。

那么，如果想更深入地进行性能调优该使用什么工具呢？本节将解答这个问题。

0x

0x 是用于实现 DTrace 的知名模块，DTrace（Dynamic Tracing）也称动态跟踪，是由 Sun™ 公司开发的一个用来在生产和试验性生产系统上找出系统瓶颈的工具，可以对内核（kernel）和用户应用程序（user application）进行动态跟踪且对系统运行不构成任何伤害。

早在 2012 年就有了 DTrace 相关实现。DTrace 本身非常复杂，本书推荐使用一站式的 0x 命令行模块实现 DTrace，它会帮我们做好集成工作，我们只需要输入一条命令就可以看到火焰图，使用起来非常方便。

在安装 0x 之前，需要先安装 perf。如果基于 macOS 系统，安装 XCode 后会内置 perf。

执行以下命令，安装 0x。

```
$ npm install -g 0x
```

开启服务，如下。

```
$ npm install -g 0x
$ 0x -o  bin/www
```

进行压力测试，如下。

```
$ autocannon 127.0.0.1:3000/users
Running 10s test @ http://127.0.0.1:3000/users
10 connections

Stat         Avg    Stdev   Max
Latency (ms) 3.16   1.77    40
```

```
Req/Sec      2732.4 475.12  3247
Bytes/Sec     453 kB 78.6 kB 557 kB

27k requests in 10s, 4.53 MB read
```

在 0x 命令执行界面，按住“Ctrl+C”组合键，触发 SIGINT 事件，结束当前进程。

```
Caught SIGINT, generating flamegraph GET /users - 0ms

flamegraph generated in
file:///Users/youku/workspace/github/koa2-hello/profile-37207/flamegraph.html
```

因为我们在之前的代码中使用了-o 参数，所以会自动打开生成的火焰图，如图 4-39 所示。

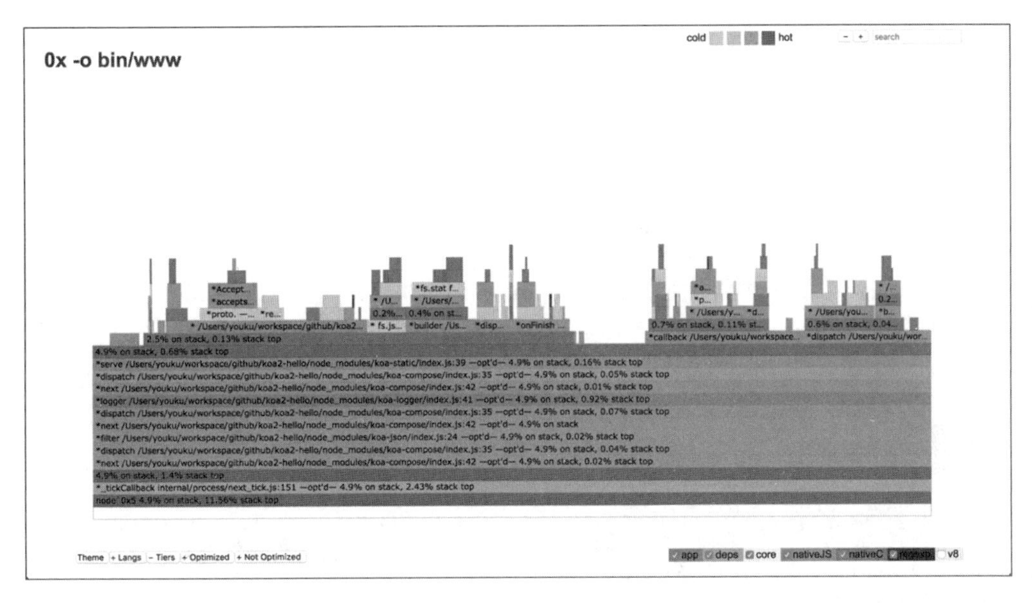

图 4-39

此时，从应用代码，到 Node.js 源码，再到操作系统内核，它们的调用关系都可以清晰地被展示出来，为性能调优提供了关键性的定位信息。

Easy-Monitor

Easy-Monitor 1.x 版本于 2017 年 3 月发布，最初它仅仅基于 cpu-profiling 查看函数瓶颈，后面加入了针对疑似内存泄漏点的排查功能。1.x 版本在使用和架构设计上没有做太多的考量，其易用性和兼容性上存在一些问题，因此后来官方发布了 2.0 版本。

Easy-Monitor 1.x 版本的主要功能如下。

- 展示服务器状态概览信息。
- 实时分析 CPU 函数性能，帮助定位程序的性能瓶颈。
- 实时分析 Memory 堆内内存结构，帮助定位疑似内存泄漏点。

Easy-Monitor 2.0 版本新增的特性如下。

- 基于 Vue.js 和 iView 组件全新设计了 UI。
- 全面兼容 Node.js v4 以上版本。
- 新增了概览展示页。
- 支持动态更新配置，无须重启即可一键生效。
- 支持流式解析更大的 HeapSnapshot。
- 支持集群部署，支持定制私有协议。

为了帮助大家更好地理解和使用 Easy-Monitor，下面编写一个将 Easy-Monitor 嵌入 Express 应用的完整示例。

```
'use strict';
const easyMonitor = require('easy-monitor');
easyMonitor('Mercury');
const express = require('express');
const app = express();

app.get('/hello', function (req, res, next) {
res.send('hello');
});

app.listen(8082);
```

将上述内容保存为一个 JavaScript 文件，启动该文件后访问地址 http://127.0.0.1:12333，进入 Easy-Monitor 首页，如图 4-40 所示。

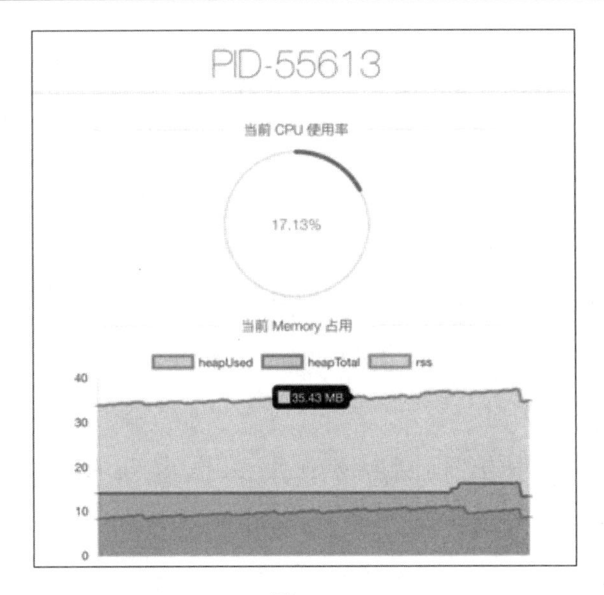

图 4-40

Easy-Monitor 3.0 具备以下新特性。

- 针对 Node.js 进程与系统指标进行性能监控。
- 展示错误日志，依赖 npm 模块进行安全风险提示。
- 支持自定义智能运维告警与线上进程实时状态导出。

对比 AliNode，Easy-Monitor 在功能上与其有很多类似之处，但 Easy-Monitor 还提供了如下功能。

- 私有化部署能力。
- 低侵入，通过 Addon 方式提供能力，无须定制 Node.js 运行时。
- 支持 Linux、macOS、Windows 三大操作系统。
- 支持对本地堆快照内存泄漏点进行分析。

Easy-Monitor 的作者在性能调优领域有很深的研究，尤其是结合开源，目前其已经加入 Alinode 团队，和知名小程序框架 WePY 作者进腾讯是类似的经历，这也是非常好的进大公司的有效途径。

Clinic

Clinic 是 NearForm 开源的一个开箱即用的 Node.js 应用诊断工具，功能非常强大，几乎涵盖整个 Node.js 应用性能调优涉及的步骤。

Clinic 套件包含以下三部分。

- Clinic Doctor：通过注入探针来给出优化建议，类似于医生的望闻问切。
- Clinic Bubbleprof：通过 async_hooks 定位问题，尤其是步骤之间的性能损耗问题，并以气泡图的形式展示。
- Clinic Flame：展示火焰图，目前包装的是 0x 模块，0x 模块的作者也是 Clinic 团队的核心成员。

Clinic 的用法示例如下。

```
$ npm install -g clinic
$ clinic doctor - node bin/www
$ autocannon http://localhost:3000
```

目前 Clinic 还处于初期，因此这里不做过多讲解。

Alinode

性能监控的偷懒方法有很多，可以直接使用 APM 服务，比如 Alinode、NewRelic 等。

Alinode 是基于 Node.js 运行时的应用性能管理解决方案，是面向中大型 Node.js 应用提供性能监控、安全提醒、故障排查、性能优化等服务的整体性解决方案。它可以精确到虚拟机级别的深度监控，能够如实反映应用的运行状态，通过配置报警规则，用户可以在发现系统出现故障（内存泄漏或者 CPU 热点等）时，通过诊断接口迅速定位故障点，甚至给出性能优化建议。

Alinode 的安装方式分为两种：在服务器上安装和本地安装。

（1）在服务器上安装

Alinode 是阿里云定制的 Node.js 完全兼容的二进制运行时环境，官方推荐使用 TNVM 工具进行安装。

```
# 安装版本管理工具 TNVM
$ wget -O- https://raw.githubusercontent.com/aliyun-node/tnvm/master/install.sh | bash
$ source ~/.bashrc
```

```
# tnvm ls-remote alinode 查看需要的版本
$ tnvm install alinode-v3.11.4  # 安装需要的版本
$ tnvm use alinode-v3.11.4  # 使用需要的版本
$ npm install @alicloud/agenthub -g  # 安装 AgentHub
```

（2）本地安装

在本地使用 Docker 安装更简单。通过 Docker 将 TNVM、Alinode、Agent Hub 统一打包，启动 Docker 时，将在 Alinode 服务上申请的 App ID 和 App Secret（密码）填写进去即可。

首先，准备镜像。

```
$ docker pull registry.cn-hangzhou.aliyuncs.com/aliyun-node/alinode:3.11.3
```

在 Dockerfile 里修改镜像名称。

```
FROM registry.cn-hangzhou.aliyuncs.com/aliyun-node/alinode:3.11.3

RUN mkdir -p /usr/src

WORKDIR /usr/src

COPY package.json /usr/src

RUN npm i -production

# RUN npm i -production -registry=https://registry.npm.taobao.org

COPY . /usr/src/

# RUN npm run assets

EXPOSE 3000

CMD npm start
```

构建镜像并启动服务。

```
$ docker build . -t bigview-koa-demo
//docker rm bigview-koa-demo
$ docker run -p 8888:3000 -name bigview-koa-demo bigview-koa-demo
```

在 https://node.console.aliyun.com/上创建项目，如图 4-41 所示。

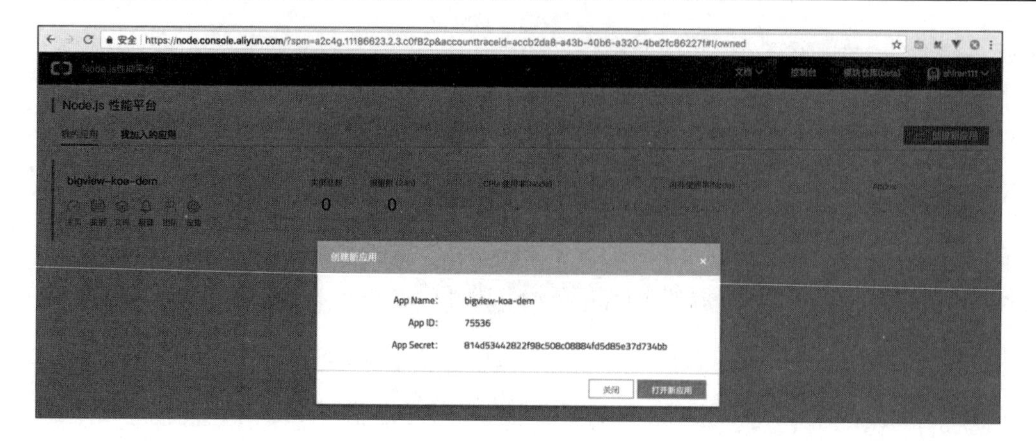

图 4-41

获得 App ID 和其对应的 App Secret，如图 4-42 所示。

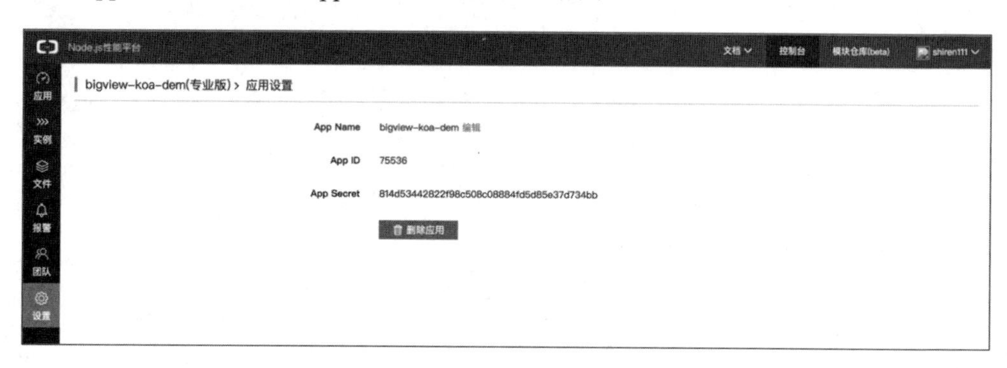

图 4-42

在 package.json 文件里配置脚本。一般这种配置内容都会放到环境变量里，这里为了演示，直接放到脚本中。

```
Scripts:{
"  "alin"de": "docker run  -p 3000:3000 -it 'e 'APP_ID=75'36' 'e 'APP_SECRET=814d5344282
2f98c508c08884fd5d85e37d73'bb' bigview-koa-d"mo"
}
```

执行 npm run alinode 命令，即启动 Alinode 监控下的服务，如图 4-43 所示。

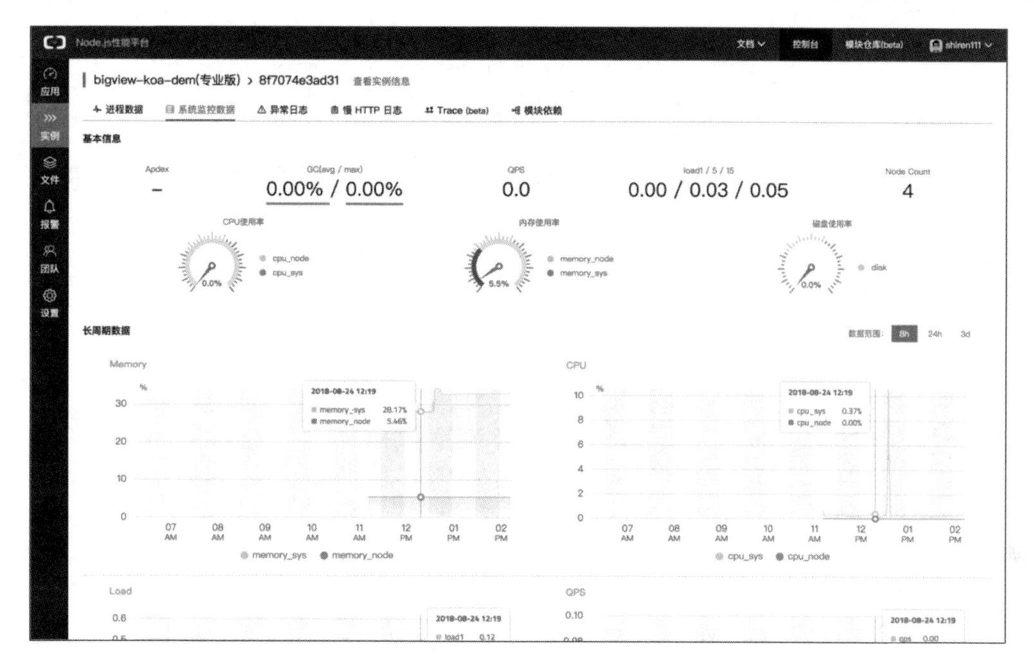

图 4-43

介绍了 Alinode 的两种安装方式后，我们来介绍其具体工作步骤。

第 1 步：Alinode 对 Node.js 的 SDK 做了深度定制，埋探针的方式对版本有要求，必须依赖经 TNVM 定制过的 Node.js 版本。

第 2 步：用已安装的 Alinode 运行时启动应用。

```
$ no- --perf-basic-prof-only-functions index.js
```

第 3 步：通过压力测试工具 LoadTest 向服务施压。

```
$ loadtest  http://127.0.0.1:60- --rps 10
```

第 4 步：生成 CPU Profile 文件。

假设启动的 worker 进程号为 6989，执行以下脚本，3 分钟后将在/tmp/目录下生成一个 CPU Profile 文件/tmp/cpu-profile-6989-XXX.cpuprofile，脚本详见 take_cpu_profile.sh 中。

```
$ sh take_cpu_profile.sh 6989
```

第 5 步：将生成的文件导入 Chrome Developer Tools 进行分析，如图 4-44 所示。

Self Time		Total Time		Function
166959.5 ms	92.73 %	166959.5 ms	92.73 %	(program)
5171.1 ms	2.87 %	5171.1 ms	2.87 %	(garbage collector)
1115.6 ms	0.62 %	1116.9 ms	0.62 %	▼ get
637.0 ms	0.35 %	638.2 ms	0.35 %	▼ (anonymous)
402.0 ms	0.22 %	403.3 ms	0.22 %	▶ _updateState
234.9 ms	0.13 %	234.9 ms	0.13 %	▶ componentWillMount
278.9 ms	0.15 %	278.9 ms	0.15 %	▶ (anonymous)
131.9 ms	0.07 %	131.9 ms	0.07 %	▶ (anonymous)
51.5 ms	0.03 %	51.5 ms	0.03 %	▶ (anonymous)
16.3 ms	0.01 %	16.3 ms	0.01 %	▶ (anonymous)
414.6 ms	0.23 %	441.0 ms	0.24 %	▶ J
374.4 ms	0.21 %	472.4 ms	0.26 %	▼ _eval
374.4 ms	0.21 %	472.4 ms	0.26 %	▼ evaluate
374.4 ms	0.21 %	472.4 ms	0.26 %	▶ check
353.0 ms	0.20 %	4561.8 ms	2.53 %	▶ za
296.5 ms	0.16 %	297.8 ms	0.17 %	▶ createContext
206.0 ms	0.11 %	375.6 ms	0.21 %	▶ a.renderDOM
196.0 ms	0.11 %	196.0 ms	0.11 %	▶ createScript

图 4-44

下面我们通过一个真实的案例展示如何进行性能调优。

通过 LoadTest 请求 1000 次，统计平均 RT，初始 RT 为 15.8 毫秒。剔除 program 和 GC 消耗，性能消耗的前三位分别是 get、J 和_eval 这三个方法，如图 4-45 所示。

Self Time		Total Time		Function
166959.5 ms	92.73 %	166959.5 ms	92.73 %	(program)
5171.1 ms	2.87 %	5171.1 ms	2.87 %	(garbage collector)
1115.6 ms	0.62 %	1116.9 ms	0.62 %	▼ get
637.0 ms	0.35 %	638.2 ms	0.35 %	▼ (anonymous)
402.0 ms	0.22 %	403.3 ms	0.22 %	▶ _updateState
234.9 ms	0.13 %	234.9 ms	0.13 %	▶ componentWillMount
278.9 ms	0.15 %	278.9 ms	0.15 %	▶ (anonymous)
131.9 ms	0.07 %	131.9 ms	0.07 %	▶ (anonymous)
51.5 ms	0.03 %	51.5 ms	0.03 %	▶ (anonymous)
16.3 ms	0.01 %	16.3 ms	0.01 %	▶ (anonymous)
414.6 ms	0.23 %	441.0 ms	0.24 %	▶ J
374.4 ms	0.21 %	472.4 ms	0.26 %	▼ _eval
374.4 ms	0.21 %	472.4 ms	0.26 %	▼ evaluate
374.4 ms	0.21 %	472.4 ms	0.26 %	▶ check
353.0 ms	0.20 %	4561.8 ms	2.53 %	▶ za
296.5 ms	0.16 %	297.8 ms	0.17 %	▶ createContext
206.0 ms	0.11 %	375.6 ms	0.21 %	▶ a.renderDOM
196.0 ms	0.11 %	196.0 ms	0.11 %	▶ createScript
160.8 ms	0.09 %	419.6 ms	0.23 %	▶ webpackUniversalModuleDefinition
134.4 ms	0.07 %	134.4 ms	0.07 %	▶ A
81.7 ms	0.05 %	81.7 ms	0.05 %	▶ writeUtf8String
79.1 ms	0.04 %	80.4 ms	0.04 %	▶ test

图 4-45

展开最耗性能的 get 方法调用栈，可以定位 get 方法所在的位置，具体代码如下。

```
ke': ''et   value: function get(propName) {
    if (!this.state[propName]) {
```

```
        return null;
    }
    return JSON.parse(JSON.stringify(this.state[propName])    }
}
```

在该方法体中，JSON.parse(JSON.stringify(obj))虽然使用便捷，但却是 CPU 密集型操作。去除该操作，直接返回 this.state[propName]，此时 RT 时间降为 12.3 毫秒，如图 4-46 所示。

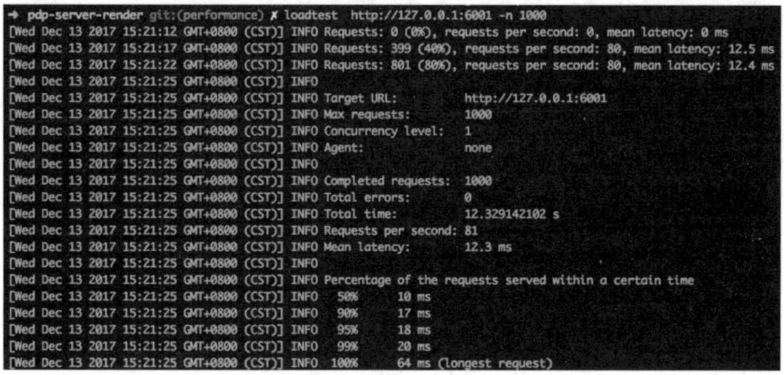
→ pdp-server-render git:(performance) ✗ loadtest http://127.0.0.1:6001 -n 1000
[Wed Dec 13 2017 15:21:12 GMT+0800 (CST)] INFO Requests: 0 (0%), requests per second: 0, mean latency: 0 ms
[Wed Dec 13 2017 15:21:17 GMT+0800 (CST)] INFO Requests: 399 (40%), requests per second: 80, mean latency: 12.5 ms
[Wed Dec 13 2017 15:21:22 GMT+0800 (CST)] INFO Requests: 801 (80%), requests per second: 80, mean latency: 12.4 ms
[Wed Dec 13 2017 15:21:25 GMT+0800 (CST)] INFO
[Wed Dec 13 2017 15:21:25 GMT+0800 (CST)] INFO Target URL: http://127.0.0.1:6001
[Wed Dec 13 2017 15:21:25 GMT+0800 (CST)] INFO Max requests: 1000
[Wed Dec 13 2017 15:21:25 GMT+0800 (CST)] INFO Concurrency level: 1
[Wed Dec 13 2017 15:21:25 GMT+0800 (CST)] INFO Agent: none
[Wed Dec 13 2017 15:21:25 GMT+0800 (CST)] INFO
[Wed Dec 13 2017 15:21:25 GMT+0800 (CST)] INFO Completed requests: 1000
[Wed Dec 13 2017 15:21:25 GMT+0800 (CST)] INFO Total errors: 0
[Wed Dec 13 2017 15:21:25 GMT+0800 (CST)] INFO Total time: 12.329142102 s
[Wed Dec 13 2017 15:21:25 GMT+0800 (CST)] INFO Requests per second: 81
[Wed Dec 13 2017 15:21:25 GMT+0800 (CST)] INFO Mean latency: 12.3 ms
[Wed Dec 13 2017 15:21:25 GMT+0800 (CST)] INFO
[Wed Dec 13 2017 15:21:25 GMT+0800 (CST)] INFO Percentage of the requests served within a certain time
[Wed Dec 13 2017 15:21:25 GMT+0800 (CST)] INFO 50% 10 ms
[Wed Dec 13 2017 15:21:25 GMT+0800 (CST)] INFO 90% 17 ms
[Wed Dec 13 2017 15:21:25 GMT+0800 (CST)] INFO 95% 18 ms
[Wed Dec 13 2017 15:21:25 GMT+0800 (CST)] INFO 99% 20 ms
[Wed Dec 13 2017 15:21:25 GMT+0800 (CST)] INFO 100% 64 ms (longest request)

图 4-46

以上处理方案仅仅为了向各位读者演示 Alinode 的用法，实际使用中我们肯定不能直接移除 JSON.parse(JSON.stringify(obj))，不然会影响业务逻辑。参考一下常用复制方法的性能对比情况，如图 4-47 所示。

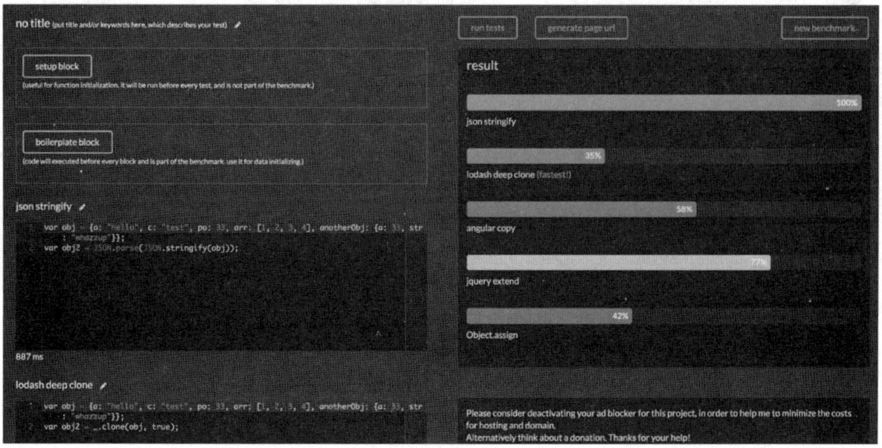
no title
setup block
boilerplate block
json stringify
var obj2 = JSON.parse(JSON.stringify(obj));
887 ms
lodash deep clone
var obj2 = _.clone(obj, true);
result
100%
json stringify
35%
lodash deep clone
58%
angular copy
77%
jquery extend
42%
Object.assign
Please consider deactivating your ad blocker for this project, in order to help me to minimize the costs for hosting and domain.
Alternatively think about a donation. Thanks for your help!

图 4-47

其中性能最优的是 lodash deep clone，采用该库，重复上面的试验，RT 降为 12.8 毫秒，如图 4-48 所示。

```
→ pdp-server-render git:(performance) ✗ loadtest  http://127.0.0.1:6001 -n 1000
[Wed Dec 13 2017 15:49:21 GMT+0800 (CST)] INFO Requests: 0 (0%), requests per second: 0, mean latency: 0 ms
[Wed Dec 13 2017 15:49:26 GMT+0800 (CST)] INFO Requests: 371 (37%), requests per second: 74, mean latency: 13.4 ms
[Wed Dec 13 2017 15:49:31 GMT+0800 (CST)] INFO Requests: 765 (77%), requests per second: 79, mean latency: 12.6 ms
[Wed Dec 13 2017 15:49:34 GMT+0800 (CST)] INFO
[Wed Dec 13 2017 15:49:34 GMT+0800 (CST)] INFO Target URL:          http://127.0.0.1:6001
[Wed Dec 13 2017 15:49:34 GMT+0800 (CST)] INFO Max requests:        1000
[Wed Dec 13 2017 15:49:34 GMT+0800 (CST)] INFO Concurrency level:   1
[Wed Dec 13 2017 15:49:34 GMT+0800 (CST)] INFO Agent:               none
[Wed Dec 13 2017 15:49:34 GMT+0800 (CST)] INFO
[Wed Dec 13 2017 15:49:34 GMT+0800 (CST)] INFO Completed requests:  1000
[Wed Dec 13 2017 15:49:34 GMT+0800 (CST)] INFO Total errors:        0
[Wed Dec 13 2017 15:49:34 GMT+0800 (CST)] INFO Total time:          12.794373713 s
[Wed Dec 13 2017 15:49:34 GMT+0800 (CST)] INFO Requests per second: 78
[Wed Dec 13 2017 15:49:34 GMT+0800 (CST)] INFO Mean latency:        12.8 ms
[Wed Dec 13 2017 15:49:34 GMT+0800 (CST)] INFO
[Wed Dec 13 2017 15:49:34 GMT+0800 (CST)] INFO Percentage of the requests served within a certain time
[Wed Dec 13 2017 15:49:34 GMT+0800 (CST)] INFO   50%      11 ms
[Wed Dec 13 2017 15:49:34 GMT+0800 (CST)] INFO   90%      17 ms
[Wed Dec 13 2017 15:49:34 GMT+0800 (CST)] INFO   95%      18 ms
[Wed Dec 13 2017 15:49:34 GMT+0800 (CST)] INFO   99%      22 ms
[Wed Dec 13 2017 15:49:34 GMT+0800 (CST)] INFO  100%      59 ms (longest request)
```

图 4-48

第二消耗性能的是 J 方法，大部分消耗的是各个组件的渲染时间，暂时忽略。以同样的方式对_eval 方法进行优化，RT 降为 10.1 毫秒，如图 4-49 所示。

```
→ pdp-server-render git:(performance) ✗ loadtest  http://127.0.0.1:6001 -n 1000
[Wed Dec 13 2017 15:54:08 GMT+0800 (CST)] INFO Requests: 0 (0%), requests per second: 0, mean latency: 0 ms
[Wed Dec 13 2017 15:54:13 GMT+0800 (CST)] INFO Requests: 478 (48%), requests per second: 96, mean latency: 10.4 ms
[Wed Dec 13 2017 15:54:18 GMT+0800 (CST)] INFO Requests: 984 (98%), requests per second: 101, mean latency: 9.8 ms
[Wed Dec 13 2017 15:54:19 GMT+0800 (CST)] INFO
[Wed Dec 13 2017 15:54:19 GMT+0800 (CST)] INFO Target URL:          http://127.0.0.1:6001
[Wed Dec 13 2017 15:54:19 GMT+0800 (CST)] INFO Max requests:        1000
[Wed Dec 13 2017 15:54:19 GMT+0800 (CST)] INFO Concurrency level:   1
[Wed Dec 13 2017 15:54:19 GMT+0800 (CST)] INFO Agent:               none
[Wed Dec 13 2017 15:54:19 GMT+0800 (CST)] INFO
[Wed Dec 13 2017 15:54:19 GMT+0800 (CST)] INFO Completed requests:  1000
[Wed Dec 13 2017 15:54:19 GMT+0800 (CST)] INFO Total errors:        0
[Wed Dec 13 2017 15:54:19 GMT+0800 (CST)] INFO Total time:          10.16364447 s
[Wed Dec 13 2017 15:54:19 GMT+0800 (CST)] INFO Requests per second: 98
[Wed Dec 13 2017 15:54:19 GMT+0800 (CST)] INFO Mean latency:        10.1 ms
[Wed Dec 13 2017 15:54:19 GMT+0800 (CST)] INFO
[Wed Dec 13 2017 15:54:19 GMT+0800 (CST)] INFO Percentage of the requests served within a certain time
[Wed Dec 13 2017 15:54:19 GMT+0800 (CST)] INFO   50%      8 ms
[Wed Dec 13 2017 15:54:19 GMT+0800 (CST)] INFO   90%      14 ms
[Wed Dec 13 2017 15:54:19 GMT+0800 (CST)] INFO   95%      15 ms
[Wed Dec 13 2017 15:54:19 GMT+0800 (CST)] INFO   99%      28 ms
[Wed Dec 13 2017 15:54:19 GMT+0800 (CST)] INFO  100%      64 ms (longest request)
```

图 4-49

以此类推，根据 CPU Profile 找出性能消耗点，可逐个进行优化。

4.3 分析 Easy-monitor

选择项目时，我的想法是：项目要简单且有长期投入价值；项目要具备发展潜力；不选择太成熟的项目，因为太成熟的项目复杂度过高，想要真正做到融会贯通很难。

综上，我推荐 Easy-monitor 项目，并想以它为例介绍如何去分析一个项目。Easy-monitor 项目的特点如下。

- 性能调优是永不过时的话题。
- 基于 Addon，其中涉及的各种内存泄漏分析工具与 Coredump 分析工具，涉及的知识点很多，可帮助清理知识盲点。
- 对阅读 Node.js 源码和深入理解服务器原理有非常大的帮助。
- 对理解 Libuv 及 C++源码有帮助。
- 源码基于 Egg.js 和 Vue.js，都是非常成熟的技术栈。
- 作者的技术水准值得信赖。

根据提交记录，2020 年 6 月 9 日发布了 3.0 版本，其新特性我们在 4.2.3 节中已经介绍。因为整体架构变动巨大，Easy-Monitor 3.0 划分了多个子模块，各个子模块功能简述如下。

- 3.0 版本展示控制台：xprofiler-console。
- xtransit 管理服务：xtransit-manager。
- xtransit 长连接服务：xtransit-server。
- 性能日志生成：xprofiler。
- 性能日志采集：xtransit。

控制台前端基于 Vue.js + iView UI 框架编写，监控服务器端则基于 Egg.js 框架编写，UI 部分整体参考了 AliNode 控制台。可以运行 Easy-Monitor 3.0 部署样例控制台部署和应用接入效果及功能进行预览。

要想更好地理解性能优化，Easy-monitor 是非常值得研究的开源项目，如果大家对性能优化感兴趣，可以去阅读源码，相信一定能有很多收获，限于篇幅，这里就不详细介绍了。

4.4 本章小结

通过本章的学习，你应该已经掌握了部署 Node.js 应用的方法和基本的性能调优方法。除了普通的手动部署应用的方式，你应该也对通过 Docker 部署和自动化部署有了一定的了解。希望通过本章的学习，你能对 Node.js 有更深入的了解。无论部署还是性能调优，都需要开发者投入相当大的精力，因此这部分内容值得各位认真学习。

第 5 章

测试、开源与自学

学习了前面的内容，各位读者应该已经掌握了足够多的 Node.js 知识。这里给出 10 道常见面试题，大家可以自测一下，看看自己掌握得如何。

1. 讲讲 Node.js 异步原理，谈谈你对 Event Loop 的理解，分析 nextTick 和 setImmediate 的区别是什么。

2. Express 和 Koa，或者 Express 和 Egg.js 的区别是什么？如果熟悉 Egg.js，那么其中的 config 加载优先级是怎样的？

3. 谈谈 Express 或 Koa 中间件的原理，比较二者差异。Koa 的洋葱模型有哪些优势？

4. exec、execFile、spawn 和 fork 都是做什么用的？

5. 通常是如何开发项目中的 API 的？简单描述 RESTful API。

6. Node.js 有哪些全局对象，说出它们的使用场景。

7. 谈谈你对异步流程控制的理解，谈谈 Promise 的实现原理和你对其中部分 API 的理解。

8. 在你经历过的项目中，最大 QPS 是多少，优化手段有哪些？

9. 对于内存泄漏问题，如何定位并解决？

10. 分享三个常用的小而美的 Node.js 模块，并说明其特点。

培养自学能力才能更好地应对变化。我个人是开源的受益者，也是一路靠自学成长的。所谓“授人以鱼，不如授人以渔”。本章将主要介绍测试和开源，希望能够解决大家自学过程中遇到的问题。

5.1　测试入门

很多人不喜欢编写测试代码，原因在于没有体会过测试的乐趣与好处。一般新手的编程习惯是“上来就写”，很少花时间设计，久而久之就形成了惯性思维，在工作中也很少编写测试代码。从软件工程角度来看，先编写测试代码能够让我们更好地思考和设计程序，也是保证代码质量和大型多人协作项目的基础。

5.1.1　什么是测试

测试是软件开发过程中验证代码并保证质量的重要手段，测试的重要性不言而喻。开发者对测试的认知经常存在下面四个误区。

- 测试是完全由测试人员负责的。
- 自己写的代码不需要测试。
- 单元测试的成本很高，对于产品开发意义甚微。
- 我技术水平很牛，不需要进行测试。

以上想法我也曾有过，但掌握测试技术后会发现这些想法都是错误的。首先，认为测试完全由测试人员负责是片面的，测试人员更多针对整体功能进行测试，但每一位工程师应该保证自己代码的准确性。其次，测试自己的代码是为了提高效率。同时，测试对于节约成本也有帮助，假设写好的程序没有经过测试就直接交给了别人，那么出错之后就需要继续调试，其中的沟通成本远远高于测试成本。最后，GitHub 上面 Star 数很高的项目大都有测试代码，这些项目的作者比大部分人专业，他们都不断测试自己的项目，可见测试的重要性。

JavaScript 是基于对象编程的动态语言。在很长一段时间内，前端开发者都认为 JavaScript 程序是不需要测试的。但随着大前端技术的进步，JavaScript 已不局限于前端开发，而是一种通用的解决方案。在很长的一段时间里，前端开发人员忽略了单元测试，因为对于前端 UI 编程来说，测试确实比较麻烦。随着 Angular 的异军突起，前端测试变得更加方便，针对 JavaScript 的单元测试框架如雨后春笋般诞生，比如经典 Karma+Jasmine。React 组件化后，测试变得更加简单，前端开始流行端到端（E2E）测试。

我们来回看前端开发的四个阶段对应的测试变化。

- 早期：HTML/CSS/JavaScript，基本没有测试。
- 库开发时期：jQuery、jQuery-ui，Ext.js，出现了 QUnit 等单元测试。
- MVC/MVVM 时期：Backbone、Angular，出现了 Karma+Jasmine 自动化测试。
- 组件化时期：React，开始流行端到端测试。

从广义上来讲，Web 应用程序开发者注重三种与 JavaScript 相关的测试。

- 单元测试：指对软件中的最小可测试单元进行检查和验证。单元测试仅依赖源码，是测试代码逻辑是否符合预期的最简单的方法。
- 集成测试：单元测试的下一阶段，针对服务器端进行测试，是指将通过测试的模块组装成系统或子系统，再进行测试，重点测试不同模块的接口逻辑。很多集成测试相互作用提供服务，需要网络才能正常工作。因此，集成测试应该与单元测试分开，保证单元测试尽可能快地被执行。对 Java Web 应用程序来说，集成测试最常用的办法是 UI 自动化（UI Automation）。
- 端到端测试：测试模拟用户行为，是针对 UI 进行的测试，用来保证相关服务或用户的行为完全符合设计预期，更多的是从用户的角度来衡量产品质量。端到端测试可以是用户接受度测试，也可以是功能测试/黑盒测试。

如果大家细心阅读，会发现这三种测试在前面的章节中都有涉及，但没有系统讲解，本节将进行补充。

5.1.2　TDD 和 BDD

开发者在软件开发领域一定会遇到以下两个问题。

- 开发和测试脱节非常严重，彼此割裂，边界不清晰，从开发到测试周期过长，测试自动化程度较低。
- 需求和实际开发脱节非常严重，这很容易理解——用户想要的功能没有开发，开发的功能用户不想要，用户和开发人员立场不同。就算有再好的需求文档，也没法做到百分百覆盖。

为了解决上面两个问题，可分别对应使用 TDD（测试驱动开发）和 BDD（行为驱动开发）。

TDD 可以解决开发和测试脱节的问题，先写测试用例，有效保证代码质量。BDD 可以解决需求和实际开发脱节的问题，保证程序实现效果与用户需求一致。

TDD（Test Driven Development，测试驱动开发）是敏捷开发中的一项核心技术与实践，也是一种设计方法论。TDD 的原理是在开发功能代码之前编写单元测试用例。TDD 的基本思路是通过测试来推动整个开发过程，但测试驱动开发并不只是单纯的测试，而是把需求分析、设计、质量控制都进行量化的过程。TDD 主要使用需求（对象、功能、过程、接口等），编写测试用例对功能和接口进行设计，测试框架可以持续验证。

实际上，开发人员所做的工作就是将失败的测试用例调试为成功的测试用例。测试驱动开发就是不断迭代的过程，如图 5-1 所示。

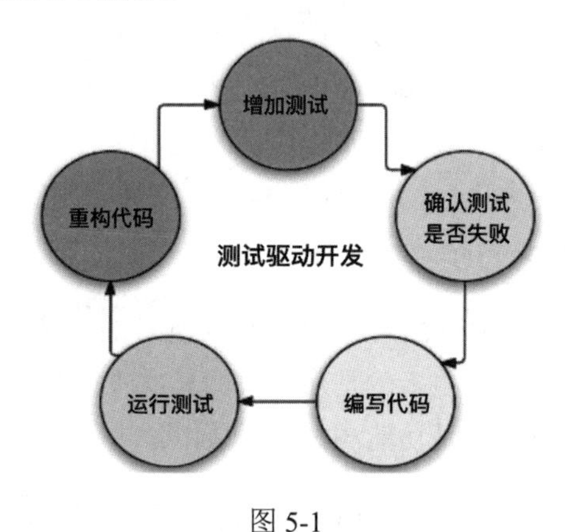

图 5-1

- 增加测试：该测试描述系统中某个较小元素的行为。
- 确认测试是否失败：这一步将检验测试用例是否在应当失败的时候失败，由于尚未为系统中的相应部分构建代码，因此测试失败。
- 编写代码：编写更多的测试代码，力争使测试通过。
- 运行测试：检验测试是否成功。
- 重构代码：不断完善编写代码，继续增加测试。

敏捷思想承认这个世界是不完美的，但通过迭代能够不断完善。可以说，迭代理论对日常工作生活中的大部分场景都适用。

BDD（Behavior Driven Development，行为驱动开发）也是一种敏捷软件开发技术，它鼓励软件项目中的开发者、QA、非技术人员、商业参与者进行协作。BDD 主要从用户需求出发，强调系统行为，其最初由 Dan North 于 2003 年命名，是对测试驱动开发的回应。2009 年，BDD 创始人在伦敦发表“敏捷规格、BDD 和极限测试交流”文章，对 BDD 给出了如下定义：

> BDD 是第二代的、由外及内的、基于拉动（pull）的、多方利益相关者（stakeholder）的、多尺度的、高度自动化的敏捷方法。它描述了一个交互循环，可以输出带有良好定义的结果（工作中交付的结果）——已测试过的软件。

这个定义理解起来可能有一定困难。实际上，BDD 具有自己特定的“Given，When，Then”行为描述语言，和敏捷用例是极为吻合的。所以，“Given，When，Then”行为描述语言才是 BDD 最显著的特征。这样做的好处是让开发人员从需求阶段就接入测试，观察整个开发过程。笔者以为这才是 BDD 最大的价值。

BDD 与 TDD 的主要区别除了让开发人员从需求阶段就开始接入测试，更体现在写测试用例时的措辞风格不同。BDD 测试用例更像一份说明书，详细描述软件的每一个功能。以下代码是常见的 BDD 测试写法。

```
describe("A suite is just a function", function() {
  var a;

  it("and so is a spec", function() {
    a = true;

    expect(a).toBe(true);
  });
});
```

编写 TDD 测试用例时，开发者常常会提出“我们应该先测试什么”的问题，然后针对测试条件来编写代码。而 BDD 则会换一种角度去思考问题，站在用户角度向自己提问：“我的预期行为是什么？”这样可能会写出结构更好的代码。说到底，BDD 更关注用户需求，通过了解用户的不同行为，加深对需求的理解，从而驱动软件开发。从 TDD 到 BDD 的演进如图 5-2 所示。

总而言之，TDD 关注开发（只关注代码），而 BDD 则站在用户视角看问题（更关注功能）。就学习而言，推荐学习敏捷相关方法论。敏捷思想重视测试，因为很多优秀的理论都是从敏捷社区衍生出来的，比如极限编程。TDD 就是极限编程的重要组成部分。另外，Ruby 社区也崇尚敏捷开发，比如 Cucumber 测试框架最早是基于 Ruby 编写的。

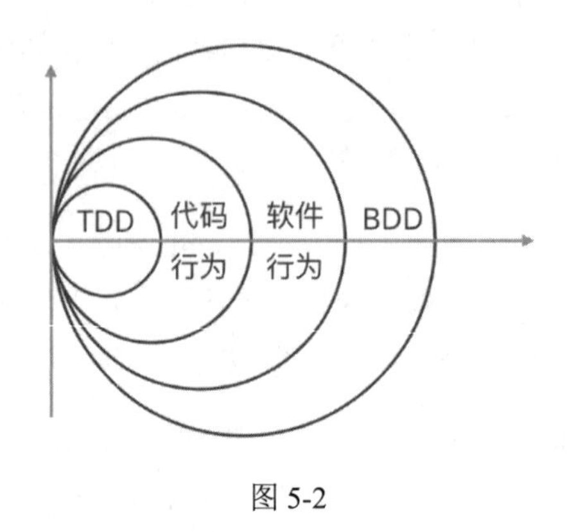

图 5-2

5.1.3 最小化问题

一般来说，做加法比做减法简单，原因是做加法可借鉴的东西非常多，而做减法要从已有的方案里移除一些内容，抉择起来很难。但市面上那些做得特别专业的应用，往往是靠做减法而得来的，比如微信。

软件设计也是一样的，一味追求大而全的过度设计很难执行。设计完成后，你会发现可能需要半年甚至更长的时间才能完成开发，能坚持的人极少。换一个角度看，从敏捷的 MVP（最小可用原型）开始，快速验证未尝不是好事。通过迭代思想不断完善，可达到快速交付的目的。

最小化问题是单元测试的精髓。根据维基百科，单元测试的定义如下。

> 在计算机编程中，单元测试（Unit Testing，又称为模块测试）是针对程序模块（软件设计的最小单位）来进行正确性检验的测试工作。程序单元是应用的最小可测试部件。对于面向过程编程，一个单元就是单个程序、函数、过程等；对于面向对象编程，最小单元就是方法，包括基类（超类）、抽象类、派生类（子类）中的方法。

单元测试的核心要点有两个。

- 面向程序单元，即应用的最小可测试部件执行测试，范围更小。
- 在最小程序单元里更容易做正确性检验。

可以说，单元测试是编程世界里最简单、易行、高效的验证手段。Node.js 为单元测试提供了一个理想平台，同时，JavaScript 本身也有一些很好的测试特性。

5.1.4 Baretest

Baretest是一个极简风格的测试模块，仅有44行代码和1个依赖模块（该模块有12行代码）。相较而言，Jest的代码多达57 540行，且有76个依赖模块，对于一个测试运行器来说，这是非常巨大的数字。

Baretest是最小的Node.js测试库，只具备基本功能，不适用于实现并行、导出测试报告、增加Mock功能等场景。但Baretest小巧，因此学习成本更低，相对更容易，这也是笔者遵循最小化问题原则做出的选择。

这里我们以最常见的加法函数为例。在测试之前，需要安装baretest模块，命令如下。

```
$ npm install --save-dev baretest
```

创建sum.js文件，只有一个简单的参数用于实现加法函数，具体如下。

```
module.exports = function (a, b) {
  return a + b
}
```

编写好代码后，接下来编写测试脚本。所谓“测试脚本”就是用来测试源码的脚本，创建test.js文件的代码如下。

```
const test = require('baretest')('Sum tests')
const assert = require('assert')
const sum = require('./sum')

test('1 + 2 = 3', function () {
   assert.equal(sum(1, 2), 3)
})

test('2 + 3 != 6', function () {
   assert.notEqual(sum(2, 3), 6)
})

test.run()
```

在终端中执行node test命令，测试结果如下。

```
$ node test
sum • • ✓ 2
```

至此，测试完成。关于测试脚本，需要说明以下两点。

- test 是测试用例，表示一个单独的测试，是测试的最小单元，它是一个函数，其中第一个参数是测试用例的名称，第二个参数是一个实际执行的函数。
- assert 是断言，用于判断结果是否正确。

回想一下前面讲过的单元测试的定义，它是针对程序模块（软件设计的最小单位）进行正确性检验的测试代码。这个例子针对函数这个最小测试单元进行测试，并且通过断言进行了正确性判断，并在执行测试后反馈了测试结果。

直接执行测试命令可能比较长，约定方式是在 package.json 中配置 npm 的 test 脚本，如下。

```
"scripts": {
  "test": "node test.js"
 }
```

这样一来，执行 npm test 命令就可以运行测试。

为了帮助大家更加深入地了解测试如何执行，这里介绍 Baretest 中的五个相关 API。

- test(name, fn)：最常用的测试方法，第一个参数是测试名称，第二个参数是具体的测试函数，主要负责测试执行。
- test.only(name, fn)：仅执行指定函数，忽略其他函数，非常实用，同样负责测试执行。
- test.before(fn)：在测试函数执行之前执行的函数，属于准备阶段的函数。
- test.after(fn)：在测试函数执行之后执行的函数，属于测试执行后收尾阶段的函数。
- test.skip(name?, fn?)：跳过指定函数，执行其他函数，和 only 相反，主要负责测试执行。

一般 test(name, fn)足够应对绝大部分场景，但由于一个测试文件中会有很多个测试函数，这就会衍生出多种情况，比如只执行当前测试函数、跳过当前测试函数执行其他测试函数等，这也是 only 和 skip 存在的用处。一个文件中含多个测试函数的场景很常见，示例如下。

```
test('1 + 2 = 3', function () {
   assert.equal(sum(1, 2), 3)
})

test.skip('2 + 3 != 6', function () {
   assert.notEqual(sum(2, 3), 6)
})
```

```
test.only('2 + 3 = 5', function () {
   assert.equal(sum(2, 3), 5)
})

test.run()
```

当然，很多时候我们可能还有准备工作和收尾工作要做，比如测试 HTTP 接口时，要先启动 HTTP 服务，此时就需要在 before 函数中启动服务，然后在执行测试命令后，在 after 函数中终止该服务。这就是测试生命周期。

5.1.5　TAP 和 Tape

TAP（Test Anything Protocol）是可靠性测试的一种实现，从 1987 年便诞生了。直白地讲，TAP 的核心就是用非常简单的方式来格式化测试结果，示例如下。

```
TAP version 13
# equivalence
ok 1 these two numbers are equal

1..1
# tests 1
# pass  1

# ok
```

Node.js 世界里的典型 TAP，是 npm 之父 Isaacs 实现的 node-tap，node-tap 捆绑了 nyc 和 istanbul，比 Mocha 功能更强大。Isaacs 认为大多数测试框架都通过大量文档来告诉使用者自己是性能最好的，下面是 Isaacs 认可的 10 条测试最佳实践。

- 测试文件应该和正常程序一样，可以直接运行。
- 测试输出应该和测试文件的结构密切相关，这样更容易识别。
- 测试文件应该在独立进程里运行。
- 断言不应该被常规抛出。
- 测试报告应该独立于测试之外，包含在框架里，并且默认为开启状态。
- 编写测试的过程应该尽量简单。
- 测试输出结果应该足够多，以诊断失败原因。

- 测试应该包含测试覆盖情况。
- 测试不应该比代码引用更多的与构建相关的配置。
- 测试应该运行得尽可能快，优先级最高。

以下代码是一个基于 node-tap 编写的测试用例。

```
var tap = require('tap')

// 可以使用 test，仅使用顶层对象
// 不需要套件或 sub-test

tap.pass('this is fine')

tap.equal(1, 1, 'check if numbers still work')
tap.notEqual(1, 2, '1 should not equal 2')

// 可以对 sub-test 进行分组
// 对异步支持友好

tap.test('first stuff', function (t) {
  t.ok(true, 'true is ok')
  t.similar({a: [1,2,3]}, {a: [1,2,3]})
  // 调用 t.end()
  t.end()
})
```

这段代码有三个要点，具体如下。

- 测试代码的写法和 Baretest 几乎一样。
- 断言和 Baretest 是一样的。
- 增加了 tap.pass 等方法，API 更丰富，还有 t.plan 等。

除了常规的在 test 目录下存放文件，这里推荐另一种做法，即将测试代码和程序代码放在一个目录下，将测试代码文件命名为*.test.js，示例如下。

```
lib/base.js
lib/base.test.js
lib/thing.js
lib/thing.test.js
lib/widget.js
lib/widget.test.js
lib/util/bits.js
```

```
lib/util/bits.test.j
```

如果用不同的方式执行测试代码，返回结果也会有区别。直接使用 node 命令执行测试代码会返回 TAP 信息，结果如下。

```
$ node test.js
TAP version 13
ok 1 - this is fine
ok 2 - check if numbers still work
ok 3 - 1 should not equal 2
# Subtest: first stuff
    ok 1 - true is ok
    ok 2 - should match pattern provided
    1..2
ok 4 - first stuff # time=5.381ms

1..4
# time=22.276ms
```

如果执行 tap 命令，测试结果中会包含测试覆盖率信息，具体如下。

```
$ npm test
> tap

 PASS  test.js 5 OK 18.261ms


  🌈 SUMMARY RESULTS 🌈


Suites:   1 passed, 1 of 1 completed
Asserts:  5 passed, of 5
Time:     1s
----------|----------|----------|----------|----------|--------------------|
File      |  % Stmts | % Branch |  % Funcs |  % Lines | Uncovered Line #s  |
----------|----------|----------|----------|----------|--------------------|
All files |        0 |        0 |        0 |        0 |                    |
----------|----------|----------|----------|----------|--------------------|
```

通过结果可以看出 node-tap 在 TAP 之上还有扩展，可以说非常强大、易用。

Tape 是 Node.js 著名开发者 Substack 编写的测试框架，它可以同时兼容 Node.js 和浏览器环境中的测试，示例如下。

```
var test = require('tape').test;
test('equivalence', function(t) {
    t.equal(1, 1, 'these two numbers are equal');
```

```
    t.end();
});
```

Tape 是非常简单的测试框架，核心价值观是"Tests are code"，即像运行代码一样跑测试。执行测试代码和执行功能代码是一样的，可以采用以下方式。

```
$ node test/test.js
```

总体来说，Tape 对大多数项目都是非常友好的，是小而美的测试框架。如果想遵循 TAP 协议且希望获得强大性能，可以使用 node-tap 框架。

5.1.6 Mocha

Mocha 是由 TJ 编写的一个功能丰富的单元测试框架，既可以在浏览器环境下运行，也可以在 Node.js 环境下运行，它可以让测试变得简单且有趣。使用 Mocha，我们只需要专注于编写单元测试，Mocha 会自动执行测试并给出测试结果。Mocha 测试是串行执行的，兼具灵活性和准确性，当遭遇不能捕获的异常时，它能够校正测试用例。

我们在 5.1.2 节介绍了 BDD（行为驱动开发）和 TDD（测试驱动开发），Mocha 支持这两种风格的测试代码写法。

BDD 风格

BDD 风格测试代码提供以下 API。

- describe()：测试套件。
- it()：测试用例。
- before()：所有测试用例的统一前置动作。
- after()：所有测试用例的统一后置动作。
- beforeEach()：某个测试用例的前置动作。
- afterEach()：某个测试用例的后置动作。

BDD 风格测试代码多使用 describe()和 it()两个方法，我们将在下一节详细讲解。before()、after()、beforeEach()和 afterEach()是辅助测试做的作用域，它们合起来组成了 hook 的概念。BDD 风格测试代码示例如下。

```
const assert = require("assert")

describe('truth', function(){
 it('should find the truth', function(){
   assert.equal(1, 1);
 })
})
```

describe()代表一个测试套件，其中的第一个参数表示该测试套件的名称，第二个参数是执行的函数。it()代表每一个测试用例，是最小的测试单元。第一个参数代表测试单元的名称，第二个参数代表实际执行的函数。

TDD 风格

TDD 风格测试代码的组织方式是使用测试集（suite）和测试（test）。测试集中都会用到 setup()方法和 teardown()方法。这些方法会在测试集中的其他测试代码执行前执行，作用是避免代码重复，最大限度地使测试之间相互独立。

TDD 风格测试代码提供的 API 如下。

- suite()：类似于 BDD 中的 describe()。
- test()：类似于 BDD 中的 it()。
- Setup()：类似于 BDD 中的 before()。
- teardown()：类似于 BDD 中的 after()。
- suiteSetup()：类似于 BDD 中的 beforeEach()。
- suiteTeardown()：类似于 BDD 中的 afterEach()。

示例代码如下。

```
var assert = require("assert");

suite('Array', function(){
  setup(function(){
    console.log('测试执行前执行');
  });

  suite('#indexOf()', function(){
    test('当值不存在时应该返回 -1', function(){
      assert.equal(-1, [1,2,3].indexOf(4));
```

```
    });
  });
});
```

在终端中，运行如下 Mocha 命令。

```
$ mocha --ui tdd *.js (*表示的是文件名)
```

BDD 风格的代码写法和 Baretest、node-tap 等类似，是非常常见的写法。Mocha 默认使用 BDD 风格接口，所以在上述代码中我们要特意声明，Mocha 使用了 TDD 风格写法。

执行过程

Mocha 的具体执行过程如下。

```
运行 'mocha spec.js'
|
产生子进程
|
|--------------> 在子进程内部
  具体的处理过程
  |
  运行 spec file/s
  |
  |--------------> 每个 spec 文件开始
    suite 回调（或 describe 回调）
    |
    'before'顶层前置回调 pre-hook
    |
    'before'前置回调 pre-hook
    |
    |--------------> 每个 test 开始
      'beforeEach'顶层前置回调 pre-hook
      |
      'beforeEach'前置回调 pre-hook
      |
      test 回调（或'it'回调）
      |
      'afterEach'后置回调 post-hook
      |
      'afterEach'顶层后置回调 post-hook
    |<-------------- 每个 test 结束
    'after'后置回调 post-hook
    |
    'after'顶层后置回调 post-hooks
  |<-------------- 每个 spec 文件结束
|<-------------- 子进程内结束
```

需要注意的是，TDD 风格和 BDD 风格在写法上有所区别，Mocha 拥有非常完备的生命周期管理。

断言

对于 Mocha 而言，TDD 和 BDD 风格测试最主要的不同就是断言的用法。断言的可读性非常重要，这是测试表现力的一种体现。

社区认为，断言最好能像语言一样容易理解，于是在 assert 模块基础上尝试用 should.js 来实现断言。在 Node.js 里，should.js 模块是基于 assert 模块的扩展，它的语法与日常编程使用的语法几乎一模一样。在很长一段时间里，Mocha+should.js 都是非常好的选择。后来，expect 风格断言开始流行，示例如下。

```
describe('#test()', function(){
  it('should return ok when test finished', function(done){
    assert.equal('sang_test2', 'sang_test2');
    var foo = 'bar';
    expect(foo).to.equal('bar');
    done()
  })
})
```

用 expect 风格断言替换 should.js 模块，是因为基于 should.js 实现断言对代码的破坏性较大。而 expect 风格实现侵入性较低，expect 方法会返回一个代理对象，上面绑定了一些可用于断言的方法。在语义上，expect 代表“期望”，而 should 强调“应该”，在这一点上，expect 优于 should。

推荐使用 Chai.js 模块和 Mocha 搭配，Chai.js 提供了三种风格的断言：assert、should、expect。

assert 风格断言与原生的 Node.js SDK 内置的 assert API 类似，示例如下。

```
const assert = require('chai').assert;

const foo = 'foo';
// typeof
assert.typeOf(foo, 'string');
// equal
assert.equal(foo, 'foo');
// lengthOf 第三个参数表示断言可选消息
assert.lengthOf(foo, 3, 'foo 的长度等于 3');
```

should 风格断言基本是以对象开头的，.should 连接不同的断言方法，示例如下。

```
const should = require('chai').should();

const foo = 'foo';
foo.should.be.a('string');
foo.should.have.lengthOf(3);
```

expect 风格断言基本是以 expect 开头的，以 to 作为中间词，比如 to.be.a 是确认类型，to.be.lengthOf 是确认长度等，这样的写法在语义上更清晰，示例如下。

```
const expect = require('chai').expect;

const foo = 'foo';
const dinner = { fruits:['apple', 'banana', 'orange'] };

expect(foo).to.be.a('string');
expect(foo).to.equal('foo');
expect(foo).to.have.lengthOf(3);
expect(dinner).to.have.property('fruits').with.lengthOf(3);
```

以上断言只是在写法风格上不同，除此之外并无差别。

Mocha 功能相当丰富，支持 TAP 协议，还有很多其他功能，感兴趣的读者可以慢慢探究。

5.1.7　Jest

Jest 是由 Facebook 开源的测试框架，集成了断言库、Mock、快照测试、覆盖率报告等功能。Jest 非常适合用来测试 React 代码，当然，JavaScript 代码也可以用 Jest 来测试。Jest 适用于但不局限于以下项目：Babel、TypeScript、Node.js、React、Angular、Vue.js。可以说 Jest 是一个功能强大且非常现代的测试框架。

Jest 官方简介说，Jest 是 delightful 测试框架，即令人愉快的测试框架，具体表现在以下方面。

- 零配置：Jest 的目标是在大部分 JavaScript 项目上实现开箱即用，无须配置。
- 快照：快照可以独立于测试代码存在，也可以集成进测试代码内。
- 隔离：测试代码在进程中并行运行，以最大限度地提高性能。
- 拥有优秀的 API：将整个工具包存放在一个地方，易编写，易维护，非常方便。

Jest 内置的功能如下。

- 配置灵活：比如可以用文件名通配符来检测测试文件。
- 匹配表达式：能使用 expect 风格代码来测试不同的内容。
- 测试异步代码：支持 Promise 数据类型和异步等待 async /await 功能。
- 模拟函数：可以修改或监控某个函数的行为。
- 手动模拟：执行测试时可以忽略模块间的依存关系。
- 虚拟计时：帮助控制时间推移。

从测试风格上看，Jest 也同时支持 TDD 和 BDD 两种风格写法。

TDD 风格测试代码写法如下。

```
describe('My work', () => {
  test('works', () => {
    expect(2).toEqual(2)
  })
})
```

BDD 风格测试代码写法如下，和 Mocha 写法一模一样。

```
describe('My work', () => {
  it('works', () => {
    expect(2).toEqual(2)
  })
})
```

Jest 中有一种 watch 模式，在该模式下，Jest 命令中会有一个参数--watch/--watchAll，用于监听测试文件或测试文件引入的其他文件的变化，从而时时进行测试。但这样也带来了一个问题：只要有少量的内容变化，Jest 就会把所有的测试执行一遍，有些浪费资源。那么，我们有没有可能对 watch 模式进行进一步优化呢？

在命令窗口中执行 npm test 命令进行测试，测试完成后，你会发现返回了很多提示（Watch Usage），这些就是对 watch 模式的优化，代码如下。

```
scripts: {
    "test": "DEBUG=jest NODE_ENV=test jest --coverage --watch --verbose",
    ...
}
```

执行 npm test 命令的返回结果如图 5-3 所示。

```
Test Suites: 1 passed, 1 total
Tests:       4 passed, 4 total
Snapshots:   0 total
Time:        27.96s
Ran all test suites.

Watch Usage
 › Press f to run only failed tests.
 › Press o to only run tests related to changed files.
 › Press p to filter by a filename regex pattern.
 › Press t to filter by a test name regex pattern.
 › Press q to quit watch mode.
 › Press Enter to trigger a test run.
```

图 5-3

执行 npm test 命令后，假设我们发现有一个测试失败了，这时若我们想重新执行且只执行这个失败的测试，则可以按 f 键。为了演示，这里将一个测试用例改为错误用例，比如把 request 的 mock 改为 name: 'jason'，如下。

```
jest.mock('request', () => {
   return (url, callback) => {
      callback(null, 'ok', {name: 'jason'})
   }
})
```

执行测试，命令窗口中显示错误。此时按 w 键，显示如图 5-4 所示的内容：一个测试失败，三个测试已跳过。再按 f 键，此时将只执行失败的测试。

```
FAIL  ./func.test.js
  × should return data when fetchData request success (72ms)
  ○ skipped should call callback when forEach
  ○ skipped calls math.add
  ○ skipped should call add
```

图 5-4

修改测试代码至完全正确并保存。此时如果再修改 func.test.js 文件或其他测试用例，会发现测试不会再执行了，显示 No failed test found，如图 5-5 所示。

```
No failed test found.
Press `f` to quit "only failed tests" mode.

Watch Usage: Press w to show more.
```

图 5-5

因为按 f 键只执行上一次测试中失败的测试用例，现在我们已经修改好了失败的测试代码，所以它就不会再执行了。再次按 f 键，重新回到 watchAll 模式。

按 o 键会执行与当前改动文件相关的测试文件。但此时按 o 键会报错，为什么呢？因为 Jest

并不知道哪个文件发生了变化，Jest 不具备比较文件的功能。为了实现这个功能，需要借助 Git。Git 是用来追踪文件变化的，只要把工作区和仓库区的代码进行对比，就可以知道哪个文件发生了变化。因此，我们需要把项目变成 Git 项目。

为了演示，这里把 fetchData 测试从 func.test.js 中拆分出来，形成 fetchData.test.js，如下。

```
jest.mock('request', () => {
return (url, callback) => {
callback(null, 'ok', {name: 'sam'})
}
});

const fetchData = require('./func').fetchData;

test('should return data when fetchData request success', () => {
return fetchData().then(res => {
expect(res).toEqual({name: 'sam'})
})
})
```

此时改动一个文件，如在 forEach 中加一个空行，看一下控制台，只有 func.test.js 测试文件被执行，其他测试文件并没有被执行。再修改 fetchData.test.js 文件，此时两个测试文件都会被执行。

Jest 支持两种模拟函数的方法：要么在测试代码中创建一个 Mock 函数，要么编写一个手动执行的 Mock 来覆盖模块依赖。

jest.fn()

jest.fn()是创建 Mock 函数最简单的方式，如果没有定义函数内部的实现，jest.fn()会返回 undefined。

```
test('测试jest.fn()调用', () => {
  let mockFn = jest.fn();
  let result = mockFn(1, 2, 3);
  // 断言 mockFn 的执行后返回 undefined
  expect(result).toBeUndefined();
  // 断言 mockFn 被调用
  expect(mockFn).toBeCalled();
  // 断言 mockFn 被调用了一次
  expect(mockFn).toBeCalledTimes(1);
  // 断言 mockFn 传入的参数为 1、2、3
  expect(mockFn).toHaveBeenCalledWith(1, 2, 3);
})
```

jest.mock()

对于 fetch.js 文件中封装的请求方法，我们并不总需要对其进行实际请求。此时，使用 jest.mock()对整个模块执行 Mock 操作是十分有必要的。

下面我们在 src/fetch.js 的同级目录下创建一个 src/events.js 文件，内容如下。

```
import fetch from './fetch';

export default {
  async getPostList() {
    return fetch.fetchPostsList(data => {
      console.log('fetchPostsList be called!');
    });
  }
}
```

functions.test.js 中的测试代码如下。

```
import events from '../src/events';
import fetch from '../src/fetch';

jest.mock('../src/fetch.js');

test('Mock 整个 fetch.js 模块', async () => {
  expect.assertions(2);
  await events.getPostList();
  expect(fetch.fetchPostsList).toHaveBeenCalled();
  expect(fetch.fetchPostsList).toHaveBeenCalledTimes(1);
});
```

在测试代码中，我们使用了 jest.mock('../src/fetch.js')去伪造整个 fetch.js 模块。如果删掉这行代码，执行测试脚本时会出现报错。

在实际项目的单元测试中，jest.fn()常被用来对某些回调函数进行测试；jest.mock()可以对整个模块中的方法执行 Mock 操作，当某个模块已经被单元测试 100%覆盖时，使用 jest.mock()执行 Mock 操作可节约测试时间；当需要测试某些必须被完整执行的方法时，常常需要使用 jest.spyOn()方法。具体使用什么方法，需要开发者根据实际的业务代码灵活选择。

Jest 是 React 生态的重要组成部分，很多前端开发工程师都会优先选用 Jest 来编写 Node.js 相关项目的测试用例，这样做的好处是可以提升效率。但 Jest 也有问题，比如魔改 require 缓存等，可能会出现一些预期之外的问题且不容易排查。对于 Node.js 项目，笔者还是建议使用 Mocha、AVA 等测试框架。

5.2　测试进阶

“种一棵树最好的时间是十年前，然后是现在。”在测试领域也是一样的。作为单元测试的忠实爱好者，笔者认为这是一种伟大的开发风格。如果你以前从未尝试，或曾经尝试过但已放弃，那么从现在开始编写单元测试依然不晚。

5.1 节讲的是测试入门知识，并对比了多个测试框架。测试是一门学问，远远不止表面上看到的那么简单，本节我们将进行测试进阶学习。

5.2.1　测试的好处

在软件开发分工中，前端开发非常特殊。在 2013 年出现 MVC 之前，前端人员做得最多的是与封装浏览器兼容差异相关的模块开发工作，很少编写单元测试，更不会做集成测试，前端领域知名的测试框架大概只有 QUnit。Node.js 是 2009 年诞生的，相对 Java、Ruby、PHP 都是晚辈，所以在测试方面起步较晚。好在 TJ 等先驱做了大量工作，完善了 Node.js 相关软件工程领域。前面讲过 TAP、Tape、Mocha、AVA、Jest，可以看出 Node.js 测试一直在进步。

直到今天，测试依然是优秀开发者的必备技能。没有编写过测试代码，很难接受“测试驱动开发”文化。虽然单元测试有些麻烦，但其重要性是公认的，好的单元测试能保证产品的质量。笔者以为测试的核心有三点，分别是最小化问题、保证质量、便于重构。

最小化问题：有助于厘清思路

对于软件开发，正确的步骤是测试先行，即明确自己想要什么，然后按照自己的需要去实现代码。

然而实际情况是，拿到需求（可能就几句话）后就立刻开始写代码，写着写着，突然发现哪里不对，然后大改代码，或者遇到需求方反馈“我想要的不是这样的”，无奈重写代码。所以，测试先行可以很好地解决（避开）这些问题。

- 首先要知道测试什么功能。
- 编写测试用例阶段，要明确我们期望的场景：什么场景是正确的，什么场景是错误的。
- 准备测试的时候要全局思考，针对某一功能进行的单元测试只是一个点。
- 要不断梳理测试的过程，这也是理解需求的过程。

- 当需求变动时，一定是先修改测试代码，重复上面的过程。

保证质量：大项目测试的价值越大

对于小型项目且涉及场景较少时，手动进行测试也可以达到目的。但对于大项目且涉及场景很多时，如果不编写测试代码，便无法保证项目的质量。

自动化收益 = 迭代次数 × 手动执行成本 – 首次自动化成本 – 维护次数 × 维护成本。

写好测试代码不是一件容易的事，编写高可测试代码对开发人员提出了更高的要求。

便于重构：自动化提效

模块拆分得非常细时，模块间彼此依赖很严重，比如模块 a 依赖模块 b，模块 b 依赖模块 c，如果模块 c 发生了变化，那么模块 a 和模块 b 都要更新，我们需要重新测试。在这种情况下，如果同时改动两个或两个以上的模块，则会对代码产生非常大的影响。

一旦编写了测试代码，只要程序代码变动，就必须确认测试是否正常，如果不正常，则需重构。

比如，Greenkeeper 会根据 package.json 文件里的版本策略，关注依赖模块的最新版本。如果发现有新的依赖版本，它会自动创建 Pull Requst，GitHub 会自动进行测试，返回并标记测试结果。如果发现所有的测试功能都正常，则可以直接合并代码。

5.2.2 红到绿工作流

前面我们介绍了 TDD（测试驱动开发）风格及“测试先行”的重要性，其中有一个关键概念叫作“红到绿工作流”。这种工作流对重构保证代码质量具有非常重要的意义。

红到绿工作流的描述如下，如图 5-6 所示。

1. 编写测试代码，即使它一定会执行失败。运行测试代码时会得到一个红色信号。

2. 编写足够到测试通过的代码，让测试不再失败，测试通过后便会得到一个绿色信号。

3. 重构，即提升代码质量，在测试正常的前提下修改代码。需要注意的是，这一步不是改变代码的行为。这一步有可能会让某些之前通过的测试失败，此时要继续执行步骤 1。

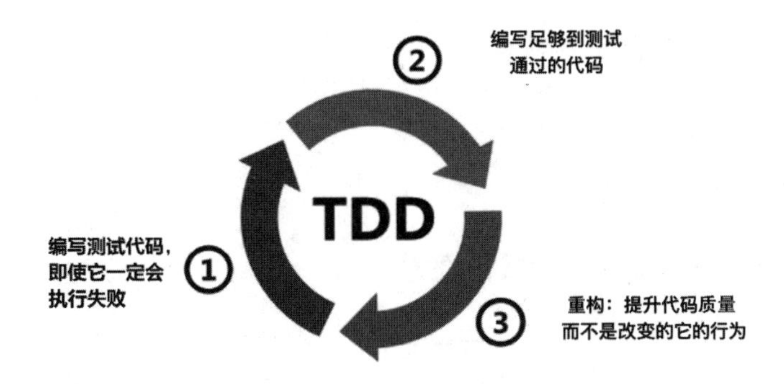

图 5-6

在执行测试时，可以通过 watch 模式查看执行结果。根据执行结果调整测试用例，不断重复红到绿工作流进行迭代，最终解决开发和测试脱节的问题，有效保障代码质量。

5.2.3　Cucumber

Cucumber 是一个测试框架，是软件开发人员和业务经理之间沟通的桥梁。测试脚本基于 BDD 风格编写，任何非专业人员也都能理解。然后将测试用例放入覆盖一个或多个测试场景的剧本（gherkin）文件中。Cucumber 会将测试用例解释成指定的编程语言，然后执行。

Cucumber 是一个命令行工具，它可以让人们用近似自然的语言去描述需求和场景，进而驱动开发。根据 Cucumber 的定义，它的核心是 Specification，其实就是文档化的需求。Specification 是通过 Requrement Workshop 生成的，在 Workshop 中，业务人员、开发人员和测试人员一起分析需求，把需求用自然语言写成文档，然后再转换成基于“Given/When,Then”描述的 Specification 文件，这样便完成了 BDD 中最重要的一步——定义软件的正确行为。接着，开发人员开始编码，实现相应的需求，保证 Specification 文件运行通过，整个流程结束。

简单来说，Cucumber 不是一个自动化测试工具，而是一个促进团队沟通合作的工具。但 Cucumber 无法确保上述流程真正发生，因为有很多团队简化或跳过了 Workshop，直接开始写 Specification 文件，没有沟通就很难保证理解一致，Bug 也许就在那时潜伏了下来。这就是行业内部所谓的“Cucumber 被广泛误用”。

Cucumber 关注终端用户体验，因为其使用了可描述性语言编写功能。从敏捷角度来讲，需求对应的是用户故事（User Story）。这是一个从属于产品设计的概念，它所指的是从用户的角度来描述需求，使用用户可以理解的业务语言来描述需求，避免使用技术术语。

通常，用户故事是这样的：As a role, I want goal/desire so that benefit.

解读一下，这句话中包含了三个要点。

- 角色：用户。
- 活动：需要做什么，即需求。
- 价值：为什么要这样做，业务价值是什么。

回归到工具层面，Cucumber 以 feature 文件形式来组织测试，相信大家都很清楚，这里之所以采用 feature 文件，是因为要凸显用户在使用系统时能够享受到的服务和功能。

以一个简单的场景为例，使用 Cucumber 的步骤一般是，创建 feature 文件、生成测试用例、执行测试用例。

下面我们来具体说明如何在测试中使用 Cucumber。

按照惯例，所有的需求描述都将被保存在 features 目录下，如果不指定路径，那么 Cucumber 将在同一个目录下查找要执行的 JavaScript 代码。指定 Cucumber 在哪里查找代码是明智且必要的，因为这样可以更好地控制构建过程。

首先定义 features/documentation.feature 文件，内容如下。

```
# features/documentation.feature
Feature: Example feature
  As a user of Cucumber.js
  I want to have documentation on Cucumber
  So that I can concentrate on building awesome applications

  Scenario: Reading documentation
    Given I am on the Cucumber.js GitHub repository
    When I click on "CLI"
    Then I should see "Running specific features"
```

Cucumber 最常见的使用方式是借助浏览器驱动程序（如 Selenium 或 PhantomJS）指定和测试 Web 应用程序。但是，它也可以与其他可执行的软件一起使用，执行结果可以根据 Cucumber 支持的编程语言来返回，比如以下代码是基于 JavaScript 语法的测试写法。

```
// features/support/world.js
require('chromedriver')
var seleniumWebdriver = require('selenium-webdriver');
var {defineSupportCode} = require('cucumber');

function CustomWorld() {
```

```
  this.driver = new seleniumWebdriver.Builder()
    .forBrowser('chrome')
    .build();
}

defineSupportCode(function({setWorldConstructor}) {
  setWorldConstructor(CustomWorld)
})
```

创建验证代码，存放测试用例。验证代码如下。

```
// features/step_definitions/browser_steps.js
var seleniumWebdriver = require('selenium-webdriver');
var {defineSupportCode} = require('cucumber');


defineSupportCode(function({Given, When, Then}) {
  Given('I am on the Cucumber.js GitHub repository', function() {
    return this.driver.get('https://github.com/cucumber/cucumber-js/tree/master');
  });

  When('I click on {stringInDoubleQuotes}', function (text) {
    return this.driver.findElement({linkText: text}).then(function(element) {
      return element.click();
    });
  });

  Then('I should see {stringInDoubleQuotes}', function (text) {
    var xpath = "//*[contains(text(),'" + text + "')]";
    var condition = seleniumWebdriver.until.elementLocated({xpath: xpath});
    return this.driver.wait(condition, 5000);
  });
});
```

在很多情况下，我们需要在每个场景之前（before）和之后（after）执行某些相同的操作，比如在测试完成后关闭浏览器。下面就是一个典型的 after hooks 示例。

```
// features/step_definitions/hooks.js
var {defineSupportCode} = require('cucumber');

defineSupportCode(function({After}) {
  After(function() {
    return this.driver.quit();
  });
});
```

由于测试用例需要使用 seleniumWebdriver，所以在每个场景之后执行某些操作时需要先退出当前场景，以释放内存。

总结一下，Cucumber 是一款具有一定的文档性、可以辅助团队沟通合作、提供自动化测试功能的工具。其特点是上手简单、社区活跃，但文档表现力不足。因此，如果团队刚开始尝试 BDD 风格，更看重自动化测试而对需求文档化的要求不高，那么，Cucumber 将是一个不错的选择。同时，Cucumber 目前支持 Ruby、C#、Java、JavaScript 和 C++等众多编程语言，这也是一个加分项。

5.2.4 Spy、Stub 和 Mock

在自动化测试中，我们常会使用一些经过简化的、行为表现与生产环境下对象相似的复制品。引入这样的复制品能够降低构建测试用例的复杂度，允许我们独立且解耦地测试某个模块，不必担心受到系统中其他模块的影响。测试 Ajax、网络、超时、数据库或其他有依赖的代码是非常难的，测试那些带有副作用的函数也是非常难的。比如，如果使用 Ajax 或网络，我们需要一台服务器用来响应请求。如果使用数据库，则需要有一个测试数据库。所有这些场景都会让编写和运行测试变得困难，因为我们需要为测试准备环境，不得不做很多额外的工作。

幸好，我们可以使用 Sinon 来解决这些问题。Sinon 是一个测试辅助模块，在为 Node.js 程序编写测试代码时可以派上用场。测试领域有几个基本概念：Spy、Stub、Mock。这些都是测试常用的手段，Sinon 对它们提供了非常好的支持。

Spy

Spy 的意思是“监视”，主要用来监视函数的调用情况。Sinon 会对需要被监视的函数进行包装，因此可以通过它清楚地知道该函数被调用过几次、传入了什么参数、返回了什么结果，甚至抛出了哪些异常。

下面来看一个具体的例子。

```
const sinon = require('sinon')
const expect = require('chai').expect

const orginObj = {
    'launch': function() {
        console.log('I am launch function');
    }
}

// 监视 orginObj.launch.
const myspy = sinon.spy(orginObj, 'launch');
```

```
console.log(typeof myspy);

// 调用 orginObj.launch
orginObj.launch('sss');

// 函数调用次数
expect(orginObj.launch.callCount).to.be.equal(1)

// 函数参数
expect(orginObj.launch.called).be.True;
```

从上面的代码中可以看出，通过 Spy，函数对象被打印出来，里面包含一些基本的函数信息，如函数被调用的情况及传入参数。

Stub

Stub 是伪造方法，和 Spy 很相似，只有在替换目标函数方面不一样。Stub 存在的意义是让测试对象可以正常执行，其通过对输入和输出内容进行硬编码来实现。开发者有时会使用 Stub 来嵌入或直接替换一些代码，以达到代码隔离的目的，这样可以实现更准确的单元测试。

Stub 的使用场景如下。

- 替换问题代码。
- 触达代码无法解决的问题，如异常处理。
- 让测试异步代码更为简单。

如果伪造出问题代码，我们就可以避免这些问题的出现。save 方法需要在运行测试之前连接数据，因此，使用 Stub 来伪造 save 方法是一个非常好的方式，示例如下。

```
it('should pass object with correct values to save', function() {
  var save = sinon.stub(Database, 'save');
  var info = { name: 'test' };
  var expectedUser = {
    name: info.name,
    nameLowercase: info.name.toLowerCase()
  };

  setupNewUser(info, function() { });

  save.restore();
  sinon.assert.calledWith(save, expectedUser);
});
```

通过 Stub 替换数据库相关函数，我们可以在测试时不再依赖真实的数据库。

简单来说，Stub 是代码的一部分。在运行时用 Stub 替换真正的代码，忽略调用代码的原有实现，即用一个简单的行为替换一个复杂的行为，可独立测试代码的某一部分。

Mock

Mock 是伪造对象，除了保证 Stub 的功能，还可以深入模拟对象之间的交互方式，如调用了几次、在某种情况下是否会抛出异常。当一个对象被 Mock 处理后，我们就可以对它设定预期，比如期望它最多（最少）被调用多少次、是否抛出异常等。Mock 本身不实现任何逻辑，一切对 Mock 的调用都是“假”的，它用来测试对象的交互行为有没有发生，以及有没有按照预期发生。

Mock 主要适用于使用 Stub 但需要验证多种指定行为的场景。举个例子，当我们想通过 Mock 验证多次数据库存储行为时，测试代码如下。

```
it('should pass object with correct values to save only once', function() {
  var info = { name: 'test' };
  var expectedUser = {
    name: info.name,
    nameLowercase: info.name.toLowerCase()
  };
  var database = sinon.mock(Database);
  database.expects('save').once().withArgs(expectedUser);

  setupNewUser(info, function() { });

  database.verify();
  database.restore();
});
```

需要注意的是，通过使用 Mock，我们为函数行为设置了前置预期。正常情况下，这些预期会以断言函数调用的方式被实现。但使用 Mock，我们可以直接在被 Mock 操作的函数中定义行为，并且在当前函数中调用验证。在上述测试中，我们使用了 once 和 withArgs 来定义 Mock，以及检查调用次数和给定参数。如果我们使用 Stub，检查多个行为时需要引用多个断言，代码不是很优雅。

上面讲的 Spy、Stub、Mock 三个测试进阶概念，可以覆盖更多的测试场景。为了便于读者理解，下面比较三者的差异。

- Spy：监视函数被调用的情况。

- Stub：替换对象的函数行为。
- Mock：设定函数行为并验证，尤其用于验证多种指定行为。

Mock 更像 Spy 和 Stub 的合体，使用 Mock 可以更加方便地开发 Stub 和 Spy，但是要想增强 Stub 框架的 Mock 机制，就要进行额外的扩展开发了。

5.2.5 持续集成

每次执行代码前都执行测试文件，这种操作适合本地开发。如果想在测试中集成更多功能，就要进行持续集成（Continuous Integration，CI）。CI 服务器的用处是，每当有人执行 Commit 操作时，就会自动执行编辑和测试，并回报结果，如果有人提交的程序影响了回归测试，则马上就会产生反馈，中断构建。

Martin Fowler 对持续集成的定义是这样的："持续集成是一种软件开发实践，即团队开发成员经常集成他们的工作，通常每个成员每天至少集成一次，这意味着每天可能会发生多次集成。每次集成都通过自动化构建（包括编译、发布、自动化测试）来验证，从而尽快地发现集成错误。许多团队发现这个过程可以大大减少集成的问题，让团队能够更快地开发内聚的软件。"

持续集成具有如下优势。

- 降低风险。
- 减少重复操作。
- 任何时间、任何地点均可生成可部署的软件。
- 增强项目的可见性。
- 建立团队成员对产品开发的信心。

也就是说，测试不通过时不能部署应用，只有将测试代码提交到服务器上实现自动化测试，且测试通过，才可以将应用部署到服务器上。

一般最常用的持续集成软件是 Jenkins，而开源项目中常使用 Travis CI 或 CircleCI。Node.js 开发中的持续集成是通过 Jenkins 实现的。如果想成为 Node.js 代码贡献者，需要掌握 Jenkins 的用法。

5.2.6 如何编写测试框架

要想编写一个测试框架，首先要会使用测试框架，因为在使用测试框架的过程中，读者能够了解常用的测试方法，知道如何调用测试框架。

除此之外，你可能还需要一些参考，比如看看其他人编写的测试框架。在开源时代，参考他人的代码是极其容易的。本节我们以 5.1.4 节介绍过的 Baretest 为例来讲解如何编写测试框架，代码如下。

```
const rgb = require('barecolor')

module.exports = function(headline) {
  // 定义好测试用例分组数据存储结构
  const suite = [],
    before = [],
    after = [],
    only = []

  // 外层 suite 存储
  function self(name, fn) {
    suite.push({ name: name, fn: fn })
  }
  // only 存储
  self.only = function(name, fn) {
    only.push({ name: name, fn: fn })
  }
  // hook 处理
  self.before = function(fn) { before.push(fn) }
  self.after = function(fn) { after.push(fn)  }
  self.skip = function(fn) {} //不加入任何分组

  // 核心执行方法
  self.run = async function() {
    // 确认有没有 only 分组，有则执行 only 分组里所有的测试用例，否则执行 suite 分组里的测试
    const tests = only[0] ? only : suite

    rgb.cyan(headline + ' ')

    // 遍历测试，执行 hook 和具体的测试方法
    for (const test of tests) {
      try {
        for (const fn of before) await fn()
        await test.fn()
        rgb.gray('• ')

      } catch(e) {
```

```
      for (const fn of after) await fn()
      rgb.red(`\n\n! ${test.name} \n\n`)
      prettyError(e)
      return false
    }
  }

  for (const fn of after) await fn()
  rgb.greenln(`✓ ${ tests.length }`)
  console.info('\n')
  return true
 }

 return self
}

function prettyError(e) {
 const msg = e.stack
 if (!msg) return rgb.yellow(e)

 const i = msg.indexOf('\n')
 rgb.yellowln(msg.slice(0, i))
 rgb.gray(msg.slice(i))
}
```

其实，只要理解了测试的基本概念和执行流程，编写一个类似的测试框架是非常简单的。

5.2.7 如何打造开源项目

能够读懂源码并实现一个模块后，我们还会遇到一个问题：如何打造一个优秀的开源项目？这里笔者抛出自己的想法，希望能够对读者有所帮助。

Jest 可谓目前最好的 JavaScript 测试框架，但其对 TypeScript 的支持情况并不理想。首先，Jest 支持 TypeScript 非常麻烦，比较好用的是 ts-jest，它可以直接支持 TypeScript。ts-jest 使用的是 Jest 测试语法，也就是说，ts-jest 简化了 Jest 对 TypeScript 的集成。

TypeScript 最好的特性是支持类型和面向对象，与 Jest 非常相似。在 Java 世界里，有 JUnit 这样成熟的测试模块，那么，基于 Jest 编写一个用法和 JUnit 类似的测试模块是否可行呢？我们假设这个模块为 ts-junit，是开源的，可实现 Jest 的现有功能，使用 JUnit 的装饰器进行封装。

参考 JUnit 的写法，ts-junit 代码如下。

```
import Calculator from './calculator';
```

```
import {Test, assertEquals} from 'ts-junit'

class MyFirstJUnitJupiterTests {

    private final Calculator calculator = new Calculator();

    @Test
    void addition() {
        expect(2).toEqual(calculator.add(1, 1))
    }

}
```

对于编写该开源项目，笔者的思路如下。

- 推导需求：TypeScript 化会让装饰器的使用场景越来越多，这一点 JUnit 做得非常棒，因此可以参考。
- 确认能否基于现有能力编写，避免重复造轮子：Jest 是目前对前端后端都支持较好的测试框架，基于它的现有能力编写新项目代码可以省去大量的开发工作。
- 结合趋势判断价值：未来 TypeScript 将会完全普及，测试作为开发的重要一环，一定会流行起来。

能够保持技术敏感性，根据趋势把握项目定位，可以开发出很多优秀的开源项目。把这种能力用于商业，也会获得巨大回报。

5.2.8　进一步学习 TypeScript

整体上看，TypeScript 和 Java 有很多相似之处，这也是 TypeScript 适用于大规模编程的原因。本节将带领各位读者深入学习 TypeScript。

创造机会

JavaScript 相关测试框架有很多，而针对 Java 的测试框架主要有 JUnit 和 TestNG。能不能编写一个支持 TypeScript 的类 JUnit 测试框架 ts-junit 呢？当然是可以的。我们在 5.2.7 节中给出过部分代码，本节将详细介绍。请看以下代码。

```
import assert from 'assert'
import { BeforeAll, BeforeEach, Disabled, Test, AfterEach, AfterAll } from 'ts-junit'

export default class MyFirstJUnitJupiterTests {
```

```
    @BeforeAll
    static void initAll() {
    }

    @BeforeEach
    void init() {
    }

    @Test
    void succeedingTest() {

    }

    @Test
    void failingTest() {
        assert.fail("a failing test");
    }

    @Test
    @Disabled("for demonstration purposes")
    void skippedTest() {
        // 不会被执行
    }

    @Test
    void abortedTest() {
        assert.assumeTrue("abc".contains("Z"));
        assert.fail("test should have been aborted");
    }

    @AfterEach
    void tearDown() {
    }

    @AfterAll
    static void tearDownAll() {
    }
}
```

以上代码非常精简，值得注意的是，这段代码主要使用装饰器来设计并完成。

下面我们来看 TypeScript 装饰器的核心定义，如下。

```
declare type ClassDecorator = <TFunction extends Function>(target: TFunction) => TFunct
ion | void;
declare type PropertyDecorator = (target: Object, propertyKey: string | symbol) => voi
d;
```

```
declare type MethodDecorator = <T>(target: Object, propertyKey: string | symbol, descri
ptor: TypedPropertyDescriptor<T>) => TypedPropertyDescriptor<T> | void;
declare type ParameterDecorator = (target: Object, propertyKey: string | symbol, parame
terIndex: number) => void;
```

了解了定义便可以探索具体写法了。举个例子，@DisplayName 写法的实现代码如下。

```
import org.junit.jupiter.api.DisplayName;
import org.junit.jupiter.api.Test;

@DisplayName("A special test case")
class DisplayNameDemo {

    @Test
    @DisplayName("Custom test name containing spaces")
    void testWithDisplayNameContainingSpaces() {
    }

    @Test
    @DisplayName("a")
    void testWithDisplayNameContainingSpecialCharacters() {
    }

    @Test
    @DisplayName("b")
    void testWithDisplayNameContainingEmoji() {
    }

}
```

这里的 DisplayName 既可以放在 Class 上，也可以放到 Property 里。以下是更加精简的写法。

```
export function DisplayName(message: string): ClassDecorator & PropertyDecorator {
    console.dir(message)
    return function (clsOrObject: Function|Object, propertyName?: string | symbol) {
        console.dir(clsOrObject)
        console.dir(propertyName)
    }
}
```

在实际的使用过程中，笔者对装饰器的用法不是很满意，因此对其实现进行了一定的修改，具体如下。

```
import { flatten } from './flatten'
var requireDir = require('./require');

var Classes = requireDir(dir, {
  recurse: true,
```

```
  extensions: ['.ts'],
  require: function (r, abs, folder) {
      var Clazz = r;
      var obj = new Clazz.default()

      // 此处加载装饰器
      const data = require('../index').data()

      // 此处清空装饰器示例的 data
      require('../index').emptydata()

      // 此处包装数据结构
      var obj = new Clazz.default()
      obj.__data = data
      var clz_name = obj.constructor.name
      return { clz_name, obj }
  }
})

let nodeList = flatten(Classes);

console.log(nodeList);
```

本质上，装饰器就是用于采集数据的，通过 requireDir 可以减少引用，统一获得 nodeList，提高代码质量。

掌握 ts-node 工具

ts-node 是一个 TypeScript 执行环境，将 TypeScript 变成 JavaScript 并执行。它对 TypeScript 支持友好，让 Node.js 开发者可以更轻松地使用 TypeScript 编写应用。ts-node 的用法如下。

```
# Execute a script as `node` + `tsc`.
ts-node script.ts

# Starts a TypeScript REPL.
ts-node

# Execute code with TypeScript.
ts-node -e 'console.log("Hello, world!")'

# Execute, and print, code with TypeScript.
ts-node -p -e '"Hello, world!"'

# Pipe scripts to execute with TypeScript.
echo 'console.log("Hello, world!")' | ts-node

# Equivalent to ts-node --cwd-mode
```

```
ts-node-cwd scripts.ts

# Equivalent to ts-node --transpile-only
ts-node-transpile-only scripts.ts
```

比较常见的用法是 node --require ts-node/register。查看 Node.js 源码，我们会发现这种用法是在 loadPreloadModules 函数里实现的，具体如下。

```
function loadPreloadModules() {
  const preloadModules = getOptionValue('--require');
  if (preloadModules && preloadModules.length > 0) {
    const {
      Module: {
        _preloadModules
      },
    } = require('internal/modules/cjs/loader');
    _preloadModules(preloadModules);
  }
}
```

对于 ts-node 的常见用法，比如 mocha --require ts-node/register --extensions ts,tsx --watch --watch-files src 'tests/*/.{ts,tsx}' [...args]，repl.js 文件里的_eval 代码如下。

```
output = service.compile(state.input, state.path, -lines);
```

具体执行如下。

```
/**
 * Execute some code.
 */
function exec(code: string, filename: string) {
  const script = new Script(code, { filename: filename });

  return script.runInThisContext();
}
```

执行原理是，首先将代码进行转译，然后通过 vm 执行转译后的代码。转译的实现比较简单，具体如下。

```
const transpile: Transpiler['transpile'] = (input, transpileOptions) => {
    const { fileName } = transpileOptions;
    const swcOptions =
      fileName.endsWith('.tsx') || fileName.endsWith('.jsx')
        ? tsxOptions
        : nonTsxOptions;
    const { code, map } = swcInstance.transformSync(input, {
      ...swcOptions,
```

```
    filename: fileName,
  });
  return { outputText: code, sourceMapText: map };
};
```

这段代码的核心是 swcInstance.transformSync。代码转译后，其具体执行是通过 Service 实现的，如下。

```
import type { Transpiler, TranspilerFactory } from './transpilers/types';

import type * as ts from 'typescript';
import type { Service } from '../index';

export type TranspilerFactory = (
  options: CreateTranspilerOptions
) => Transpiler;
export interface CreateTranspilerOptions {
  service: Pick<Service, 'config' | 'options'>;
}
```

扩展：tsconfig-paths

使用 TypeScript 开发 Node.js 项目时，为了提升开发体验，我们经常会配置映射模块路径（paths），具体如下。

```
{
    ...
    "baseUrl": ".",
    "paths": {
      "@core": ["src/core"],
      "@interfaces": ["src/interfaces"],
      "@decorators": ["src/decorators"],
      "@constants": ["src/constants"],
      "@common": ["src/common"],
      "@services": ["src/services"],
      "@utils": ["src/utils"]
    }
}
```

扩展：检查 TypeScript 类型定义

检查 TypeScript 类型定义是必要的，tsd 便是一个非常好的工具。参考 Fastify 源码里的 tsd 用法，首先查看 npm scripts 里的 tsd 用法。

```
"scripts": {
    ...
```

```
    "test:typescript": "tsd",
},
```

然后，针对具体的代码，通过 tsd 进行类型判断，如下。

```
import fastify, { FastifyServerFactory } from '../../fastify'
import * as http from 'http'
import { expectType } from 'tsd'

// 自定义服务器
type CustomType = void;
interface CustomIncomingMessage extends http.IncomingMessage {
  fakeMethod?: () => CustomType;
}

interface CustomServerResponse extends http.ServerResponse {
  fakeMethod?: () => CustomType;
}

const serverFactory: FastifyServerFactory<http.Server> = (handler, opts) => {
  const server = http.createServer((req: CustomIncomingMessage, res: CustomServerRespo
nse) => {
    req.fakeMethod = () => {}
    res.fakeMethod = () => {}

    handler(req, res)
  })

  return server
}

// 请求和返回对象的 fakeMethods 可用
const customServer = fastify<http.Server, CustomIncomingMessage, CustomServerResponse>
({ serverFactory })

customServer.get('/', function (request, reply) {
  if (request.raw.fakeMethod) {
    expectType<CustomType>(request.raw.fakeMethod())
  }

  if (reply.raw.fakeMethod) {
    expectType<CustomType>(reply.raw.fakeMethod())
  }
})
```

精简上述代码，得到一个 expectType 示例，如下。

```
import {expectType} from 'tsd';
```

```
import concat from '.';

expectType<string>(concat('foo', 'bar'));
expectType<string>(concat(1, 2));
```

扩展：动态引用

对于在 JavaScript 代码里使用.ts 文件的场景，笔者编写了一个测试用例 demo.ts，如下。

```
import { Test, BeforeEach, BeforeAll, AfterAll, AfterEach, DisplayName, Disabled } from
 '../../src/index'

@DisplayName("Clz2 test case")
// @Disabled("Disabled all Clazz until bug #99 has been fixed")
export default class MyFirstJUnitJupiterTests {

@Test
succeedingTest() {
   assert.is(Math.sqrt(4),2);
}

@Test
addition() {
   assert.is(Math.sqrt(4), 2);
}
}
```

上述代码在执行时不需要被编译成.js 文件，只需要用到编译 decorator 时产生的中间代码。

扩展：如何编译

为了解决依赖性问题，我们需要将 test.ts 文件编译成 Node.js 可以直接执行的 test.js 文件，编译代码如下。

```
function watch(rootFileNames: string[], options: ts.CompilerOptions) {
  // 初始化文件列表
  rootFileNames.forEach(fileName => {
    files[fileName] = { version: 0 };
  });

  // 创建语言服务进行通信
  const servicesHost: ts.LanguageServiceHost = {
    getScriptFileNames: () => rootFileNames,
    getScriptVersion: fileName =>
      files[fileName] && files[fileName].version.toString(),
    getScriptSnapshot: fileName => {
      if (!fs.existsSync(fileName)) {
```

```
      return undefined;
    }

    return ts.ScriptSnapshot.fromString(fs.readFileSync(fileName).toString());
  },
  getCurrentDirectory: () => process.cwd(),
  getCompilationSettings: () => options,
  getDefaultLibFileName: options => ts.getDefaultLibFilePath(options),
  fileExists: ts.sys.fileExists,
  readFile: ts.sys.readFile,
  readDirectory: ts.sys.readDirectory,
  directoryExists: ts.sys.directoryExists,
  getDirectories: ts.sys.getDirectories,
};

// 创建语言服务文件
const services = ts.createLanguageService(servicesHost, ts.createDocumentRegistry
());

// 实现增量编译
rootFileNames.forEach(fileName => {
  // 提交所有文件
  emitFile(fileName);

  // 处理文件
  fs.watchFile(fileName, { persistent: true, interval: 250 }, (curr, prev) => {
    // 检查时间戳
    if (+curr.mtime <= +prev.mtime) {
      return;
    }

    // 当文件变动时，更新版本
    files[fileName].version++;

    // 将变动内容写到硬盘上
    emitFile(fileName);
  });
});
```

通过这种方式实现增量编译时，只要代码变动就会自动编译到文件里。编译完成后将触发测试逻辑，测试变动代码，实现自动测试。

这里涉及一个很有意思的问题：当我们想编译 test.ts 时，里面所有的 import 文件也是需要编译的，这就需要获得所有 import 文件列表。

```
export function getAllImportsForFile(file: string, options?: Object) {
  processedFiles.add(file)
```

```
    needCompileFiles.push(file)
    getImportsForFile(file, options)
    let count: number = 0
    localFiles.forEach((i) => {
        count++;

        if (!processedFiles.has(i) && count > 0) {
            // processedFiles.add(i)
            getAllImportsForFile(i, options)
        }
    })
    localFiles.add(file)
}
```

然后将对所有 import 文件进行去重操作，获得最终需要编译的文件列表，代码如下。

```
export function getNeedCompileFiles() {
    const arr = needCompileFiles.reverse()
    return arr.filter((item, index) => arr.indexOf(item) === index);
}
```

接下来把这些文件交给 TypeScript 编译器。下面给出编译前的 test.ts 文件与编译后的 test.js 文件的对比。

test.ts 文件代码如下。

```
import * as assert from 'uvu/assert';
import Calculator from '../calculator';

import { Test, BeforeEach, BeforeAll, AfterAll, AfterEach, DisplayName, Disabled } from
 '../src/index'

@DisplayName("Clz test case")
export default class MyFirstJUnitJupiterTests {
  a: Number = 1;
  b: String;
  calculator = new Calculator();
  // @Test
  @BeforeAll
  initAll() {
    console.log("BeforeAll initAll");
  }

  @BeforeEach
  init() {
    console.log("BeforeEach");
  }
```

```
  @AfterEach
  tearDown() {
    console.log("---AfterEach");
  }

  @AfterAll
  tearDownAll() {
    console.log("AfterAll---");
  }

  @Test
  succeedingTest() {
    assert.ok(this.a === 2);
    assert.is(Math.sqrt(4), 2);
  }

  @Test
  addition() {
    assert.is(Math.sqrt(4), 2);
    assert.is(Math.sqrt(4), 2);
  }

  @Test
  @DisplayName("Custom test name containing spaces111")
  @DisplayName("Custom test name containing spaces222")
  @Disabled("Disabled until bug #42 has been resolved")
  addition5() {
    assert.is(Math.sqrt(4), 2);
    assert.is(Math.sqrt(4), 2);
    assert.is(Math.sqrt(4), 2);
    assert.is(Math.sqrt(4), 2);
  }
}
```

编译后的 test.js 文件代码如下。

```
"use strict";
var __decorate = (this && this.__decorate) || function (decorators, target, key, desc)
{
    var c = arguments.length, r = c < 3 ? target : desc === null ? desc = Object.getOwnPr
opertyDescriptor(target, key) : desc, d;
    if (typeof Reflect === "object" && typeof Reflect.decorate === "function") r = Refle
ct.decorate(decorators, target, key, desc);
    else for (var i = decorators.length - 1; i >= 0; i--) if (d = decorators[i]) r = (c <
 3 ? d(r) : c > 3 ? d(target, key, r) : d(target, key)) || r;
    return c > 3 && r && Object.defineProperty(target, key, r), r;
};
exports.__esModule = true;
```

```
var assert = require("uvu/assert");
var calculator_1 = require("../calculator");
var index_1 = require("../src/index");
var MyFirstJUnitJupiterTests = /** @class */ (function () {
    // @Disabled("Disabled all Clazz until bug #99 has been fixed")
    function MyFirstJUnitJupiterTests() {
        this.a = 1;
        this.calculator = new calculator_1["default"]();
    }
    // @Test
    MyFirstJUnitJupiterTests.prototype.initAll = function () {
        console.log('BeforeAll initAll');
    };
    MyFirstJUnitJupiterTests.prototype.init = function () {
        console.log('BeforeEach');
    };
    MyFirstJUnitJupiterTests.prototype.tearDown = function () {
        console.log('---AfterEach');
    };
    MyFirstJUnitJupiterTests.prototype.tearDownAll = function () {
        console.log('AfterAll---');
    };
    MyFirstJUnitJupiterTests.prototype.succeedingTest = function () {
        assert.ok(this.a === 2);
        assert.is(Math.sqrt(4), 2);
    };
    MyFirstJUnitJupiterTests.prototype.addition = function () {
        assert.is(Math.sqrt(4), 2);
        assert.is(Math.sqrt(4), 2);
    };
    MyFirstJUnitJupiterTests.prototype.addition5 = function () {
        assert.is(Math.sqrt(4), 2);
        assert.is(Math.sqrt(4), 2);
        assert.is(Math.sqrt(4), 2);
        assert.is(Math.sqrt(4), 2);
    };
    __decorate([
        index_1.BeforeAll
    ], MyFirstJUnitJupiterTests.prototype, "initAll");
    __decorate([
        index_1.BeforeEach
    ], MyFirstJUnitJupiterTests.prototype, "init");
    __decorate([
        index_1.AfterEach
    ], MyFirstJUnitJupiterTests.prototype, "tearDown");
    __decorate([
        index_1.AfterAll
    ], MyFirstJUnitJupiterTests.prototype, "tearDownAll");
```

```
    __decorate([
        index_1.Test
    ], MyFirstJUnitJupiterTests.prototype, "succeedingTest");
    __decorate([
        index_1.Test
    ], MyFirstJUnitJupiterTests.prototype, "addition");
    __decorate([
        index_1.Test,
        (0, index_1.DisplayName)("Custom test name containing spaces111"),
        (0, index_1.DisplayName)("Custom test name containing spaces222"),
        (0, index_1.Disabled)("Disabled until bug #42 has been resolved")
    ], MyFirstJUnitJupiterTests.prototype, "addition5");
    MyFirstJUnitJupiterTests = __decorate([
        (0, index_1.DisplayName)("Clz test case")
        // @Disabled("Disabled all Clazz until bug #99 has been fixed")
    ], MyFirstJUnitJupiterTests);
    return MyFirstJUnitJupiterTests;
}());
    exports["default"] = MyFirstJUnitJupiterTests;
```

至此，上面的代码已经可以运行了。如果我们想突破语法限制，还可以通过 AST 进行更多操作。我们会发现，之前 TS 代码中的装饰器信息都没有了，有的只是__decorate 方法调用。这时比较好的做法是通过 AST 直接将代码移除，先将生成的代码放到 AST Explorer 里。

扩展：如何和 uvu 进行绑定

这里选择 uvu 作为测试框架的原因是，其简单、功能强大、代码可读性高，能定制，并且性能极好。绑定 uvu 比较简单，将 uvu 和装饰器信息进行映射即可，代码如下。

```
function getDataFromDecoratorJson(file: string, obj: object) {
    // getEableRunDataMapping
    // [
    //     { method: 'initAll', hook: 'BeforeAll' },
    //     { method: 'init', hook: 'BeforeEach' },
    //     { method: 'tearDown', hook: 'AfterEach' },
    //     { method: 'tearDownAll', hook: 'AfterAll' },
    //     { method: 'succeedingTest', test: 'Test' },
    //     { method: 'addition', test: 'Test' },
    //     { Class: 'MyFirstJUnitJupiterTests', DisplayName: 'Clz test case' }
    // ]

    // getDataMapping
    // [
    //     { method: 'initAll', hook: 'BeforeAll' },
    //     { method: 'init', hook: 'BeforeEach' },
    //     { method: 'tearDown', hook: 'AfterEach' },
```

```
//     { method: 'tearDownAll', hook: 'AfterAll' },
//     { method: 'succeedingTest', test: 'Test' },
//     { method: 'addition', test: 'Test' },
//     {
//       method: 'addition5',
//       test: 'Test',
//       DisplayName: 'Custom test name containing spaces222',
//       Disabled: 'Disabled until bug #42 has been resolved'
//     },
//     { Class: 'MyFirstJUnitJupiterTests', DisplayName: 'Clz test case' }
//   ]
const data = getDataMapping(file)
const clazz = data.find(item => item['Class']?.length > 0)

var className = clazz['Class']
var classDisplayName = clazz['DisplayName']

if (!cache[className]) cache[className] = {}
if (!cache[className]['hook']) cache[className]['hook'] = {}

data.forEach(function (item) {
    if (item['method']) {
        const propertyName = item['method']

        if (!cache[className][propertyName]) cache[className][propertyName] = {}

        if (item['hook'] === 'BeforeAll') {
            cache[className]['hook']['before'] = obj[item['method']]
        }
        if (item['hook'] === 'BeforeEach') {
            cache[className]['hook']['before.each'] = obj[item['method']]
        }
        if (item['hook'] === 'AfterEach') {
            cache[className]['hook']['after.each'] = obj[item['method']]
        }
        if (item['hook'] === 'AfterAll') {
            cache[className]['hook']['after'] = obj[item['method']]
        }

        if (item['test']) {
            if (item['DisplayName']) {
                cache[className][propertyName]['desc'] = item['DisplayName']
            } else {
                cache[className][propertyName]['desc'] = 'no display name'
            }

            if (item['Disabled']) {
                cache[className][propertyName]['skip'] = true
```

```
                cache[className][propertyName]['skipReason'] = item['Disabled']
            }
            cache[className][propertyName]['fn'] = obj[item['method']]
        }
    }
  })

  return cache
}
```

扩展：如何测试代码

在编写 CLI 之前，为了能够让自己更聚焦在核心代码上，笔者编写了一个简单的测试文件，通过它来反推对应的 API 该如何编写。这是笔者的一个编程经验，比如编写完单个文件再编写目录时，可将读取目录视作读取一个文件列表，遍历文件列表，按照处理单个文件的方式处理目录中的文件即可。

测试单个文件的代码如下。

```
import { executeWithDefaultStrategy, executeFileWithDefaultStrategy } from './src'

console.time()
executeFileWithDefaultStrategy([process.cwd() + '/tests/test.ts'])
console.timeEnd()
```

执行结果如下。

```
➜  ts-junit git:(dev) ts-node test.ts
start compile file = tests/test.ts
default: 1.194s
skip undefined#addition5() reason: Disabled until bug #42 has been resolved
 MyFirstJUnitJupiterTests  BeforeAll initAll
BeforeEach
BeforeAll initAll
---AfterEach
• BeforeEach
BeforeEach
---AfterEach
• BeforeEach
---AfterEach
---AfterEach
• BeforeEach
AfterAll---
---AfterEach
• BeforeEach
---AfterEach
```

```
• BeforeEach
---AfterEach
• AfterAll---
  (6 / 6)

  Total:     6
  Passed:    6
  Skipped:   0
  Duration:  1.48ms
```

测试文件目录，代码如下。

```
import { executeWithDefaultStrategy, executeFileWithDefaultStrategy } from './src'

console.time()
executeWithDefaultStrategy([process.cwd() + '/tests'])
console.timeEnd()
```

扩展：CLI 实现

有了测试单个文件和目录的代码，再实现 CLI 就变得非常简单了，重点是解析 CLI 的 args。这里以 yargs 为例，代码如下。

```
#!/usr/bin/env node

import fs from 'node:fs'
import path from 'node:path'
import yargs from 'yargs/yargs';
import { hideBin } from 'yargs/helpers'

import { executeWithDefaultStrategy, executeFileWithDefaultStrategy } from '.'

const argv = yargs(hideBin(process.argv)).argv


run(argv['_'])


function run(rest: any) {
    rest.map(function (i: string) {
        let item = path.resolve(process.cwd(), i)

        try {
            const stat = fs.lstatSync(item)

            let fileOrDirType = stat.isDirectory() ? 'dir' : stat.isFile() ?
                                  'file' : 'other'
```

```
        switch (fileOrDirType) {
            case 'dir':
                console.warn('find dir ' + item)
                executeWithDefaultStrategy([item])
                break;
            case 'file':
                console.warn('find file 2' + item.replace('.ts', ''))

                executeFileWithDefaultStrategy([item.replace('.ts', '')])
                break;
            default:
                console.warn('unknow type')
                break;
        }
    } catch (error) {
        throw error
    }
  })
}
```

5.3 开源带来的机会和思考

开源能提高自学速度，帮助开发者培养学习方法和思维模式。接下来我们看一看，在 Node.js 开源过程中，还有哪些技术领域能带来新的机会，以及开源能带给我们什么。

5.3.1 Clipanion

Clipanion 是一个非常新的、用于 CLI 解析的模块，常被用在下一代 Yarn 里，效果非常好。Clipanion 的特性如下。

- 采用高级的类型机制。
- 支持命令嵌套。
- 支持所有类型选项。
- 提供 Typanion，用于集成校验功能。
- 生成状态机。
- 提供了可选的、开箱即用的命令。

Clipanion 的用法如下。

```
$ clipanion greet --help
$ bin greet [-v,--verbose] [--name #0]
$ clipanion greet -v
You're not registered.
$ clipanion greet --name alfred
Hello, alfred!
```

以上是官方示例，这里我们稍做修改，如下。

```
#!/usr/bin/env node

import {Cli, Command} from 'clipanion';

class GreetCommand extends Command {
   @Command.Boolean('-v,--verbose')
   public verbose: boolean = false;

   @Command.String('--name')
   public name?: string;

   @Command.Path('greet')
   async execute() {
      if (typeof this.name === 'undefined') {
         this.context.stdout.write('You're not registered.\n');
      } else {
         this.context.stdout.write('Hello, ${this.name}!\n');
      }
   }
}

const cli = new Cli({
   binaryLabel: 'Clipanion Test',
   binaryName: 'clipanion',
   binaryVersion: '1.0.0',
});

cli.register(GreetCommand);

cli.runExit(process.argv.slice(2), {
   stdin: process.stdin,
   stdout: process.stdout,
   stderr: process.stderr,
});
```

上述示例实现了“clipanion greet --name alfred”功能，写法上更偏向面向对象编程方式，这是区别于其他模块用法的。

这里我们对比一下 Clipanion 和经典的 Commander.js。通过 Commander.js 编写的代码如下。

```
const program = require('commander');

program
  .command('rm <dir>')
  .option('-r, --recursive', 'Remove recursively')
  .action(function (dir, cmdObj) {
    console.log('remove ' + dir + (cmdObj.recursive ? ' recursively' : ''))
  })

program.parse(process.argv)
```

很明显，Commander.js 代码遵循链式写法，更简单，描述性强。而 Clipanion 遵循面向对象编程思想，GreetCommand 继承自 Command，核心执行方法是 execute。整体来看，Clipanion 的设计感要更好一些。

5.3.2　机会与挑战

截至 2022 年 9 月，npm 中有超过 212 万个模块，内容涵盖了 JavaScript 涉及的方方面面，是当前 Node.js 和大前端繁荣的基础。

npm 完全用 JavaScript 写成，其中的绝大多数模块也是基于 JavaScript 编写的。npm 最初由 Isaac Z. Schlueter 开发。2009 年，Ryan Dahl 在 Joyent 公司时发布了 Node.js 第一个版本。2010 年，Isaac 进入 Joyent 公司。Isaac 表示，自己意识到“模块管理很糟糕”这个问题，于是编写了 npm。2014 年 1 月，Isaac 开始以公司名义运作 npm。npm 伴随着 Node.js 的崛起，在大前端领域如火如荼地发展，这其实也是技术创业的良好体现。

TypeScript 无疑是当下的主流，其特性和需求大大拓展了我们的想象力。

- 对习惯面向对象编程的程序员更加友好，比如 Java、Ruby 程序员。
- 对前端要求更高，需要适应从面向过程到面向对象的思维转化。
- 对计算机基础知识的掌握程度要求越来越高，比如要掌握算法、编译原理等知识。

当前绝大部分 npm 模块都是基于 JavaScript 编写的，未来 TypeScript 化的模块也是非常有前景的。我看到的更多是机会，甚至是让很多人达成自我实现、一战成名的机会。同时，笔者鼓励大家编写有设计感的 TypeScript 代码，但不要“为了 TypeScript 而 TypeScript”。

5.3.3　敏感且会学

按照技术级别来看，工程师和高级工程师是比较容易达到的，但成为技术专家就比较难了。技术专家不仅要具备足够高的技术水平，还要兼顾业务推动和管理。如果想持续晋升，软技能尤其重要，比如个人技术影响力、把握趋势的能力、社交能力，等等。

所谓“隔行如隔山”，其实，突破某一方面的瓶颈是很难的。

《论语・公冶长》里有一个词是“敏而好学”，意为天资聪明而又好学。事实上，这只是学习的基础，可以帮助我们达成阶段性目标。作为上进的程序员，要对自己的成长负责，最好的方式是通过开源提升技术能力。长久来看，如果想通过自学突破某个技术瓶颈，“敏感且会学”更为重要。

- 敏感是一个中性词，但放在学习上是极好的，善于观察、保持技术敏感性是突破瓶颈的关键基础。
- 会学指的是善于找到规律，举一反三，实现进阶。

笔者在这里分享两点经验，希望能够对大家有所帮助。

- 要通过开源项目学习技巧，不断学习和自我提升。
- 要通过技术分享提升归纳能力，完善自己的知识体系。在分享中可以发现自己的不足，促使自己不断学习。

5.3.4　成就更好的自己

在学习的过程中，天赋固然重要，但后天努力更重要。天赋决定了上限，但努力可以不断提升自己的下限，甚至突破上限。

以发展的眼光回顾过去，成为高手的各个阶段目标都是可以通过努力达成的，大家需要有足够的热爱和坚持。我更愿意将这个过程看成个人成长的过程，不断成长比最终成为高手更有意义。如果大家去看更多了不起的人物的经历，会发现他们都有热爱和坚持的特质，这些优秀的特质是大家可以复制的，也是大家不断成长的动力。

学别人的思维，做自己的实践，积累多了会变得自信，也会获得更多成功的可能。成就更好的自己，请不断努力。

5.4 本章小结

本章是本书的最后一章，从测试、开源的角度总结了 Node.js 高级技术，同时分享了笔者的自学心得。学完本书，相信你已经对 Node.js 知识有了一定的掌握，对于测试、开源应该也有了一定的认知，剩下的就只有坚持实践。

一本书能包含的内容终究有限，希望大家能够掌握学习和思考的方法，还是那句狼叔最爱说的话："少抱怨，多思考，未来更美好"。人最难得的是有自信，愿大家能够通过坚持建立自信，成就最好的自己。如果这本书能够对你有所帮助，这将是我最开心的事。